中国科协学科发展研究系列报告

中国科学技术协会 / 主编

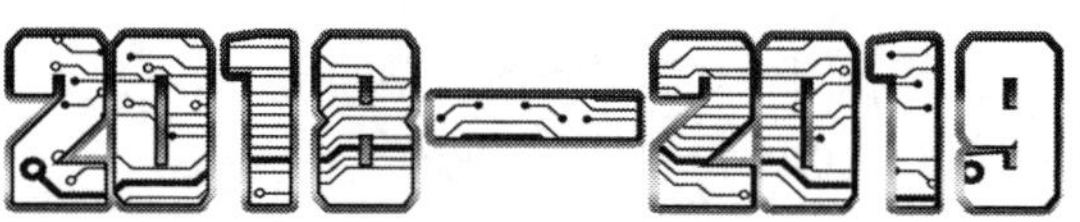

图学学科发展报告

—— REPORT ON ADVANCES IN ——
GRAPHICS

中国图学学会 / 编著

中国科学技术出版社

· 北 京 ·

图书在版编目（CIP）数据

2018—2019 图学学科发展报告 / 中国科学技术协会主编；中国图学学会编著 .—北京：中国科学技术出版社，2020.7

（中国科协学科发展研究系列报告）

ISBN 978-7-5046-8516-2

Ⅰ. ① 2… Ⅱ. ①中… ②中… Ⅲ. ①工程制图—学科发展—研究报告—中国—2018—2019 Ⅳ. ① TB23-12

中国版本图书馆 CIP 数据核字（2020）第 036890 号

策划编辑	秦德继　许　慧
责任编辑	赵　佳
装帧设计	中文天地
责任校对	焦　宁
责任印制	李晓霖

出　　版	中国科学技术出版社
发　　行	中国科学技术出版社有限公司发行部
地　　址	北京市海淀区中关村南大街16号
邮　　编	100081
发行电话	010-62173865
传　　真	010-62179148
网　　址	http：//www.cspbooks.com.cn

开　　本	787mm × 1092mm　1/16
字　　数	380千字
印　　张	16.5
版　　次	2020年7月第1版
印　　次	2020年7月第1次印刷
印　　刷	河北鑫兆源印刷有限公司
书　　号	ISBN 978-7-5046-8516-2 / TB · 114
定　　价	85.00元

2018—2019

图学 学科发展报告

首席科学家　孙家广

编　写　组

顾　　问　谭建荣　童秉枢　丁宇明　彭群生

组　　长　何援军　赵　罡

副 组 长（按姓氏笔画排序）

彭正洪　蔡鸿明

成　　员（按姓氏笔画排序）

于海燕　马珊珊　马艳聪　马喜波　马嵩华

王　宁　王　红　王　静　王子茹　王巨宏

王槐德　田　凌　田　捷　刘　炀　刘　静

刘克明　刘衍聪　李　勇　李学京　李基拓

杨东拜　杨旭波　肖双九　张松海　张树有

张晓璐　邹玉堂　何再兴　沈旭昆　肖承祥

当今世界正经历百年未有之大变局。受新冠肺炎疫情严重影响，世界经济明显衰退，经济全球化遭遇逆流，地缘政治风险上升，国际环境日益复杂。全球科技创新正以前所未有的力量驱动经济社会的发展，促进产业的变革与新生。

2020 年 5 月，习近平总书记在给科技工作者代表的回信中指出，“创新是引领发展的第一动力，科技是战胜困难的有力武器，希望全国科技工作者弘扬优良传统，坚定创新自信，着力攻克关键核心技术，促进产学研深度融合，勇于攀登科技高峰，为把我国建设成为世界科技强国作出新的更大的贡献”。习近平总书记的指示寄托了对科技工作者的厚望，指明了科技创新的前进方向。

中国科协作为科学共同体的主要力量，密切联系广大科技工作者，以推动科技创新为己任，瞄准世界科技前沿和共同关切，着力打造重大科学问题难题研判、科学技术服务可持续发展研判和学科发展研判三大品牌，形成高质量建议与可持续有效机制，全面提升学术引领能力。2006 年，中国科协以推进学术建设和科技创新为目的，创立了学科发展研究项目，组织所属全国学会发挥各自优势，聚集全国高质量学术资源，凝聚专家学者的智慧，依托科研教学单位支持，持续开展学科发展研究，形成了具有重要学术价值和影响力的学科发展研究系列成果，不仅受到国内外科技界的广泛关注，而且得到国家有关决策部门的高度重视，为国家制定科技发展规划、谋划科技创新战略布局、制定学科发展路线图、设置科研机构、培养科技人才等提供了重要参考。

2018 年，中国科协组织中国力学学会、中国化学会、中国心理学会、中国指挥与控制学会、中国农学会等 31 个全国学会，分别就力学、化学、心理学、指挥与控制、农学等 31 个学科或领域的学科态势、基础理论探索、重要技术创新成果、学术影响、国际合作、人才队伍建设等进行了深入研究分析，参与项目研究和报告编写的专家学者不辞辛劳，深入调研，潜心研究，广集资料，提炼精华，编写了31卷学科发展报告以及1卷综合报告。综观这些学科发展报告，既有关于学科发展前沿与趋势的概观介绍，也有关于学科近期热点的分析论述，兼顾了科研工作者和决策制定者的需要；细观这些学科发展报告，从中可以窥见：基础理论研究得到空前重视，科技热点研究成果中更多地显示了中国力量，诸多科研课题密切结合国家经济发展需求和民生需求，创新技术应用领域日渐丰富，以青年科技骨干领衔的研究团队成果更为凸显，旧的科研体制机制的藩篱开始打破，科学道德建设受到普遍重视，研究机构布局趋于平衡合理，学科建设与科研人员队伍建设同步发展等。

在《中国科协学科发展研究系列报告（2018—2019）》付梓之际，衷心地感谢参与本期研究项目的中国科协所属全国学会以及有关科研、教学单位，感谢所有参与项目研究与编写出版的同志们。同时，也真诚地希望有更多的科技工作者关注学科发展研究，为本项目持续开展、不断提升质量和充分利用成果建言献策。

中国科学技术协会

2020年7月于北京

中国图学学会2014年首次发布图学学科发展报告，即《2012—2013图学学科发展报告》，解决了三个问题：一是揭示了图形图像的本质，统一了它们的表述；二是提出了“大图学”的概念，构建了“大图学”的框架体系；三是全方位展示了图学引领生活。首次学科发展报告提出了“什么是大图学”，这次的《2018—2019图学学科发展报告》修改“大图学”的提法为“图学”学科，阐述了“图学是什么”。

本次学科发展报告通过溯源历史、揭示本质、提炼理论、厘清基础、审视教育、展示应用、梳理工具去建立“图学”大学科的战略框架。

报告从历史、人文、科学与技术等方面全方位地回顾了图与图学的发展历史，认识图学在人类社会发展历史进程的作用。

报告论证了图学的科学和学科地位，全面梳理了图学的知识体系和科学基础，细化了图学科学各个主要分支的定位，确立了图学的科学和学科地位。

报告比较全面地阐述了图学的理论基础、计算基础、应用基础和图学支撑工具。

报告展示了图学学科最新研究进展、国内外研究进展比较。

报告基于图形图像已作为计算源、计算对象和计算目标，介绍了一个图学科学的研究成果——“形计算”，它强调在几何的宏观框架下进行算法设计，按照代数的方式有序求解，构筑了一个图学计算的完整基础理论和实施方案，追求“形思考、数计算”的计算境界，补充“数计算”机制之不足。

报告讨论了图学教育问题。阐述了图学教育的基本点，梳理了图学的知识体系、学科体系和人才培养目标，讨论了目前工程图学教学中的一些问题和解决对策。

报告广泛展示了图学科学对社会发展、人才培养的贡献。全方位展示图学在各个工程领域及产生的重大社会效应的应用成果。

报告采用“抓住核心，总体规划，分篇设计，相对独立”的写作策略，统筹历史、认知、理论、基础、教育、成果和应用，兼具深度和广度，保证图学学科框架的科学性、合理性、稳固性、全面性和独立性。通过对图学发展历程、图学本质与进展的全面深入的剖析，旨在厘清国内外图学发展趋势，把脉图学学科建设规划，为我国制造业乃至科技创新与发展提供图学理论、计算、应用基础与专业人才培养支撑。

中国图学学会十分重视图学学科发展报告的撰写工作，组织了本学科领域的相关专家参与讨论和撰写，在学科发展报告撰写的过程中，召开了 4 次全国性的讨论会和 1 次项目终审会。组织了专论，并将阶段性成果发表在本会的学术刊物《图学学报》上。

感谢参与讨论、撰写、修改和审定本报告的各位专家、老师和学者。报告中有一些思想与观点是首次被提出，诚望图学界同行批评指正。

中国图学学会

2019 年 10 月 30 日

序 / 中国科学技术协会

前言 / 中国图学学会

综合报告

图学学科发展研究 / 003

1. 引言 / 003

2. 图学认知的进展 / 005

3. 图学的最新研究进展 / 022

4. 图学国内外研究进展比较 / 033

5. 图学学科发展趋势及展望 / 035

参考文献 / 037

专题报告

图学理论基础研究 / 043

图学计算基础研究 / 056

形计算 / 064

图学应用基础研究 / 077

图学软件研究 / 087

数字图像处理研究 / 099

图学国际交流 / 111

图学教学体系研究 / 127

图学教学模式研究 / 138

图学标准化研究 / 152

图学在建筑业中的应用 / 164

图学在医学影像中的应用 / 181

图学在智能制造中的应用 / 202

图学在数字媒体中的应用 / 209
图学在数字街景中的应用 / 223

ABSTRACTS

Comprehensive Report

Advances in Graphics / 235

Reports on Special Topics

Advances in Fundamentals of Graphic Theory / 237
Advances in Fundamentals of Graphics Computing / 238
Shape Computing / 239
Advances in Fundamentals of Graphics Application / 240
Advances in Graphic Software / 241
Advances in Digital Image Processing / 241
Progress of International Exchange of China Graphics / 242
Advances in Teaching System of Graphics / 242
Advances in Teaching Mode of Graphics / 244
Advances in Graphics Standardization / 245
The Application of Graphic Science in the Construction Industry / 246
The Application of Graphics in Medical Imaging / 247
The Application of Graphics in Intelligent Manufacturing / 248
The Application of Graphics in Digital Media / 249
Advances in Digital Street View / 250

索引 / 251

综合报告

图学学科发展研究

1. 引言

2014 年中国图学学会首次发布图学学科发展报告，展示了我国在揭示图形图像的本质、以图统一图形图像、构建“(大)图学”的框架体系等方面的重要研究进展与成果。本报告将在第一次报告中的“什么是图学”基础上，重点围绕“图学是什么”来全方位展示近五年我国在图学领域的重要研究进展与成果。

图，是认识世界的基础、空间思维的具象、科学研究的工具和信息传递的重要方式。图的形象性、直观性、简洁性和准确性等使得人们可以通过图来探索真理、认识未知；图学，是以图为对象，研究在将形演绎到图的过程中，关于图的表达、产生、处理与传播的理论、技术、规范与应用的科学。人类已经在研究如何画图、如何理解图、如何计算图、如何存储图、如何把思想转化为图以更好地表达等方面积累了非常多、非常好的理论、方法、技术和工具。

基于“形”概念表述的图学统一了图形图像的研究源头和本质属性，主要包含以下几个论点：

(1) 图学研究的对象是形，形是图之源、以图统一图形图像，建立了“大图学”和图学的概念。

(2) 图学研究形和图的表示、表现以及关系，主要工作是研究“形→图”和“图→形”之间的转换，即造型、由形得到图、图的处理、由图得到形以及图的传输等。

(3) 图学的研究目标是图，核心是形，本质是几何，基础是几何计算。

(4) 图学的理论、方法和技术的主要基础是几何学及代数学，也借助于其他学科或学科交叉。

图学研究的意义在于：首先，图是物质世界、数字世界、思维世界的表示，图不仅仅用来表示表现物理层的信息，还能够描述系统信息、知识体系、人的思想的理念；其次，图还是一种研究世界的方法，它可以用来推导、对比、求解问题，乃至发现真理。

每门学科都有其基本的知识体系，其知识是在不断更新和变化的。本报告将从支撑国家战略需求的高度考虑学科的定位与发展，基本目标是：从历史、人文、科学与技术等方面梳理分析图与图学内涵研究进展，厘清图、形和图学间的关系，图学与几何的关系、图学与计算的关系；确立图学的科学地位和学科地位，细化图学学科各个主要分支的定位；全面阐述图学的理论基础、计算基础、应用基础和图学支撑工具；阐明图形图像处理的共性及它们的关键因素，提出若干图学的科学问题；讨论图学教育的基本点；梳理图学的知识体系、学科体系、教学体系和人才培养目标和培养体系，展示图学学科的最新研究和应用进展，分析图学的发展趋势，展望图学的未来发展蓝图。

根据上述认识，构造图学学科的框架体系，如图 1 所示。

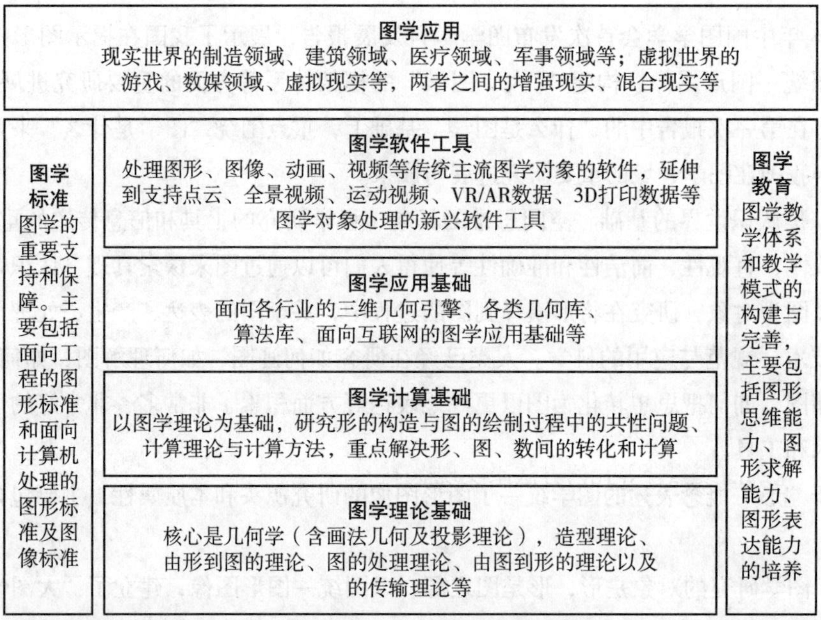

图学应用
现实世界的制造领域、建筑领域、医疗领域、军事领域等；虚拟世界的游戏、数媒领域、虚拟现实等，两者之间的增强现实、混合现实等

图学标准
图学的重要支持和保障。主要包括面向工程的图形标准和面向计算机处理的图形标准及图像标准

图学软件工具
处理图形、图像、动画、视频等传统主流图学对象的软件，延伸到支持点云、全景视频、运动视频、VR/AR数据、3D打印数据等图学对象处理的新兴软件工具

图学应用基础
面向各行业的三维几何引擎、各类几何库、算法库、面向互联网的图学应用基础等

图学计算基础
以图学理论为基础，研究形的构造与图的绘制过程中的共性问题、计算理论与计算方法，重点解决形、图、数间的转化和计算

图学理论基础
核心是几何学（含画法几何及投影理论），造型理论、由形到图的理论、图的处理理论、由图到形的理论以及的传输理论等

图学教育
图学教学体系和教学模式的构建与完善，主要包括图形思维能力、图形求解能力、图形表达能力的培养

图 1　图学学科的框架体系

基于这个学科架构，本报告将从科学、技术、教育、工具、应用、支撑标准等不同层面，从图学理论、图学计算、应用基础、图学工具以及相关标准和教育等方面组织专题。通过对比国内外研究，分析图学领域发展趋势，展望我国图学未来发展方向。

2. 图学认知的进展

2.1 基本认知

下面阐述的是对图（含图形图像）、形和图学的一些基本认知，这些认知是本报告的撰写基础。对它们更详细的表述将在后面的相应章节给出。

2.1.1 图形图像的本质

什么是图？图有多少类型？对图分类、剖析图的内涵，需要从图的核心作用和图构造属性的分析出发。

图学界将图划分为线图、真实感图、风格化图、可视化图等，这是从图所要表达对象的视觉呈现形态角度划分的，便于观察者更好地领会生成图的人所要传递的语义和内涵。

图形，是抽象的图。图形是人抽象思维的结果，通常由构造得到。手工绘制和计算机绘制只是绘图工具的不同。不管是手工绘制的，如汽车外形设计草图，还是通过计算机软件得到的图形，如工程图，它们都是人脑忽略了很多视效细节，只关注其空间尺寸、结构、姿态而构建的抽象表示，并用不同技术方法绘制显示出来。

图像，是具象的图。图像是光栅显示计算机出现后才有的图的形式。它是对人的视觉印象的数字化模拟，包括通过计算绘制的帧画面、数码相机拍摄的照片等，不同亮度的像素组成包含丰富细节的视效画面，非常类似人的视网膜成像。

2.1.2 图与图形图像的关系

“图”包括图形 / 图像，图形 / 图像可统称为“图”。

图形图像同源——源于形。如果将工程设计、自然景象、虚拟景物的计算机模型等统称为“形”，那么，不管是产品的图纸、计算机生成的图形还是图像、拍摄的照片，甚至人的思想、思维、策略的表示图，都是“形”在某一特定视角下的视觉表示。人们对图像的理解和识别还是要通过形的抽象才能达成；计算机视觉的图像识别算法很多都要通过特征点提取、轮廓曲线拟合等几何方法来实现。

图形图像同性——展示形。图形图像同是具有颜色、宽度、线型或色调、亮度等一系列的线、点等基本几何按照一定的关系组合起来的视觉效果。在计算机屏幕上，不管是图形还是图像，最终的显示形式都是由离散的像素组成的画面。像素是点（只是带有属性），也属几何。

因此，在当前技术发展的语境下由“图”来统称“图形”与“图像”是合适的。将研究图形图像的学科统称为图学也是合理的。

2.1.3 图的内涵

从历史的角度和更深的层次去揭示图的内涵，还可以看到，图包含了 4 个要素，主要包括：展现形态（形）、承载意义（意）、构成元素（元）以及应用领域（用），可以用“形、意、元、用”的四维结构表述图的内涵（如图 2 所示）。

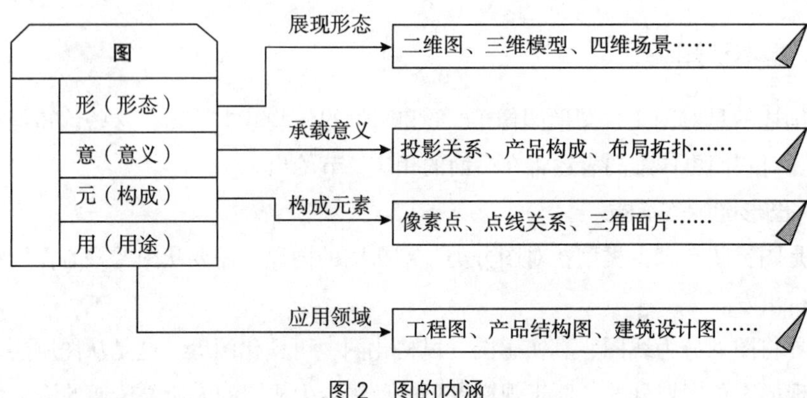

图 2　图的内涵

（1）图的展现形态（简称“形”）。通过一定的表达方式和表达载体呈现图的形态。目前，图的呈现形式为二维图形图像，表达的是其本身或是三维模型、动态的四维场景等。

（2）图的承载意义（简称“意”）。图的表象背后承载的意义，图形图像表达的对象、内容及隐含的深刻含义。

（3）图的构成元素（简称“元”）。构建图的基本元素及内在关系，包括点、线、面、体等几何元素及线形、线宽、颜色等属性信息，以及构造关系、构成关系、位置关系等构建信息。构成图像的基本元素是像素点的几何位置及色调、色饱和度和亮度等属性信息。

（4）图的用途（简称“用”）。在前三要素基础上，定制能用于表达、交流，面向各专业领域的特定图，如工程图、产品结构图、建筑设计图、广告设计图、角色设计图、骨骼动画、视觉特效、算法流程图、业务关系图、数据可视化图等。

在图的这个四维结构中，元构建形，形表达意，最终达到用的目标。

2.1.4　图和文字及数字的属性

首先分析一下图、文字和数字的原始共性属性。图、文字和数字通常是以组合形式表述和传递信息的，例如句子、文章和数据等，虽然单个文字（如“静”）和数字（如“0”）也可直接表达一个独立的意义。同样，虽然单个图元也可表达完整的意义（如单个圆），但图元一般也是以组合的形式出现和表述的。

在表述和传递信息时，文字或数字因组合的不同而呈现多彩的意义，4462 个不同的汉字组成不朽巨著《红楼梦》，关键是如何找出这些单个的文字并将它们合理地组织起来。同样，不同的图元按照特定的关系组合起来就构成形形色色的画面（图），这里的关键是找出图元间的拓扑关系，构造图。

对图、文字和数字这个原始属性的认识，使我们看到：构建图的核心是构建图元间的关系。

下面讨论图、文字和数字三者间属性的差异。虽然图与文字、数字总体上都是以视觉的形式表述和传递信息，但由于人类的视觉感知和认知具有特定的模式，因此这三者信息承载和传达的属性大有不同。图具有以下几点明显的特征：

（1）空间属性，图能更准确高效地传达空间关系。文字对空间的表达通常不能做到精确。要描述一个房间中的物体和摆放，文字只能用“上下左右前后”“东西南北中”等进行概略的表达，在这样的表达下，不同的人会有不同的视觉想象。数字虽然可以精确表示“长宽高”和“距离”等数值，但是也不能有一个直观的传达，人们还是需要通过空间图形的转义想象才能获得所描述对象空间结构的直观感知。而对于图的视觉表现，人脑是可以直接识别和理解的，它对表述对象的维度、尺寸、空间位置、结构关系的表现是直观和准确的。

（2）时间属性，图能更有效地表达变化。文字对动态场景的表达和信息传递可以做到很生动，但是读者的理解和视觉转义需要时间。武侠小说中一段 300 字精彩比武的描述，读者可能需要几分钟的仔细阅读品位才能如临其境。而变化的图（视频）以每秒 30 帧的速度播放，可以让人在 20 秒的时间内充分体会到角色的招式变化、表情变化、环境变化等。数字尽管可以表达变化，但人通常不能直接理解数字变化的含义，转义过程常常失效。

（3）信息属性，图具有更高的信息传达效率。图的信息传递是在人的全视域范围内的，而文字和数字只能被置于视网膜中央凹的狭窄范围才能被准确感知和识别。无论是抽象的图形还是具象的图像，都可以承载非常大的信息量，同时人对图的信息接收速度也非常快。人脑对图的识别模式是近年来人工智能算法的重要研究点，通过机器学习和训练模仿人对图的认知，以达到高效准确的数据分析结果。

图具有的这些独特的信息表达属性，使其成为人类社会生产、生活最重要的信息表达和传播方式。人类已经在研究如何画图、如何理解图、如何计算图、如何存储图、如何把思想转化为图以更好地表达等方面积累了非常多、非常好的理论、方法和工具。人类社会更快速、更巨量的数据不断产生，数据处理需求的空前爆发，将更强力推动图学研究和应用的飞速发展。

2.1.5 形、图和图学

“图形”一词由“图”和“形”两字组成，已经表明了它们的密切关系。

图，是图形和图像，是描述世界、反映世界、展现世界与想象世界的视觉具象。图用于显示形，是形的视觉表现，图是形在平面上的表现形式。根据表现形式不同，图可以是线表示的——线图或常说的图形，工程图纸是线图的一种典型代表；图也可以是点表示的——点图或常说的图像，真实感图形是点图的典型形式。用一个“图”字统一表述图形或图像，或按习惯，通称“图形”。不管是图形类还是图像类，图本质上是具有属性（颜色、线型、线宽或亮度）的几何（线 / 点）按一定的次序构成的画面。

形，指形体或形状，形是对客观世界和虚拟世界视觉印象的抽象，是对世界的模拟和构造，用基本几何元拓扑关系的表示和模型来概括，以一个“形”字代表之、简称之。形一般采用几何模型表达，由各种几何构造，由点、直线、曲线、平面、曲面等组成。因此，形的本质是几何。

形表述世界，它的属性是表示。形是输入，有个构造问题。

图展现世界，它的属性是表现。图是输出，有个绘制问题。

图源于形而展现形，形是图之源。

在计算机上模拟现实世界、构建虚拟世界，先要造型，而后得图。

图学，是以图为对象，研究在将形演绎到图的过程中，关于图的表达、产生、处理与传播的理论、技术、规范与应用的科学。组成形体、图形与图像的基元都是几何，形的构造与图的绘制通过几何计算实现。因此，图学计算的本质是几何计算，最基本的理论基础是几何学（含画法几何、射影几何等）。它的基本内容应该包含以下几个方面：造型理论与方法、由形到图的理论与方法、图的处理理论与方法、由图到形的理论与方法以及图的传输理论与方法等。

图学研究的意义在于：首先，图是物质世界、数字世界、思维世界的表示。图不仅仅用来表示表现物理层的信息，还能够描述系统信息、知识体系、人的思想的理念。其次，图还是一种研究世界的方法，它可以用来推导、对比、求解问题，乃至发现真理。

图学理论、方法和技术会与其他学科或交叉。图的应用遍布社会各种领域，图与不同领域知识结合，被用来直观地表达变化、对比、空间关系、归纳和构想。

2.1.6 图学研究的本质属性

人类面对的世界可以分为两类：真实世界和虚拟世界。真实世界是人们可以视觉观察到的物理世界，例如房屋、森林、船舶、飞机等；虚拟世界是想象中的世界，例如梦境、设想、思维等。

起初的计算机辅助设计和制造是图学在真实世界的核心应用场景。随着相机、手机等的普及，图片和视频的编辑也成为图学中一个重要的横跨虚拟世界和真实世界的重要应用。图的发展使创建虚拟场景实现人类的想象成了图形学在虚拟世界的核心应用场景，产生了游戏、影视特效等。

受物理学和数学的启发，图学将图（含图形和图像）对象分解为表示、表现和行为三种属性。得到“表示”的过程称为“造型”，得到的“表示”是“模型”；而“表现”是如何将计算机中抽象的几何用一种形象的（静态或动态的图形 / 图像）方式表现出来——几何的视觉实现，描述三维对象的在不同材料、光照以及材料与光相互作用下产生的颜色、亮度等，在经过某一方向的降维变换后在二维平面上展现出来，“表现”的形式为图，表现，或者产生图的过程在计算机图形学中称为绘制；“行为”则表达了一个图形对象的动态特性，这决定了一个图形对象的运动以及它与其他对象的交互行为，“行为”还包括可以提供图形通信手段，是人机交互的主要工具。

造型负责形的表示与构建，绘制负责形的展现和输出，交互负责人与图形的通信和控制。

从宏观上讲，造型构造模型，绘制展示模型；从微观上讲，造型决定点，绘制显示点。两者的基础是几何计算。

2.2 图学科学

何谓科学？给科学一个充分的、本质的定义并非易事，因为科学其实是一种社会的、历史的和文化的人类活动。科学首先是对应于自然领域的知识，经扩展引用至社会、思维等领域，如社会科学、自然科学和思维科学等。科学是知识，且不是零碎而是理论化、系统化的知识体系，是人类对自然、社会的认识活动。图学已经是这样的一门科学，它不仅是工程技术的基础，还是广义技术领域乃至全社会领域信息交流的语言和工具。

2.2.1 图的作用

图是认识世界的基础、空间思维的具象、科学研究的工具和信息传递的重要方式。图的形象性、直观性、简洁性和准确性等使得人们可以通过图来探索真理、认识未知。

在工程设计和制造领域，图是基本的信息传递工具。人工智能，汽车的自动驾驶依赖的是对周围环境的即时分析。大数据，计算结果需要图形图像的支撑。几何引擎的研制，核心工业软件的开发，等等，这些我国制造业、社会发展的主流，符合我国国家发展的战略需求。

2.2.1.1 图是人类交流的重要工具

人类主要通过眼睛、嘴巴、耳朵 3 个器官互相交流，交流的工具分别是图、文字、声音，还有数字；分别产生了文学（语言学）、声学和数学等科学。而图作为最有效的思维、推理、信息传达和存录方法，却一直被分散研究，并没有形成专门的学科。

图是信息传递、思想传递的工具，是人类智慧和语言在更高级发展阶段上的具体体现。图可以是人类视觉效应或思维意向的抽象，也可以是高精度的具象。俗话说，“一图胜千言”，文字、数字和图都是以视觉的形式在大脑里反映的，但是图的视觉印象在大脑中的直接反映是三维的，几乎不需要转义的过程就可以形成空间认知和结构关系认知。因此，图是人类传递信息最有效的方式。

图是人类描述思想、传递构想与交换知识的重要工具，也是知识获取的重要来源。在以大数据作为人类各种分析、决策和行为支撑的信息时代，图是海量信息抽象、表示、传达的最佳方式。人类社会已经是“看图的时代”。“一图胜千言”，充分体现了图在人类思维、活动与交流中的作用。

用图形去表达问题、分析问题的方式更符合人的空间认知与空间思维特色。研究什么样的图形更能吸引人的注意、被人们记忆，研究如何用图形（图示）去表达一个产品、一种思想、一种策略乃至整个计划，使对方能够很快理解你想表达的含义，已经成为如今交流的主要手段。例如，流程图，不仅可以表达思路，还可以表达方法、策略；任何一个图文报告（演讲、论文等）都离不开图形表达；思维导图已经成为各行业表达知识结构、业务关系的重要工具，并且也是教育界用来帮助学生快速凝练和记忆知识点的高效方法；工程图纸已经是工程界信息交流的标准化语言。

2.2.1.2　图是认识世界的基础

图是人类认识世界的基础，表达世界的工具。图在人们生活中的应用已经极大的普及，人类社会已经进入一个图形图像时代。它的主要认知方式是视觉形象方式，已成为计算的主要输入源、处理对象和输出目标，它改变了文化活动的样式。传统的文化活动主要借助于语言、文字和表现样式，图的应用则表现在科学、工程、医学、人文、娱乐等社会生活和生产的各个领域、各个层面上。

2.2.1.3　图是空间思维的具象

人的思维基于文字和图形，从认知机制分析，人主要是基于图形而不是基于文字思维的。一个新出现的想法在抽象思维的作用下，形成丰富多彩又高度凝缩了的形象，它不仅仅是感知、记忆的结果，而是被打上了人的情感烙印，受到他们的思维加工。以“形”的形式呈现的图形思维，它能充分发挥人类空间直觉这个最有力的武器。现在的人工智能，它的基础就是思维，主要是图形思维。

2.2.1.4　图是科学研究的工具

在现有的学科分类国家标准中，工程图学（41060）已被等同于工程数学（41010）、工程力学（41020），作为工科的基础学科。这是有充分根据的，大数据、智能计算等新兴的技术都与图形图像有关。例如，大数据技术的战略并不在“大”，而在于“有用”，关键是找到数据间的关系。“不要让不相干的数据影响整个结果，有相当一部分的数据并不重要，这些不相关的‘树’往往并不能代表整个‘森林’”。最后，大数据计算的中间和最后结果常是以各种图的形式显现的。

2.2.1.5　图已成为新的计算对象与计算目标

继数之后，形作为数学的第二个主要概念被引入，形能充分发挥人的空间思维特长。在计算机科学高度发达和计算新需求膨胀的今天，有必要重新审视计算方式和计算结果的表述形式。例如，算法也是一种解的表述方式。而图形图像作为重要的计算源、计算对象和计算结果，也已被作为解的一种表现形式去追求。

需要在对相关领域理论、技术与应用深刻理解的基础上，建立和开发图形公共基础软件和基于图形的计算支撑系统，使图学应用建立在一个更高的起点与平台上。

2.2.2　图学的科学问题

科学问题包括两个方面：一是图学作为一门科学，在科学、技术和社会发展中的作用；二是图学本身还有需要解决的科学问题。

2.2.2.1　图形表述中的科学问题

解决一个问题，首先是要清晰、简单地表述它，如果连表述尚且困难，何来解决问题？

图学计算是对一组按照一定规则和结构组成的数据进行处理，以及对处理结果的显示。图学的数据对象有两个：一个是用于“表述”的数据对象，描述客观世界和虚拟世界中的“形”，单个几何元的表示以及多个几何元之间的关系描述；另一个是用于“展现”的数据对象，描述展现客观世界和虚拟世界的“图形图像”，已经作为计算源、计算对象和解的表现形式，有静态数据、动态数据等。

大数据计算、AI 计算等，这些不再限于数字计算。越来越多的场合是基于图形图像的计算，这些对象的图形表述是首先需要解决的问题，例如，如何实时高精度重建一个大规模场景，如何用图高效传达海量多模时空数据及其演变态势。

2.2.2.2　图形计算中的科学问题

1）计算的科学基础

计算的基础是数学。数学是永恒的，好的数学思想很少会过时，虽然运用方式会发生很大变化。数学上主要有两种推理：符号推理与直观推理。前者源于计数制，后者源于图形制。继数之后，图形将数学的第二个主要概念引入了数学，这就是形，形能充分发挥人的空间思维特长。因此，计算的对象有两种：数和形，它们分别基于数学的两个基础科学——代数与几何。

计算的对象与结果实质上与计算的性质、实体和工具等有关，不同的计算层面，有不一样的计算对象，需要不同的计算结果。现在，图形图像在人们生活中的应用大有普及趋势，计算的结果是希望得到一幅由图形或图像表示的画面，便于高效识别与理解。图形，不管是静态的还是动态的，都作为解的一种表现形式去追求，对图或者形作为计算源与计算结果的需求大大增加。

计算机作为主要计算工具以后，计算方式与解的表述更是起了革命性的变化。例如，“算法”常作为计算机时代解的一种表述方式被认可、被追求，相应的计算理论与计算方法也产生了。

现代意义上的计算，它不仅是常规意义上的一次“算”，也可能是一个过程，例如搜索过程、决策过程等。因此，计算对象可能并非一个，结果也不一定是一个，甚至是不确定的。但是，万变不离其宗，用于表述计算对象与结果的，主要的还是两种：数和图。

2）图学计算的特殊性

图学计算是基于几何的计算，这是图学计算的特殊性。几何的本质是某些属性不依赖于参考坐标系，具有不变性，这是研究几何的基础。追求“形思考、数计算”的几何计算模式，应该以几何学家的思路去考虑问题——宏观而缜密，以代数学家的方式去解决问题——严格而有序。与人的图形认知能力相匹配，在几何的框架下宏观设计，按照代数的方式有序求解。

3）图学计算的稳定性问题

计算稳定性问题是一个长期的难题，本质是计算正确性 / 准确性问题。即使在一些已被广泛使用的大型 CAD 系统中，也存在几何引擎的稳定性问题。这里有理论问题，也有实施问题。导致几何计算不稳定主要有两个原因，由数字计算误差引起或由几何本身原因引起。从这两个方面剖析引起几何模型的构造缺陷和计算不稳定性的根本原因，制定相应的对策。

2.3 图学学科

2.3.1 学科定位

在文明程度高度发达的今天，图形已经是人类社会生活中信息传达最高效、模式理解最准确、设计创造最常用的思维方式和表达方法。人们通过图形得到最初的启蒙教育，通过图纸准确传达复杂信息，通过图形表达逻辑思维，通过图形生产制造，通过图形做设计搞创作，通过图形讲故事做游戏。图形在人类科学、技术、文化、生活的各个层面都起着非常重要的作用。但是，由于图在输入、计算、传播、表示上复杂多样，图的应用面广，导致图学知识体系分散在多个学科，图学学科的发展反而受到了一些抑制，至今没有形成专门的图学科学和学科。

我国现在对图形图像处理的学科相当分散，但主要的分支是工程图学、计算机图形学和数字图像处理三种。其中，工程图学是较早存在的一个学科，是由“工程制图”演变而来的。一般认为计算机图形学是 20 世纪 60 年代初期出现的，1962 年，伊万 · 爱德华 · 萨瑟兰（Ivan Edward Sutherland）在他发表的博士论文中首次使用了“计算机图形学（Computer Graphics）”这个术语。数字图像处理是更后面的事。

工程图学。工程图学是发展最早，理论与实践最完善的图学分支，也是工科的技术基础。工程制图面向工程、面对制造、尺寸分级、讲究精准。即使在计算机介入的今天，图与图样作为人类思维的工具以及工程技术语言的地位，也没有改变；制图、读图、图纸信息共享等理论、方法与技术，当下仍需要工程图学去承担。

计算机图形学。将计算机图形学划为计算机的应用是不合适的。计算机图形学的本质是图形学而不是计算机，是讲造型 + 绘制 + 交互 + 基础。计算机图形学是造型与绘制的理论基础，借助于计算机进行图形处理。所以，计算机图形学和工程图学，应该有它们各自的分工。至于软件中的造型操作过程，属于应用层的工具，更不应该作为工程图学的基础。

数字图像处理。狭义上的图像处理仅指对图像信息进行处理。广义上的图像处理根据处理的目的不同分为以下 3 类：第一类就是常规狭义范围的数字图像处理，即将一幅图像变为另一幅经过加工的图像，输入和输出皆为数字图像；第二类是图像识别，将一幅图像转换为一种非图像的表示，这个过程包括图像预处理、图像分割、特征提取、矢量化和分类识别；第三类是图像理解，过程包括图像预处理、图像描述、图像分析和理解。

图 3 表示了现有图学的主要分支——工程图学、计算机图形学和数字图像处理等学科在形 – 图互相转换以及图形图像的表达、产生、处理与传播中各自的作用以及相互间的关系。统一从形的角度去阐述图学的理论基础、计算基础和应用基础，去研究、去发展图学的理论、方法、技术和应用。

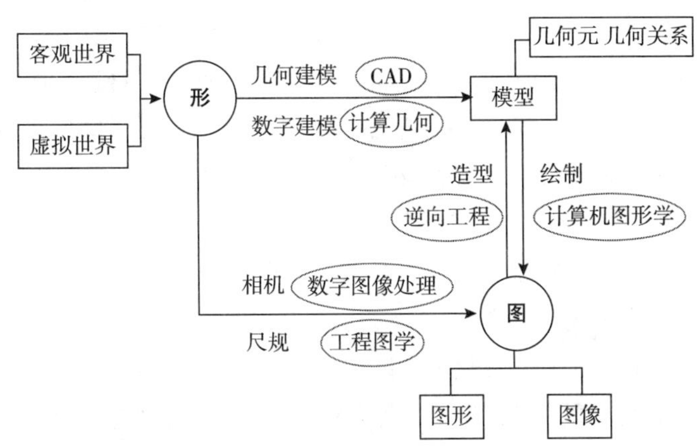

图 3　现有图学主要分支在形 – 图互相转换以及图形处理间各自的作用及相互关系

2.3.2　学科性质

图学既是一门理论性的基础学科，同时也是具有实践性的应用学科。也就是说，图学既要研究图形图像的基本理论与处理方法，为解决图学问题提供理论依据；同时，也要关注图形图像在应用中的具体问题，并为解决这些问题提供具体的原则、操作的模式、策略和方法。既要重视图学的基础理论研究，也要重视应用开发的研究。

图学属自然科学的范畴，同时也具有社会科学的特性。图学不仅提供了一种重要的表达方式，也是一种思维模式。图学不仅是一门科学，也是一种文化与艺术。图学的思想、精神、处理方法对人的综合素质提高有不可或缺的作用。随着数字时代的到来，图可以说无处不在、无所不用。图在表达上的直观与简洁性为图学的发展提供广阔空间。

2.3.3　学科基础

图学的理论与方法基础是几何学，包括欧氏几何、投影几何、画法几何、多维画法几何等。

图学与几何学的关系就如同物理学与数学的关系。数学是物理学的计算基础，几何学是图学的计算基础。正如物理学科可以独立于其计算基础数学而存在，图学学科也可以独立于几何学而存在。图学有自身的原理规律需要研究，图学理论和技术需要体系化发展。

图学应该是一个有自身理论和技术体系的独立学科。

2.3.3.1 图学与几何学

图由几何构造和表示。不管是线划图还是点阵图，它们由点、线、面等基本图元构造。不同的几何元依照一定的拓扑关系组织起来构造成不同的几何形体，通过投影在平面显示成图——图形或图像。形的构造和处理都是对几何的计算。

James R. Miller 说过：计算机图形学和造型依赖点和向量的数学运算，应使用向量几何分析法简化推导。短短两句话，揭示了计算机图形学和造型的基础是点与向量的运算，充分认识到了图学与几何的紧密关系。国际学术组织国际几何与图学学会（International Society for Geometry and Graphics，ISGG），每两年召开一次几何与图学国际会议（International Conference on Geometry and Graphics，ICGG），这是将图学与几何定位得最紧密、也是最贴切的国际学术组织与国际会议。

2.3.3.2 图学有自身的规律和原理

在几何计算之外，图学有很多自身的规律、原理、方法、标准需要研究，也有图学特有的科学问题需要研究解决。

（1）图被广泛应用于工程、文化视觉传达、商业、金融、军事、娱乐等各种领域，不同领域、专业对图的表示和展示提出了各种需求，因此催生了大量图学特有的计算方法和计算模型，例如光照明模型、纹理映射算法、反向动力学骨骼动画计算方法、爆炸特效、复杂结构体坍塌仿真、流体仿真计算、相变物理模拟、大数据可视化方法等。

（2）图的产生和构造是为人的认知和信息传达服务，符合人类认知心理和生理的图的构造 / 表现，其中有很多需要研究的科学规律和原理。

（3）信息的交换需要建立有效的标准和规范，特别是在大数据背景下的图学应用，更需要在深度和广度多个维度上对图形 / 图像标准展开研究。

（4）图形软件的设计和开发，也有不同于其他软件系统的特定的规律和方法，需要考虑交互的自然性、可靠性、流畅性、实时性，还需要解决大量计算造成的延迟问题，并且需要专有的底层 API 支撑上层的应用。

（5）人类已经发现图形思维的有效性，例如我们已经提出用思维导图的方法来帮助记忆、整理思路、传达思想，却还不清楚为什么有效、如何有效。其中的科学规律和运用方法有待以后的研究发展。

社会的进步和技术的发展，为图学研究和图学学科发展创造了巨大的空间。

2.3.3.3 图学的理论基础

图学学科的基础理论应该从图形的形、意、元三方面来考虑，因此数学学科中的几何学与计算数学是构建图学学科的数学基础。前者是几何基础，主表现框架；后者是代数基础，主处理框架；而语义学是作为意义表述的基础，也能与图形的表现理论和处理框架相关联。

图学研究造型理论与方法、由形到图的理论与方法、图的处理理论与方法、由图到形的理论与方法以及图的传输理论与方法等。这些理论、方法和技术的基础是几何学，也会借助代数学、计算机等其他学科。例如，计算机视觉的研究目标是通过二维图像认知三维环境信息。因此，计算理论框架绝大部分都涉及利用几何方法计算环境中的三维物体的形状、位置、姿势和运动。文献［18］全面介绍了基于几何的计算机视觉计算方法及其数学基础。射影几何、仿射几何等各种几何方法贯穿计算视觉理论的所有部分，称为“基于几何的计算机视觉”。又如计算机图形学的光照计算综合利用数学、物理学、计算机以及心理学、生物学等知识。而造型类，像曲线/曲面理论属于计算机辅助几何设计、计算几何的范畴；零件的参数设计、图形交互编辑常被认为是计算机辅助设计（Computer Aided Design，CAD）的事情；三维模型的体素构造法（Constructive Solid Geometry，CSG）、八叉树、BReP结构等模型的表示方法需要数据结构的知识；点、线、面、体的相互求交、分类及集合运算是几何建模的基础；布尔运算、分形造型、点造型等造型方式均需要强壮的几何计算支持。

2.3.3.4 图学的计算基础

图学学科的计算基础主要包括从计算机角度的图形表征模型、处理方法到开发实现的计算方法，主要涉及计算机科学中的几何计算理论、程序设计、数据结构和算法等理论。

图学的公共计算基础一是几何，二是计算。从几何与计算两个基本要素出发，论述图、形、几何与图学计算间的关系，构筑图学的计算基础。

先说几何。图源于形而展现形，图与图学的基础是几何。形是输入，有个构造问题；图是输出，有个绘制问题。它们的基元是几何元，形的构造与图的绘制通过几何计算实现。

再说计算。图学计算是对几何的定义、构造、度量和显示，它的重点是处理几何间的关系，而不是几何参数本身。关键是解决维度差距、几何奇异、计算稳定性、计算方式与解的表述等。图形图像已成为新的计算对象和目标。早先的计算源、计算对象和计算目标都是数，现在更多的领域需要图形图像作为计算对象和目标，以图形图像作为输入源，经过计算，转化成另一种形式的图形图像。数由数字表达，图形图像由几何元表达。不同的几何元依照一定的拓扑关系构造不同的场景，在空间构造形；通过投影将不同属性的图元按一定的形式组织起来并加上属性在平面上显示图。找出图元间的组织形式的过程就是图学计算。

2.3.3.5 图学的应用基础

实践性维度（实用性原则）或称为社会需求逻辑是学科评价的两个维度之一，即学科必须能满足社会的某种需要。

图学应用基础属于图学理论的拓展，同时服务于图学应用。图学理论定义了图学的范畴、概念、思想及基本运算法则等，而图学应用基础则研究如何将这些转化为可以实用的基础软硬件设施。因此在图和图学中起着承上启下的作用。开展图学应用基础研究将在深度和广度极大拓展图学应用领域与范围，使图学应用进一步适应新形式学科发展。

“没有标准，世界的运行将戛然而止”，扩展图学的应用，须重视图形图像标准的建设。图作为科学、工程、艺术等的交流语言，一种传递构想与交换知识的工具，需要遵循一定的规范与标准。这些标准包括图样的制作标准（如工程制图国标）、图形的交流格式（如 STEP、DXF 等）、图像的存放与交流格式（如 JPG、BMP 等），等等。

2.3.3.6　图学软件工具

图学工具包括图学的数据对象和处理这些数据的图学软件。

不管是数计算，还是形计算，最后归结为“对一组按照一定规则和结构组成的数据进行处理，以及对处理结果的显示”。

图学工具包括图学的数据对象（几何数据、图像数据、动态视频数据、全景数据、VR/AR 数据、3D 打印数据、其他图学对象数据）的定义和处理这些数据的图学软件（CAD 与 3D 建模软件、3D 动画软件、3D 渲染软件、几何网格处理软件、图像软件、视频软件、点云处理软件、体数据软件、全景图像与视频软件、VR/AR 软件、3D 打印软件以及其他图学软件）。正是因为各类图学工具的飞速发展，使得图形应用的媒介和手段更为方便易用。

2.3.4　图学学科设立之必要性

学科必须有明确的研究主题和卓有成效的研究方法，有相对独立的知识体系，其为学术性；学科必须能满足社会的某种需要，其为实践性。所以，一个学科的定位需要从研究的对象、研究内容和研究方法出发对其进行定义和定位。

图学作为一门古老而富有生命力的科学学科之一，它的理论、思想与方法，是人类社会共同享有的巨大财富；前人表现出的智慧与成就，至今仍然值得令人借鉴。人类不能离开图学，科学技术的发展更离不开图学。

中国文化的起源、发展与图关系紧密。象形文字由生动抽象的图形演变而来，使得我们的思维更倾向于图形思维；影响中华千年智慧发展的《易经》，用二进制图形表示世界万物，2000 年之后才被西方科学家发现从而构建了计算机的二进制计算体系。我们应该有充分的文化自信，领先建立图学学科，让图形思维、计算和传达更有效地提高人的素养和社会的发展效能。

2.3.4.1　图学是基础学科

人类主要通过视觉、听觉等了解世界，通过语言、声音、图形互相交流。通过学习数学训练人的逻辑思维，通过图学训练人的空间思维、形象思维。

“一字值千金（One word is worth a thousand dollars）”，这是文，和它的文学！

“一图胜千言（One picture is worth a thousand words）”，这是图，以及图学！

图学是研究图与形关系的科学，是一门基础学科，无论是相对于工程，或者科学，还是人文。有人问：我国的航天技术很发达，航天科学呢？也要问，计算的对象是数和形，作为计算的输入输出形式之一，对图的认知如何？关于研究图的科学呢？以及研究图的学科呢？无论过去、现在，抑或将来，图学都是一门应用极为广泛的学科。图学，在我国的学科中应该有它的地位，很高的地位！使图学在科学与社会的发展中起更大的作用。

2.3.4.2 图学有广泛的应用性

图及图学的应用十分广泛，工程和产品设计制图（如机械、土建、园林、化工、水利、电力、航空航天、造船、轻纺和服装等）、图形设计（如图标、广告、包装、网页、封面、装饰、图表等）、图形创意（如动画、游戏、艺术、书法等）、地理图学（如地图、海图、水文图、地质图等）、信息可视化（如科学计算可视化、计算信息可视化与虚拟现实系统等）等。

图形学的发展来源于使用计算机设计真实世界产品的需求，如船体、飞机、汽车外形和结构。因此，计算机辅助设计和制造成是计算机图形学在真实世界的核心应用场景，CAD 和图形学常被连在一起，如 CAD/CG 国家实验室、CAD/CG 刊物。随着图形学的发展，创建虚拟场景实现人类的想象，成为图形学在虚拟世界的核心应用场景，产生了游戏、影视特效、图片视频、虚拟现实、3D 打印等应用场景。随着相机的普及，图片和视频的编辑也成为图形学中一个重要的横跨虚拟世界和真实世界的重要应用。

随着硬件设备的发展和普及，以及计算机视觉和人工智能技术的进步，图形学的应用场景将得到更大的扩展。面向真实世界、机器人和三维（3D）打印，面向虚拟世界、虚拟现实，混合可视媒体等将成为新兴的应用场景。增强现实将虚拟信息融合进真实世界，并增强人类在真实世界的体验，数字化孪生则产生真实世界在虚拟世界的镜像，方便我们更好地管理规划真实世界。

2.3.4.3 图学是客观存在

在我国现有的学科分类国家标准中，工程图学已被等同于工程数学、工程力学，作为工科的基础学科。这说明，图学早就被认为与数学、力学一样作为工科的基础，在计算机出现以后，计算机图形学和数字图像处理等学科的出现，更是涉及医学、人文、地理、气象、娱乐、媒体等几乎各个社会和生活的领域。图形图像无处不在，关于图形图像的研究遍及各个科学、工程、医学学科。

中国科协所属有中国图学学会、中国图象图形学学会两个一级学会。这里，有点奇怪的是，中国图象图形学学会是将图像放在前面、图形放在后面。从该学会的活动看，该学会涉及的基本上是关于图像研究的，如果有一个图学学科，那么就不会出现这样的现象。

关于图学的还有两个国家实验室：浙江大学的 CAD/CG 国家重点实验室和中国科学院的 CAD 国家重点实验室。以及若干专业期刊，例如，中国图学学会的《图学学报》《*Visual Computing for Industry*，*Biomedicine*，*and Art*》，中国图象图形学学会的《中国图象图形学报》，中国计算机学会的《计算机辅助设计与图形学学报》等。

这都说明，在我国图学是客观存在的，只是分散在各个学科之中，没有统一而已。

2.3.4.4　历史和现实

CAD，始于制图，需要回顾一下我国 CAD 曾经走过一段什么样的历史？

早在 20 世纪 60 年代，当时的六机部、三机部已经就曲线曲面开始研究，“单根曲线”“三向光顺”等技术已经在计算机中建立了整个船体、飞机外形的数字模型，六机部船舶工艺研究所在 1981 年就研制成功“船体建造 HCS 系统”。那时，船舶行业已经提出了这样的一句话“在计算机里存放了一条船！”。

图学基础支撑技术和平台的研究与构建，同样是影响社会生产力的“卡脖子”问题，要长久的技术积累和研究推进。一方面需要大量的人才培养和研发力量的不断投入，另一方面需要国家的重点关注和持续支持。早在 AutoCAD2.× 的时候，可以说，我国在微机上开发的 CAD 软件与之相差并不太大。“七五”到“十五”（1986—2005 年）期间，国家对于国产自主工业软件也一直是有扶持的，当时主要的扶持渠道是国家机械部（机电部）的“CAD 攻关项目”、国家科委（科技部）的“863/CIMS、制造业信息化工程”等。国内的 KerenCAD、高华 CAD、CAXA 电子图版、开目 CAD、浙大大天 CAD 等一批 CAD 软件产品，还热闹过一阵。但是，后来，都悄无声息了。至今，可能谁也不敢说，他们有完全自主版权、实际应用的几何引擎。这是多么惨痛的历史教训。

2.3.4.5　没有图学学科下的“乱象”

中国计算机辅助设计与图形学大会（Chinagraph）是我国 6 个学会联合组织的图形学会议，Chinagraph 2016 征文通知的开头是这样写的：“为适应学科发展新形势，更好地推动中国计算机辅助设计与图形学研究的发展，经 Chinagraph 指导委员会与中国计算机学会计算机辅助设计与图形学专业委员会协商，一致同意整合资源，创办中国计算机辅助设计与图形学大会这一全新学术交流平台，包括四个学术会议：中国计算机图形学会议（Chinagraph）、中国计算机辅助设计会议（ChinaCAD）、中国电子设计自动化会议（ChinaEDA）、中国大数据可视分析会议（ChinaLDVA）。四个学术会议共享大会特邀报告、专题研讨、论文报告、论文快放、论文墙报、产品与系统展示、研究生交流等学术活动。每个学术会议设立独立的程序委员会，负责相关的论文评审、学术交流、评奖等事宜。”

这是好事。大家都有联合的愿望，整合资源，增加信息，学术共享，减少开支。同时看到，随着科学的进步，学科交叉的需求已经提到相当的高度，有其迫切性。但也看到一点无奈。我国还没有一个简单、统一的学科去表述这些相近的专业会议。

由于没有统一的图学学科，现在图与图学的教材都是基于机械、土木、建筑、地图等专业领域安排的，一些共性理论、方法和技术的叙述是分散的，对一些基础理论与算法（如变换、求交等）的叙述、教学和研究出现重复，有些甚至是低水平的重复。另外，一些教材没有重视宏观的架构设计，只是一些知识的堆积，搞不清哪些是必需的、哪些是可选的。一本教材框架不清晰，内容取舍不当也就难免。造成了现有的图学教材杂乱无章、千奇百怪，导致图学教学呈现各司其职、九龙治水的局面。

2.4 文以载道，以文化人

2.4.1 教育的本质

文化的本质是“文以载道，以文化人”，这也是文化的核心价值。文化这个词，在现代汉语中是一个词，在古代汉语中是由两个字构成的。“文”是指文字、文章、礼乐制度、鼓乐、曲调等，写文章就是表达思想的。“化”是指人受教而变化，本义作“教行”解，凡以道业诲人为教。人能接受此道业而变易其气质，而远过迁善，在各方面起若干变化，此变改谓之“化”。

真正的教育，是批判性的独立思考、时时刻刻的自我觉知、终身学习的基础。

子思在《中庸·第二十章》有一句治学名句“博学之，审问之，慎思之，明辨之，笃行之”，这是教育的本质。教育，在于育，育人。教学，在于学，学思维、学知识、学技能，同时也渗透育人。教学是教育的一个手段和方式，用教学来实现教育。

教育不是灌输，教育是唤醒，教育是化人，是以文化提升人的气质，使人达到转恶为善、转迷为悟、转凡为圣的目的。所谓读“经”使人明道，读“史”使人明智，读“子”使人明修身，读“集”使人明做人。文以载道，积微成著；以文化人，久久为功。

教育是一种思维的传授，教育的目的不是教人学会知识，而是学习一种思维方式。真正的教育不传授任何知识和技能，却能令人胜任任何学科和职业，这才是真正的教育。人因为其自身的意识形态，又有着别样的思维走势，所以，教育当以最客观、最公正的意识思维教化于人。如此，人的思维才不至过于偏差，并因思维的丰富而逐渐成熟、理性，并由此，走向最理性的自我和拥有最正确的思维认知，这就是教育的根本所在。正如《大学的理念》的作者约翰·亨利·纽曼所说：“只有教育，才能使一个人对自己的观点和判断有清醒和自觉的认识，只有教育，才能令他阐明观点时有道理，表达时有说服力，鼓动时有力量。”教育令人看清世界的本来面目，切中要害，解开思绪的乱麻，识破似是而非的诡辩，撇开无关的细节。教育能让人信服地胜任任何职位，驾轻就熟地精通任何学科。

2.4.2 图学教育是形象思维教育

眼睛看到的、声音听到的都是空间的，图形在大脑里的反映直接就是空间认知方式。图形是传递信息最有效的方式，用图的方式去分析问题，表达问题最能被人理解、被人记忆、被人记住。

思维是一切创造的源泉，数学训练人的逻辑思维，数学思维的一个特点是精确；图学则是训练人的空间思维、形象思维。

2.4.3 图学教材

立国根本，在乎教育，教育根本，实在教材。教材内涵知识、智慧和精神，体现出科学性、人文性和道德性，具有权威性、代表性、核心性和主导性。教材是学生进行学习、教师进行教学的主要依据。教材是学科建设的基础，教材是引领性的，一个学科的建立，教材建设举足轻重。

需要讨论“图学”概念下的图学教材编写与图学教学与实践中的一些问题。由于没有一个统一的图学学科，造成了图学教材分散、重复及参差不齐的局面。应该在图学是研究图与形及其关系的总前提下，整合分散在其他学科中有关图的理论、方法和技术，宏观上构建一个图学的清晰框架与认知体系，微观上精致编织、准确表述图学具体的知识点。给出了工程图学、画法几何、计算机图形学、计算机图像学等主要教材的一些编写原则。

教材不是论文，也不同于专著，教材应有更高的成熟度要求，最基本要求是正确、准确。教材对语言表述的要求高于学术专著，教材不仅要叙述清楚、还要通俗易懂，而专著相对可以更学术性一些。教材要将复杂的事情简单化，切忌将简单的道理写得复杂难懂。如果能够写得文字优美、引人入胜，那就更好。

本质的揭示使学科的概念更准确、更清晰，架构更完整、更简洁。图学学科的提出，对广大的图学工作者是机遇，也是挑战，高质量地去建设一批架构清新、阐述清楚、文字浅显、图示精细、教案完整的图学系列教材是图学工作者的任务。

2.4.4 图学教学体系

新时代、新经济催生新工科的产生，在新的形势下，学科交叉融合日益明显，依赖基础性学科的应用研究也越来越重要。图学学科作为基础学科对人们思维发展的丰富与促进、对工程学科的基础支撑以及新兴学科的发展都起到了重要作用。人工智能时代的到来，更需要大批图学大学科领域的优秀人才，为推动社会发展，为解决我国重大的图学发展问题做贡献。

图学教学体系的构建面向新工科的未来图学人才需求，形成面向基础学生群体的图学思维培养层，面向工科专业本科生的工程图学学习层，面向专业、掌握本领域工程表达规范标准的机械制图、建筑制图等的学习层，面向新兴的人工智能、机器人工程等复合交叉专业的图学计算基础共性问题解决能力的学习层，以及图学专门研究型高端人才的培养层。这一培养体系形成了图学人才金字塔，以图学大学科课程群贯通本硕博人才培养通道，使优秀人才脱颖而出，成为研究图学重大问题的科学家，图学相关的国家重大战略问题的思想领袖和战略领袖。

针对社会需求和图学大学科人才培养的目标，分析目前教学体系存在的问题和不足，构建图学人才金字塔图学教学体系，梳理图学大学科课程群的构成和关系，提出基于新工科人才知识、能力、素质多元培养目标的知识体系，为培养社会未来需要的图学人才作出有益的探索。

2.4.5 图学教学模式

教学是教师的教和学生的学所组成的一种人类特有的人才培养活动。通过这种活动，教师有目的、有计划、有组织地引导学生学习和掌握文化科学知识和技能，促进学生素质提高，使他们成为社会所需要的人。

因材施教，出于我们的教育先祖孔夫子，他的因材施教的本意是因人而教，因为人的思维模式是不同的，所以因材施教是因人而异的。因材施教是一条传统的教育原则，同时也是教学中一项重要的教学方法，一种教育理念和教学原则。每个个体在视觉感知和认知层面的生理机能和心理机能都不相同，在图学教育中，更要体现对个体特性的引导和增强。在教学中，根据不同学生的认知水平、学习能力以及自身图形思维能力，教师可以选择适合每个学生特点的学习方法来有针对性地教学，使每个学生都能扬长避短，获得最佳发展，从而促进学生全面发展。

教学方法与教学方式以及教学模式的选择也是因材施教多维因素下的一种选择，不仅仅是因人而异，而是与教学对象、教学目标、教学内容，以及学校类型、专业类型、学生类型、课程性质等多维因素下的一种教学模式的选择，每一种教学模式都要指向一定的教学目标，这个目标是教学模式构成的核心要素，它影响着教学模式的操作执行和师生的组合方式，也是教学评价的标准和尺度。

由于图学教学内容直观、传达有效、容易理解，同时得益于计算机图形技术的积累和发展，有丰富的教学模式和教学工具，可以支持图学教学形式实现多样化、灵活化。可以扩展单一课堂教学模式，探索多元化教学模式，发展大型开放式网络课程（MOOC）教学、实践教学，扩大教育受众面，提升人才培养质量。

分析图学课程教学模式的研究经过不同发展阶段，不同阶段的研究特点，剖析每一种教学模式都有他的优势与局限性。无论如何变革高等学校图学教学模式，都必须以顺应图学教学基本规律为前提。在应用新模式时，特别是那些在教学中教师、学生角色颠倒，值得研究的问题还较多。教学模式的发展要根据教学内容的不同进行分类研究，将是未来教学模式的发展的重要方向。

2.4.6 工程图学的发展之路

工程图学面对一个新的现实，CAD 软件的大规模应用使得原先的尺规制图工具的作用有所降低。随着二维软件功能的强化，特别是三维软件的引入，通过计算机软件作图的范围在增加，这对手工制图有较大的冲击。在这个形势下，工程图学改革出现了百花齐放的情况，也出现了一些认识上的分歧，软件越成熟，认识差距越大。

需要追根寻源。揭示在工程图学改革中产生一些偏差的根源，厘清一些关系，明晰工程图学教学内容，有序开展一些科学研究，思考一些对策，确保工程图学的工科技术基础地位。

需要分析几个差异。新技术总是随着时间一起前进的，没有终点。分析 CAD 软件对工程制图基础的影响，剖析工程图学与 CAD 软件在理论与方法上的差异、工程表述与算法表述的差异、工程拆分与算法拆分的差异等。

需要厘清几个关系。厘清“传统”理论与“现代”技术的关系，基础理论与实际应用的关系，新技术、新工具与工程图学基础之间的关系，工程图学与日益发展的应用软件之间的关系，三维造型软件与构形思维训练的关系，应用软件在课程中的作用等若干关系。

造型软件的学习不是构形思维的训练，而只是构形思维的实现。在实际工程中，在软件造型之前就要完成构形思维，构形思维是在造型操作开始之前就已经完成的思维活动，构形思维决定造型操作的目标和步骤。因此对造型软件的学习不是构形思维的训练，而只是构形思维的实现。

过分依赖造型软件，反而会削弱人的思维能力。软件“造型”的核心是图形交互操作背后的形体数据结构设计和形体构造算法设计，而将“造型”过程黑盒化、自动化。在界面上留给操作者很多的造型交互操作是为满足底层算法要求而规定的。

软件应用不能替代教学。理论教学与软件使用培训是大学教育与职业培训的最大区别。工程图学是工科技术基础课，软件只能是教学工具，不能以软件的应用教学替代传统的工程图学教学，被软件牵着鼻子走，更不应该将软件作为工程图学的基础。

无须为使用软件寻找理论依据。不能从“硬件组装”向“软件组装”蔓延，无须为使用软件寻找理论依据。

需要关注的一些科学问题有：明晰形体研究的基本方法，开展工程图学的计算化研究、开展软件工程化研究等。

3. 图学的最新研究进展

多年来，在社会需求（外因）和技术发展（内因）的双重推动下，图学在理论研究、计算方法研究、应用模式拓展、图形软件研发等方面都在不断发展、迅猛推进。

3.1 图学理论的研究进展

在几何理论、代数几何、图形语义学等方面，取得了很多研究成果；在计算方法研究方面，提出了图学几何计算的理论体系和实施框架，提出了基于几何的形计算机制，将量子计算引入图像表示和处理等；在图形软件、图学应用研究方面的成果更是丰硕。同时，随着科技的进步，特别是信息技术的飞速发展，图学的应用广度、深度和密度等都发生了深刻的变化。

3.1.1 几何学方面的研究进展

线图是图的一种重要形式，立体线图一直是人与人以及人与计算机之间实现三维实体

（或场景）信息交换的一种重要媒介。计算机理解立体线图是图学科学的一个重要研究专题，其研究内容包括草图的识别、立体线图的标记、不完整立体线图的完整、面识别、从立体线图恢复三维实体的结构形状信息、基于模型从立体线图识别三维实体、三维实体的美化等问题。

近年来，3D 打印的发展对几何学方面的研究有着直接的推进作用。3D 打印的本质在于分层制造，其中切片计算、打印路径的几何优化是几何相关研究的核心。①切片计算主要有基于 STL 格式的网格类型模型为主的网格切片，以及在原始的 3D 模型数据上的直接切片；②打印路径生成方法主要可分为平行扫描、轮廓平行扫描、分形扫描、星形发散扫描、基于维诺图（Voronoi）的扫描路径等；③几何优化相关研究集中在考虑到尺寸、装配、结构等方面的物体分割，以及面向平衡的重心优化等方面。

多尺度几何分析是图像、视频和几何模型等数字可视媒体处理的技术基础，面向可视媒体数据的紧致表示（Compact Representation），3D 多尺度几何分析成为几何分析领域的研究热点之一。其主要研究分为以下 3 类：①由 2D 基函数直接扩展的 3D 多尺度几何分析；②基于 3D 基函数的 3D 多尺度几何分析；③基于时空非局部相关性的 3D 多尺度几何分析等。然而，如何能从建模多尺度几何分析系数的分布规律实现其定性甚至定量描绘，仍是当前一个重要的问题。

由于近年来大规模图形建模的迫切需求，如何利用有限数据和更便捷的设备（摄像头、红外传感等）进行更精确、更快速地建模，已经成为当前的研究重点，例如快速的城市几何建模、利用遥感数据的地形建模等技术。

最新的研究中，二次曲面相交的所有拓扑分类情况、三次或更复杂的曲面相交拓扑分类仍然存在一些未知空白点，求交精度与控制还有很多未知的因素。裂缝、孔洞、T 连接、交叠、自交等拓扑缺陷的修复仍然在困扰商业图形建模软件。

3.1.2 代数学方面的研究进展

代数几何是数学的一个分支，研究经典的多项式方程组的零点。现代代数几何是基于抽象代数的更抽象的方法，特别是交换代数，同几何的语言和问题结合起来。几何代数化，在近代数学的兴起和发展过程中发挥着决定性的作用。代数学面向计算与处理，研究图形的各构成要素及其内在关系，同统计学构成机器学习两大基础。近年来较热门的卷积神经网络就是将二者结合的典型，用代数学概念上的向量、矩阵来完成网络节点的表示及其图像旋转、平移、缩放等变换的描述，通过大量训练样本学习输入到输出的映射关系。而在网络的初始化及训练过程中又融合了统计学知识。

几何代数（Geometric Algebra）是以统一模式生成的协变量代数，包括四大基本成分，即表示几何体的格拉斯曼结构、表示几何关系的克利福德乘法、表示几何变换的旋量或张量、表示几何量的括号。考虑到几何代数中的传统计算方法，如数值计算方法、符号计算法等都存在一定的缺陷，而几何代数形式化的高阶逻辑越来越得到关注，对于促进其实用性具有重要意义，目前已在几何学、理论物理学、工程应用等领域获得广泛应用。

3.1.3 语义学方面的研究进展

计算机语义学的研究着重于计算机对自然语言的理解，除了识别来自语音、文本的词汇含义外，还涉及信息抽取、语境分析、歧义消除、情绪判断等认知、生成自然语言技术。此类技术早期应用于机器翻译，后也应用于问题解答、文本理解等。语义学作为意义表述的基础，也能与图形的表现理论和处理框架相关联。图学相关的计算机语义学研究将机器对自然语言的理解和图学知识融合在一起，研究可分为以下两类：

（1）基于语义分析的图像切割、识别、分类、检索、建模。相比传统方法而言，卷积神经网络以其快速、准确的优越性受到了越来越多的关注，如：像素级的图像语义分割、从单张深度图片实现 3D 建模。

（2）基于图像识别及自然语言理解结合的图像描述、问题解答、高级信息检索等。将适合图像处理的卷积神经网络与适合文本处理的循环神经网络相结合的方法在解决此类问题时较常见，如：运用自然语言描述图片、根据图像内容解答问题。

在计算机绘制方面，图案的计算绘制也逐渐成为常态。当前计算机绘制图案的方法可分为计算机辅助设计、采用数学模型生成及基于图案知识的智能化设计等。而基于文法的绘制方式，因其形式化的描述，非常适用于拼贴图案等结构性较强的图案。

3.2 图学计算的研究进展

根据形是图之源，图的本质是几何，图学的基础是几何的论点，图学的计算基础是几何计算。从图的计算基础来看，主要涉及处理过程中多种空间维度的不统一问题，其具体体现在图学计算中的几何奇异性分析、计算稳定性、几何求交的实现、几何间的关系处理等方面。因此，构建一个较为统一、完整、有效、相对稳定的图学计算平台是图计算的一项重要工作。国内外学者在这方面做了许多工作，特别在几何计算理论、形计算机制以及几何计算稳定性理论方面取得了一系列成果。

3.2.1 几何计算理论研究进展

何援军首次以“几何计算”的方式阐述几何算法，提出了一个基于几何问题几何化的几何计算理论体系与实施框架，主要包括：①强调几何计算在图学中的地位：认为图学的计算基础及主要工作是几何计算；②强调几何问题几何化：淡化几何问题的代数方法，强调从几何的角度，用几何的方法去处理几何问题；③引入形计算机制补充常规的数计算方法：既重视几何理论的作用，又注意发挥画法几何的理论；④重视解的不同表述方式：认为在计算机科学高度发达的今天，有必要重新审视计算结果的表述形式，不能一味追求所谓显式解，应考虑几何、代数、画法几何、计算科学理论、计算方法、方式与计算结果的表述；⑤降低几何计算的复杂度，提升稳定性。提出了一个基于几何数的几何奇异问题的完整解决方案，建立了统一，规范的几何计算体系；充分发掘经典画法几何的投影理论，实现降维计算，降低几何计算的复杂度。

在这个基础上提出了一种基于几何的“形计算”机制，相对于常规的数计算机制，这种形计算实际上是基于形的计算，直接以形作为计算单元与计算目标。这种形计算机制既重视几何理论的作用，又注意发挥画法几何的理论，使“算学 = 数计算 + 形计算”，形成一个统一、规范的几何计算体系，使所谓的算学更完整。形计算机制基本理论包含两个方面：一个是引入几何基，用几何基的序列构造几何解，对图进行几何构造性求解；另一个是引入几何数，更好地表示问题的几何结构和几何性质，简化几何计算的复杂性，使几何计算的稳定性和计算效率大大提高。

3.2.2 计算理论的研究进展

图学的计算基础目前仍是程序设计和数据结构等支持基础，但量子计算已开始成为有可能支持图学计算的下一波计算理论。

量子计算理论源于量子力学原理，是近几年新兴的研究方向，包括量子态的表示、态叠加原理、量子系统的演化、量子态纠缠、不可克隆定理等。早期文献提出的量子素数因子分解算法以及量子搜索算法证明了量子计算机在时间、空间上较经典计算机具有极大优势。在图像处理方面，量子所具有的叠加、纠缠等特性可以大大提高复杂算法的效率。

量子图像处理可分为量子图像表示和处理算法两方面。

（1）量子图像表示方面，目前还没有统一的定义。根据文献［38］的划分，主要的表示方法有：基于量子栅格的、基于量子纠缠的、FRQI 量子图像表示及其演化等表示方法。

（2）处理算法方面，主要包括几何变换、特征提取、图像检索、图像分割、图像置乱、图像加密和数字水印等方面。

3.2.3 图形处理算法的研究进展

图形渲染算法发展迅速，为实现真实感和非真实感图形的细节，渲染算法已经从最初的 Phong 光照模型，发展到现在的光子映射、蓝噪声消除、逆向渲染等理论与技术，在影视、游戏行业掀起了一场革新。其方式包括：①极端光照：眩光、微光、阴影、天光（无数光源）、内部散射等。②极端模型：如毛发、流体等。③渲染风格：景深、焦散等；④基于图像、视频和各种传感数据快速重建双向反射分布函数（Bidirectional Reflectance Distribution Function，BRDF），实现逆向渲染和重光照。

自然现象模拟算法的逼真程度和效率不断得到提高。20 世纪 80 年代主要采用粒子系统 / 弹簧模型等；90 年代开展布料的碰撞检测 / 自交处理；目前与空气动力模型相结合，进一步提高逼真程度。例如文献［45］介绍了一种实时的流体布料碰撞检测算法。该算法通过在仿真过程中改变流体粒子的数量或布料的不同状态来避免流体粒子穿透布料，实现了流体和布料的双向耦合，并可以高效、稳定地模拟不同状态的布料与流体的交互。人脸表情 3D 动画也从传统的人工制作、人脸 3D 形变统计模型（3DMM），发展到现在的应用深度学习进行高度真实的实时人脸表情动画生成和表情传输，例如面对面（Face to Face）

人脸表情迁移。

图形系统中的交互技术也大量应用到模式识别、深度学习算法。目前的图形交互技术更多地趋向智能人机交互和自然人机交互。空间位姿识别算法、人体行为预测算法、手部姿态预测算法、基于音频和视觉特征融合的实时人体动作识别、表情识别等算法研究也是目前的图形算法研究热点。

3.3 图学应用技术的研究进展

3.3.1 计算机图形 / 图像处理

图像识别是利用计算机对图像进行处理、分析和理解，以识别各种不同模式的目标和对象的技术，可以从 3D 图像中识别并提取出重复出现的结构，而且这并不需要事先提供任何与这种重复结构相关的信息（大小、形状或位置）。

三维重建是指对三维物体建立适合计算机表示和处理的数学模型，是在计算机环境下对其进行处理、操作和分析其性质的基础，也是在计算机中建立表达客观世界的虚拟现实的关键技术。文献［53］介绍了一种 3D 人脸重建架构，输入任意角度的人脸 2D 彩图，即可迅速合成逼真的人脸 3D 模型。

图像融合（Image Fusion）是指将多源信道所采集到的关于同一目标的图像数据经过图像处理和计算机技术等，最大限度地提取各自信道中的有利信息，最后综合成高质量的图像，以提高图像信息的利用率、改善计算机解译精度和可靠性、提升原始图像的空间分辨率和光谱分辨率，利于监测。待融合图像已配准好且像素位宽一致，则可综合提取两个或多个多源图像信息。

科学计算可视化（Visualization in Scientific Computing）是计算机图形学的一个重要研究方向，是图形科学的新领域。科学计算可视化的基本含义是运用计算机图形学或者一般图形学的原理和方法，将科学与工程计算等产生的大规模数据转换为图形、图像，以直观的形式表示出来。它涉及计算机图形学、图像处理、计算机视觉、计算机辅助设计及图形用户界面等多个研究领域，已成为当前计算机图形学研究的重要方向。

视频的研究涉及计算机技术、现代通信技术、微电子技术、网络技术、光电成像技术等多个领域。当前视频信息发展的一个重要特点就是媒体泛在性与爆炸式增长。由于视频内容获取途径越来越丰富，如手机、相机、个性化内容制作等；而且，交互途径也越来越多样，可以说已经为全民参与，同时，Facebook、Youtube、优酷、土豆等社交网站更是推波助澜。软硬件的发展以及社交媒体的推波助澜，获取途径丰富，交互途径丰富。

图像视频信息逐渐从 RGB 到 7 维全光函数：对于人类视觉的模拟，图像信息可以看作是在空间中的某个位置（3D），沿着某个方向（2D），在某个具体的时间（1D），在具有某个波长（1D）条件下实现场景视觉信息捕获。然而，相加只是对 lambda 的 R、G、B 进行感知，这是远远不够的。

视频技术经历了模拟信号→数字信号→立体视频的发展历程，当前立体视频研究热点和应用包括：①视频模糊的自动去除：相比于图像获取，视频获取最容易出现模糊问题，但视频中图像信息的连续性也为去模糊提供了更多的数据依据，现有视频去模糊处理技术，已经可以利用连续帧构建相关模型，对易产生模糊的手持设备视频去模糊；②视频稳定——视频抖动的自动去除：人工拍摄的视频或多或少都会有些抖动，对极几何理论的形成与发展促进了视频稳定技术的出现与发展；③视频运动放大：查看细微的运动在现实生活中有很多应用，离散傅里叶变换与拉普拉斯金字塔相结合可以进行视频运动放大；④基于图像分析的人脑认知：图像视频分析与脑科学。

3.3.2 工程图学

工程图学的基本对象是工程图，其在工程技术界被称为是工程界互相交流的一种技术语言。工程图学的基础是画法几何学，可解决平面对空间的表达以及从平面到空间的构造规则。在建筑制图上也采用中心投影（如透视图），其理论与方法也是工程图学的内容。图形是设计思想的具体表现，在表达上是采用尺规来绘制图形还是采用计算机来绘制图形，只是绘图效率的问题。

图形计算及数字化制造等技术的发展，正在改变工程图的呈现介质、应用范围、交流主体甚至工程图本身的定义，刷新工程图学的内涵，重塑人们对工程表达与交流的认知。彭正洪等探讨了面向现在及未来一段时间的制造业发展需求的工程图学科定位规划问题，分析了工程图学相关领域及其本身的各种变化趋势，提取其中的不变性及变化规律，作为工程图学的理论与技术规范基础；从形与图以及 3D 与 2D 的关系，分析工程图学的内涵与外延；从发展的角度，构建工程图学的共性知识体系；以画法几何及几何构造原理统一理论与技术基础，解决传统与现代理论技术冲突与衔接问题。

3.3.3 模式识别

运动目标检测与跟踪在军事制导、视觉导航、机器人、智能交通、公共安全等领域有着广泛的应用。运动目标检测是运动目标跟踪的前提。运动目标检测，依据目标与摄像机之间的关系可以分为静态背景下的运动检测与动态背景下的运动检测。静态背景下的运动检测，整个监控过程中只有目标在运动。动态背景下的运动检测，监控过程中，目标和背景都在发生运动或变化。Venegasandvaca 提出了一种混合分类器方法，通过 Kinect 相机获取场景的 RGB-D 数据，并在判断每个像素点是否属于前景时，综合分析了其彩色信息及深度信息的变化过程。这种方法通过引入深度信息降低了物体分割的困难度，又通过综合分类结果有效地减小了影子、光照以及计算深度的误差等干扰，提高了运动目标检测的准确性。

人脸识别技术是一项重要的生物特征识别技术，具有非接触性、易获得性和准确性等优点，被广泛应用于门禁安保、便捷支付、安全验证、刑事侦探、公共安全等多种场景中。人脸识别的研究内容可分为人脸检测、人脸表征、人脸识别、表情分析及生理分类如年龄、性别等。由 Turk 和 Pentland 提出的特征脸方法利用主成分分析法（PCA）提取人脸图像的统计特征，是最具代表性的传统识别方法之一。深度学习方法在人脸识别领域逐渐成为主流。其优点在于不需要显示地定义特征提取规则，具有较强地鲁棒性，并且由于神经网络是并行处理信息，速度非常快。其缺点是一般需要大量训练样本，当神经元个数较多时训练时间会延长。Yin X. 设计了一个多任务卷积神经网络结构，将人脸识别作为主任务的同时，识别光照情况及目标的姿势和表情，利用动态权重机制平衡主副任务的训练权重。经多个数据库验证，这种方法的识别准确率明显提高，并且较单个网络而言训练总时间缩短。Wen Y. 提出了一个新的人脸识别框架，通过训练神经网络习得抗年龄干扰的特征提取方法，克服了因相貌随年龄增长而变化而造成的识别困难。

媒体大数据方面，陈铭等结合虚拟现实、地理信息系统（Geographic Information System，GIS）和跨媒体技术，提出一种具有高真实感、较强交互能力的情景式数字城市系统实现方法。该方法实现的系统具有数据采集高效、表现手段真实感强、建模成本低和易于扩充等优势。李融等提出了一种采用多级联的绘制方法来改进传统基于纹理的矢量叠加绘制过程的算法。在高低起伏的三维地形上无缝叠加二维矢量数据，可以进一步提高矢量纹理的像素有效利用率，减轻走样。整个算法过程完整地利用了现代图形处理器（Graphics Processing Unit，GPU）可编程硬件来实现。实验结果表明，文中算法适用于大范围多分辨率地形上的矢量绘制，绘制过程达到了实时，绘制效果令人满意。

3.3.4 数字媒体技术

数字媒体技术是以计算机图形学和计算机图像处理两个学科为基础的新兴技术。此项技术最充分、最完整地利用图形 / 图像技术，将通过计算机采集、存储、处理和传输的文本、图形、图像、声音、视频和动画等多种信息载体为处理对象，使抽象信息变成可感知、可管理和可交互。近年来由于图形图像的融合趋势越发明显，文化创意产业特别是数字动漫产业发展迅速，市场需求拉动了此项技术的发展，目前关键技术研究主要包括媒体内容的处理、检索与合成，三维高效逼真建模，虚实融合场景生成与交互等方面。

媒体内容处理方面，最新进展主要有清华大学的简单文字和草图合成新图像、基于人图像数据库的风格化图像合成、图像中结构性物体的替换等；北京航空航天大学的基于媒体库的智能数字动漫合成系统、基于人脸的高效智能检索系统、智能数字动漫合成等；中国科学院计算技术研究所的面向运动训练的视频分析软件系统等。

虚实融合场景生成与交互方面，利用计算机技术生成具有视、听、触等多种感知的逼真虚拟环境已较为普遍，目前正向混合虚拟现实方向发展。北京理工大学提出了通过户外增强现实系统来进行圆明园数字重建的解决方案；浙江大学研究了虚拟环境与现实环境混合的理论和方法；北京航空航天大学开发了虚实融合的协同工作环境技术与系统，并应用到飞机驾驶舱、发动机拆装维护和飞机座椅维护等领域。

针对媒体数据量巨大的情况，如何对有价值媒体信息进行挖掘提炼，也是当前数字媒体研究的热门前沿领域。图像检索经历了基于文本标签的图像技术的初始阶段，之后慢慢转移到基于内容的图像检索以及基于语义的图像检索，然而，这些方法专注相似性分析，存在语义鸿沟。同时，检索方法越来越复杂。

（1）媒体挖掘。媒体挖掘经历了数据聚类技术、语义相似理解以及跨模态知识挖掘，面临的最大挑战是如何突破局部数据理解，通过时空关联理解来有效提高挖掘性能。通过时空尺度上的相似性传递与联合验证，可以提高验证结果的有效性。基于图像和视频的直接搜索——根据图像视频信息进行搜索、识别、跟踪和测量具有广泛的应用。

（2）大规模媒体分析。监控视频的分析除了进行安防外，也可以用来了解交通路况，并建立合理的疏导模型。除对监控视频的分析外，对航拍、卫星图等多种图形信息的分析也在改变我们的生活：在军事领域，通过对视频信息的空间态势分析可以建立当前的战况模型，辅助军事决策；而对气象卫星的监控信息分析可以对大范围的气象变化进行判断。

（3）高分辨率图像视频分析。可以在大视野下（如野生动物公园）观测对象的活动情况。它可以保证非常高的空间分辨率，在对野生动物进行观测与保护中，实现自动对焦、自动识别、自动选取拍摄角度和自动开关机。

3.3.5 数据可视化技术

数据可视化技术是借助于图形化手段，清晰有效地分析与传达大数据所表征的信息内涵。为了有效地分析与传达信息，可视化对美学形式与功能需求并重，通过直观地传达关键的方面与特征，从而实现对于相当稀疏而又复杂的数据集的深入洞察。在当前信息膨胀的时代，可视化技术已经越来越受到关注，包括大数据处理、数据融合、评价机制以及智能交互已经成为可视化方向的研究热点。

多源海量信息融合的大规模可视化：不同应用往往会关心信息的不同特定方面，这些信息的特定方面往往体现在不同的尺度中，并且受到信息获取方式和成本的现实限制，这些信息往往是异构、异源的。目前针对不同尺度、异构、异源的信息可视化是实现可视化应用的技术瓶颈之一。在医学可视化中，多源信息融合也很重要。处理技术方面，目前在大规模海量信息可视化的处理技术主要分为两类：一类是提升算法或计算结构以提升处理能力，但这类方法的扩展速度会明显小于信息的膨胀速度；另一类方法则更关注根据数据特点或者应用背景消除无效的数据，以将海量数据减少到可处理的数据规模。

可视化交互：如何利用交互手段反馈用户更关心的信息已经成为可视化技术的研究热点。现有的方式主要表现在 3 个方面：对可视化信息建立合理的索引结构、利用可视化特征与用户交互和智能迭代交互。在可视化技术有效传达信息时，美学形式与信息功能是主要的两项指标，而这两项指标在实际应用中却一直缺乏可量化的评价方式，从而使得可视化技术的评价成为一个难题。目前该方向的研究已经受到了很多关注，其热点集中在利用全监督或半监督的数据学习驱动模型解决可视化优劣的评判问题。

以图形为核心的建筑信息模型（BIM）：建筑信息模型是以建筑工程项目的各项相关

信息数据作为模型的基础，通过建筑数字信息仿真模拟建筑物所具有的真实信息。BIM 包含了可视化、模拟性、协调性、优化性和可出图性五大特点，是行业信息与三维模型契合的应用模式。目前，该模型主要应用于项目进度优化、项目成本优化、建筑品质优化、建筑仿真分析等环节。

3D 场景合成：近年来 3D 场景合成也成为图形学的一个重要研究热点，目前涌现出四大类方法：①基于草图绘制的场景构建（Sketch-based Scene Construction）；②基于实例的场景合成（Example-based Scene Synthesis）；③基于 3D 扫描的场景重构（3D Scanner-based Scene Reconstruction）；④基于优化的自动组织（Optimization-based Automatic Arrangement）。例如，Yi Zhang 通过从大量的 3D 场景中总结出物体的功能及相互间的位置关系，因此用户只需手画草图而无须规定模型的选择及放置，即可完成 3D 场景的构建，非常方便快捷。

3.3.6 虚拟现实与增强现实技术

虚拟现实的发展趋势是越来越接近真实的生活。VR 硬件包括显示设备如头盔显示器、3D 立体眼镜、力触觉交互设备及 VR 芯片。为尽可能地提升沉浸体验，各芯片厂商在 3D 立体渲染、多 GPU 异步渲染着色引擎等方面不断做出优化。

如今虚拟现实技术已经在训练演练类系统、设计规划类系统、展示娱乐类系统、单人或群体的虚拟环境交互式体验中得到了应用。F. Yan 结合虚拟现实技术的心理健康障碍的评估、理解与治疗框架，通过使患者沉浸于虚拟现实世界中，重复性面对困难处境，以治疗焦虑症、进食障碍症、药物依赖症等多种心理疾病。

增强现实技术与虚拟现实技术有着很多的共性，但两者之间关键的不同之处在于：虚拟现实技术是用软件模拟出的虚拟世界代替真实世界，增强现实技术则是在真实世界的背景中加入增强的虚拟信息。

增强现实技术借助计算机图形技术和可视化技术产生现实环境中不存在的虚拟对象，利用传感技术将虚拟对象准确“放置”在真实环境中，通过显示设备将虚拟对象与真实环境融为一体，并呈现给使用者一个感官效果真实的新环境。增强现实技术具有虚实结合、实时交互、三维注册的新特点。

增强现实技术是近年来国内外研究的热点，不仅广泛应用在虚拟现实技术的传统应用领域，如尖端武器、飞行器研制与开发、数据模型可视化、虚拟训练、娱乐与艺术等，而且由于具有能够对真实环境进行增强显示的特性，在医疗研究、解剖训练、精密仪器制造和维修、军用飞机导航、工程设计和远程机器人控制等领域中同样具有广阔的应用前景。

3.4 图形工具的进展

3.4.1 图形软件

图形软件开发主要围绕着图形软件不断更新的应用需求而发展。图形软件的应用涉及非常多的领域，但发展趋势之一是更好地为用户提供图形能力服务，更好地发挥人类的图形认知能力。

针对行业应用，图形软件的发展结合用户的应用需求，更加方便用户在利用图形软件时的认知、交互、部署、协作等方面的需求。例如。在CAD软件上，由于人们更加适应和熟悉对三维空间和三维信息的感知认知，近年CAD软件的主要趋势是从2D CAD过渡到3D CAD软件，以便更好地发挥人们与辅助设计对象的三维图形交互能力。云部署也是CAD软件的一个重要发展趋势，可以简化图形软件的部署和维护工作。图形软件的发展逐渐趋于整合行业上下游工作流程，促进和加强用户的协作。

在数字媒体内容制作行业，图形软件的发展主要围绕三维建模、动画、渲染等方面的内容制作需求，其中的一个重要趋势是简化和减少各步骤的人工工作量，比如传统建模工作耗时，而新的基于照片的建模技术，可以快速提高通过实物来建模的能力。由于人们擅长通过草图创意，利用结合草图的建模技术，可以提高人们的创意建模能力。另一个趋势是提高所制作媒体内容的各环节的配合程度，通过软件更好地整合上下游的环节，并借助云平台来提高媒体内容软件的协作。

近年来，随着深度学习方法的兴起，图学软件也开始更多地结合人工智能技术，例如提高图形生成能力、图形检索能力、图形交互能力。深度学习在图像分析、处理和理解领域已经取得了很多成功，并在建模、动画等图形内容创作方面也发展出新的智能技术，例如通过深度学习自动生成动画骨架的技术、通过学习技术检索图形并自动组建模型和场景的技术等。图形学和深度学习的结合已成为前沿研究和应用热点，并具有很大的发展潜力。

3.4.2 图学模型

随着图学相关技术和应用的发展，图学数据的来源和种类在不断扩展和延伸。例如，从空间维度看，有从二维到三维到高维，如RGB图像到深度图像到三维点云、从二维图像到高度场到体数据等；从时间维度看，从静态到动态，如从图像到视频、从渲染静帧到动画视频到可交互的三维场景，以及从慢速到高速，如高速摄影成像技术等。

图学数据来源一方面来自相机、运动追踪等各种传感器，另一方面是人们利用各种图学设计软件和处理软件交互生成的，例如CAD软件、建模软件、动画软件、渲染软件、科学计算与大数据可视化软件等。随着图学传感技术和图学交互软件的不断扩展，图学数据将越来越丰富。随着图学数据的种类和来源不断丰富，新的图学软件也将不断发展，并推动新的图学应用需求的发展。

3.5 图学领域应用的研究进展

与文学、数学、物理等基础学科一道，图学奠定了人类文明与科学基础，具备深厚的理论框架与应用支撑。图学的生命在于绚烂多彩的应用，应用模式则定义了图学的应用范畴、应用方式、应用形态等方面。

（1）应用广度。从（大）图学的定义来看，图学包括图形和图像，其应用领域已经远远超出了工程图学的范畴，涵盖了面向“形－图”概念的所有视觉信息领域。除了机械和建筑等传统领域，在消费领域如游戏、艺术，医学领域如 CT 成像，科学工具领域如可视化等方面也得到了充分的发展，BIM 成为图学新的增长热点，取得了几乎和 CAD 并驾齐驱的地位。

（2）应用深度。图学数据不仅仅是作为设计载体与制造依托，而是作为核心内容直接参与图学相关的各类应用。如以基于模型设计（Model Based Design，MBD）为代表的设计范式直接囊括三维模型几何与装配信息、图纸标注信息、设计合规检查信息、生产制造规格信息等，通过单一模型形态贯穿产品的设计分析制造维护全生命周期，图学数据承载着制造业的核心信息。BIM 则集三维数据、施工运维、模拟优化、造价监管于一体，成为新型建筑领域设计的主流方式。

（3）应用密度。信息技术的发展极大地改变了图学的应用模式。并行 / 协同设计与制造、设计审批与流转、三维重建、特征识别等应用日益拓展了图学的应用频度。图纸既非设计的终点，亦非制造的起点，而是完全融入设计制造管理分析的各个阶段，以设计资料的形式进入企业生产及管理的各个方面。对于消费型产品，如游戏、VR/AR、图像视频类应用，图学元素直接面向终端用户并进行交互，将受众延伸到普通群体。

下面列举一些图学应用模式的进展。

（1）图学的应用模式从工具 / 载体转变为实体 / 对象。以形、意、元、用 4 个维度定义的图学数据已经成为重要的处理源、处理对象与处理结果，因此图学应用不仅包括信息本身，还包括行为，即对信息的处理。数据的准确性、完备性和一致性依然是传统制造业（机械 + 建筑）的核心要求，然而其可视性、可操作性和多样性等需求日益加强，特别是在图学应用新兴领域。

（2）图形、图像融合趋势进一步加强。由于处理方式的差异，以前图形、图像分属学科泾渭分明。随着信息处理手段的加强以及应用场景的拓展，两者呈现出融合的趋势，图形、图像之间的界线愈加模糊。众多建模手段和新媒体技术同时集成了图形图像视频等数据，且两者的处理工具集也互相渗透。

（3）应用维度提高。3D CAD 已经逐步取代 2D CAD，其中“D”早已从“Drawing/Drafting”转化为“Design”，并且与下游计算机辅助工程 / 计算机辅助工艺过程设计 / 计算机辅助制造（CAE/CAPP/CAM）深度集成，设计之初即须考虑包括制造在内的产品全生命周期的各个环节，目前在众多 CAD 软件中已经得到了充分体现。BIM 更是将信息维度提升至 5D，即 3D 几何 +1D 进度 +1D 造价。以几何为承载依托，纳入更多信息是目前图学应用数据的一个特征。

（4）应用受众由设计人员（ToB）向普通群体扩散（ToC）。图学应用范围的延伸也极大地拓展了图学的面向群体，同时图学处理工具的蓬勃发展也使得图学应用开发的难度大幅降低，由此图学不再仅仅是专业开发或设计人员的禁脔，普通人群亦可通过各类开发库实现其个性化目标，反过来促进了图学应用的深入与持续发展。

（5）桌面应用向移动端迁移。传统制造业中图学的桌面应用依然处于关键地位，然而随着互联网的发展，新型图学应用已经呈现出突飞猛进的态势。移动图学不会仅作为图学的一个小分支，其理论基础、算法构建、实现方案及应用场景与桌面图学有较大差异，必将对传统图学产生巨大的冲击。未雨绸缪，及时布局，在未来移动图学中占有一席之地，也是广大图学工作者需要考虑的一个问题。

4. 图学国内外研究进展比较

图学学科涉及面广，这里依然按照图学相关的科学基础、技术理论、支持工具、应用等方面进行比较。

4.1 图学理论研究进展比较

图学理论指的是图学学科的科学基础，包含造型理论、由形显示成图的理论、图的处理理论、由图反求形的理论、图的传输理论以及几何变换等共性理论等。例如，曲线/曲面的构造、线图的生成与理解、点（像素）图的生成与处理、逆向工程理论以及三维空间的变换与三维到二维的变换等。这些理论、方法和技术除了公认的工程图学、计算机图形学、计算机图像学以外，还借助于其他学科或是学科交叉，典型的学科代表是计算几何、计算机辅助几何设计和 CAD 等。

国外图学经过 200 多年的发展，特别是近 60 年的发展，形成了一批成熟的图学理论与技术。而由于历史原因，计算机图形学和计算机辅助几何设计进入我国晚了约 20 年。无论是图形学在工业制造业领域的应用，还是在图学高新科技领域的研究，我国与国外先进国家相比还有较大差距。

目前来说，我国已掌握了一批图学理论与技术，主要包括：工程图学的理论和设计制图技术、计算机图形学的理论与算法、几何造型的理论与算法、真实感图形生成的理论与算法。但整体而言，我国的图学理论在国际上的地位还不高，影响力不够。而国内企业和研究机构对图学理论研究的相关需求不强，重实用轻基础趋向明显。导致图学理论相关研究研究基础薄弱，动力不足，进展迟缓，研究队伍后续乏人。

4.2 图学计算研究进展比较

图学计算指的是图学学科的支撑技术，特别是随着计算技术的迅猛发展，图学的计算支撑技术是图学技术的主流。图学计算在大数据等处理模式的支持下发展迅速，而大数据与云计算、物联网以及它们的结合将成为大型系统构造的主要形式，面向高维数据融合以及高性能计算为特征的图学计算成为信息传达表现的常规手段。

在图学计算研究方向，整体而言，我国有效地跟踪了国际图学科学最新的研究方向和交叉学科，包括科学计算可视化、虚拟现实和混合虚拟现实、计算机动画等，发表了许多具有国际先进水平的论文，也取得了许多计算成果。在图学计算基础上，我国提出并建立了“形计算”的计算机制，有效补充了以代数为主的数计算机制的不足，探索了从本质上解决几何计算算法问题与挑战的新途径。但在支持应用方面，图学计算在数字媒体、游戏娱乐等行业的计算支持方面需求强劲，发展迅速。但除了在航空等重点行业发展较好，在大多数制造业的物理运动仿真、虚实交互训练等方面发展并不突出。不同行业的图学计算技术发展不均衡仍较为明显。

4.3 图学工具研究进展比较

图学软件主要包括以下几类：① CAD 软件，已覆盖了制造、土木、建筑、水利、电子、轻工、纺织等行业；②动漫产业软件，包括建模、动画等三维数字内容制作软件，主要用作图书、报刊、电影、电视、音像制品、游戏等产品的开发；③地理信息软件，规模正日益扩大；④虚拟现实 / 混合虚拟现实等新兴软件。

目前，图学软件的应用范畴从图像处理、影视和动画特效、工程制造设计、科学计算可视化等经典应用领域起步，不断扩展其应用的外延，渗透到自动驾驶、创意设计、沉浸体验、3D 打印等新领域。将来，图学软件将越来越多地渗透到人类生活和工作的各方面。

国际上对图学数据和图学软件的需求丰富，其工业界图学软件的开发力度和支持力度也很强，上下游产业链布局比较完整，加上社会环境对软件开发和保护的有效措施，使其具有发展壮大并形成产业链供需良性循环的优势。在比较成熟的应用领域如 CAD、动漫产业软件方面，国外有较全面的软件工具支撑，在工业界的应用也比较成熟。在地理信息软件等数字应用方面，应用规模在扩大，虚拟现实等新兴软件发展迅速，这些在当前情况下既是机遇也是挑战。

在制造业，以 3D 打印为核心的增材制造软件改变了传统产品研发的模式和周期，能加快产品创新节奏，成为重要的软件工具发展方向，但覆盖完整产品生命周期的应用图学软件的缺失，是影响我国制造业提质增效的关键，需要得到更多重视和发展。

整体而言，国内的图学工具类软件研究进展和国际上相比还有较大差距。获得来自企业的强大需求和持久支持，社会环境的支持和保护，以及可观数量的合格研发队伍，是我国图学软件发展的重要保证。

4.4 图学领域应用研究进展比较

图学的技术和理论被应用到了各个领域，主要可以分为：①工程和产品设计领域，包括制造业（如航空、航天、汽车、船舶、工业产品等）、土木建筑业、水利、电力、电子、轻工、服装业等；②地理信息领域，包括地理信息系统、数字化城市、数字化校园、地矿资源分布等；③艺术领域，包括工业造型、装饰、广告、绘画等；④动漫与娱乐业，包括影视、科幻、游戏、动画等制作和模拟训练等。

图学的应用受到需求的影响。国外图学起步早，经济高度发展，尤其是在进入科技信息时代以后，相关研究发展已经到了较高水平。国内的图学起步较晚，工业也没有国外发达。但国内经济蓬勃发展，对图学的应用需求也逐渐加强。因此，图学在社会需求和国家级重大工程应用项目推动下，发展十分迅速。从整体上看，我国正迎来一个图学应用的热潮，BIM、动漫与娱乐等行业发展迅猛，相关研究进展较好，在部分热门应用领域，我国图学研究的应该不比国外逊色。

5. 图学学科发展趋势及展望

图学学科在“形意元”用四个维度上受到社会需求和技术发展的驱动，向更深更广的维度和尺度发展。图的表示方法更多样，信息传达更准确，计算方法更高效，应用层面更多样，是当下的图学发展趋势。现代图学将会进入一个崭新的时代。

5.1 发展趋势

基于四维度的图学学科的内涵及学科演化过程，可以看到图学学科的发展趋势。

（1）形：主要研究图形的表达方式与表达载体。对图学的表示方式，从无序到规范（标准），从具体到抽象，从连续到离散（图像，真实感），从二维到三维、四维，形成了手工绘图、计算机绘图、三维建模、图像处理、三维重构等理论与技术。图形的表示和表现技术正在面向大规模实时图形建模、高质量图形输出高速发展。

（2）意：透过呈现形式，研究其内在关系，解读其承载意义，达到交流目的。对图形的解读方式从手工作图求解（画法几何等）到计算机计算，从由二维表述三维到三维建模、图形图像融合表述，形成了各种投影变换、三维重构、图像识别等理论与技术等。面向跨媒体的多维语义分析的图形处理逐渐流行，立体视频处理理论技术也将逐步深化。

（3）元：面向计算与处理，研究图形的各构成要素及其内在关系。对图形的构造由线条逐步丰富，产生了阴影与透视、光照，并由图形扩展到图像、图形图像融合及各种成像理论和方法，图形构成关系更为复杂。多源海量信息融合的大规模图形可视化技术备受关注，可视化交互也已经成为可视化技术的研究热点，图形与语义信息的融合也已成为趋势。

（4）用：面向图学应用，研究相关规范、标准和技术。支撑理论、方法、工具等与应用相互促进，图形的应用领域不断扩展，如工程设计、科学仿真、科学计算可视化等。即使常规的应用领域，如工程图学等，其内涵与外延也在急剧扩展，需要研究其发展定位及所需配套支撑理论、技术与规范。3D 打印、混合现实 / 虚拟现实等图形应用支撑技术将随着制造业、商业、军事、教育等多应用领域迫切的创新需求而快速推进并展现出广阔的应用前景。

5.2 展望

随着图形、图像和视频本质不断地被揭示，图学内涵的深化、外延的扩展，在科学技术与社会生活中应用的步步深入，现代图学将会进入一个崭新的时代。

从图形的意维度来说，随着社会的发展，图形承载的意义越来越丰富，图形意维度日趋复杂化，这对图形的形态和构成提出了更多的要求，也为图形的广泛应用提供了更多空间。一方面，图形和图像的结合将更为紧密。图形图像融合的绘制方法，以及图像特征抽取以及图形要素综合处理的技术，将在交叉应用需求驱动下结合更为密切，这也将为多学科交叉及融合提供最为重要的载体；另一方面，动画和视频将实现无缝的虚实融合。视觉层面的虚拟世界和物理世界的界限将会消失，多维视频处理将逐步发展到覆盖虚实信息结合的综合处理方式，大数据将成为信息处理方面的重要技术。

从图形的形维度来说，随着计算机的发明和计算技术的发展，三维模型可以直接被创建及展示，三维模型越来越受到产品设计、建筑设计、动画影视等应用的青睐，成为当前应用的主流。不同于标准欧几里得空间的四维时空，应用领域开始更关注扩展了时间维度的四维时空环境，例如 BIM 模型、领域四维模型等。这已成为图形表示模型的发展趋势。当然，更高维度的模型如何创建，目前限于认识和表述局限，暂无法描述，但图形的维度增高已是不争的趋势，也为承载更多丰富的意义提供了更为直观的表达和途径。

从图形的元维度（构成）来说，虽然矢量图和像素图的构成和处理方式不同，但从可视化的表述方式来说是统一的。图形图像的交互融合是当前的主流，基于图形或三维模型的图片生成已广泛应用于建筑或产品渲染图等各行各业中，融合图形图像的混合方法及应用也较为普遍，而基于图像的三维模型重构技术也是当前的技术热点，各种图形的构成要素加速融合是当前的主要趋势，也为图形的外部形态提供了更为丰富的表现形式。基于混合虚拟现实的人机交互方式将更为自然。通过手势、语音、力触感等多模式的自然交互方式将得到广泛应用，多通道交互手段的综合协调将成为重要研究问题，带来人类手足触及范围的延伸，认识自然的能力进一步增强。

从图形的用维度来说，图形的应用领域随着当前支撑理论方法工具等的发展飞速发展，可以说已经达到了无处不用的地步。这也推动了相关支撑体系的建设。从图板到计算机，到当前更为广泛的云平台、大数据、人工智能等信息技术以及具有更广泛应用的其他计算技术，都推动了图形应用领域的深入扩展。大数据处理模式的发展将直接推动可视化技术的发展和扩展，而大数据与云计算、物联网以及它们的结合将成为大型系统构造的主要形式，面向多维数据融合的信息可视化将成为应用构造及表现的常规手段。反过来也对图形的支撑体系提出了更多需求。

信息技术的发展，使各种模式的图形表达、交流、传递、计算成为可能。在科学、技术与生活中，对此的需求也急剧增长。然而，目前对图形相关研究分散在不同的理论、方法、技术与学科中。系统的图学理论与方法的缺乏，已经并将更加严重制约图形研究与应用的发展。

未来的五年，在新的社会需求和科技进步的推动下，图学研究将向高科技方向发展，一些新的分支与交叉学科会出现，并被广泛地运用到科学研究、航天技术、工程设计、艺术设计、生产实践的各个领域之中，成为人类了解自然、创造生活、探索未来的有力工具。

参考文献

[1] 中国图学学会. 2012—2013 图学学科发展报告 [M]. 北京：中国科学技术出版社，2014.
[2] 孙家广. 图学引领生活 [R]. 第 4 届中国图学大会，2013.
[3] 何援军，童秉枢，丁宇明，等. 图与图学 [J]. 图学学报，2013，34 (4)：1-10.
[4] 何援军. 图学与几何 [J]. 图学学报，2016，37 (6)：741-753.
[5] 于海燕，蔡鸿明，何援军. 图学计算基础 [J]. 图学学报，2013 (6)：1-6.
[6] 李建会，符征. 计算主义：一种新的世界观 [M]. 北京：中国社会科学出版社，2012.
[7] 何援军. 几何计算及其理论研究 [J]. 上海交通大学学报，2010，44 (3)：407-412.
[8] 何援军. 对几何计算的一些思考 [J]. 上海交通大学学报，2012，46 (2)：18-22.
[9] 何援军. 几何计算 [M]. 北京：高等教育出版社，2013.
[10] 何援军. 计算机图形学 [M]. 第 3 版. 北京：机械工业出版社，2009.
[11] 何援军. 图学计算基础 [M]. 北京：机械工业出版社，2018.
[12] Christer Ericson.Triangle-triangle tests，plus the art of benchmarking [EB/OL] http://realtimecollisiondetection.net/blog/?p=29.
[13] 何援军，于海燕，柳伟，等. 图学学科蓝图构想 [J]. 图学学报，2018，39 (5)：976-983.
[14] 彭正洪，于海燕，焦洪赞，等. 图形演化下的图学学科 [J]. 2018，39 (5)：984-989.
[15] 于海燕，彭正洪，何援军，等. 工程图与工程图学的新内涵分析 [J]. 2018，39 (5)：990-995.
[16] Miller Jamnes R. Vector geometry for computer graphics [J]. IEEE Computer Graphics and Applications，1999，3 (3)：66-73.
[17] 何援军. 画法几何新解 [J]. 图学学报，2018，39 (1)：136-147.
[18] Richard Hartley，Andrew Zisserman. Multiple View Geometry in Computer Vision [M]. Cambridge: Cambridge University Press，2004.
[19] 于海燕，张帅，余沛文，等. 视锥体裁剪的几何算法研究 [J]. 图学学报，2017，38 (1)：1-4.
[20] 于海燕，余沛文，张帅，等. 两空间三角形的退化关系研究 [J]. 图学学报，2016，37(3)：349-354.
[21] 于海燕，何援军. 空间两三角形的相交问题 [J]. 图学学报，2013，34 (4)：54-62.
[22] 何援军，王子茹. 谈谈图学教材 [J]. 图学学报，2015，36 (6)：819-827.

[23] 刘利刚，徐文鹏，王伟明，等．3D 打印中的几何计算研究进展［J］．计算机学报，2015，38（6）：1243-1267.

[24] 宋传鸣，赵长伟，刘丹，等．3D 多尺度几何分析研究进展［J］．软件学报，2015，26（5）：1213-1236.

[25] Lawrence S，Giles C L，Tsoi A C，et al. Face recognition：a convolutional neural-network approach［J］. IEEE Transactions on Neural Networks，1997，8（1）：98-113.

[26] Krizhevsky A，Sutskever I，Hinton G E. ImageNet classification with deep convolutional neural networks［C］// International Conference on Neural Information Processing Systems. Curran Associates Inc. 2012：1097-1105.

[27] 马莎，施智平，李黎明，等．几何代数的高阶逻辑形式化［J］．软件学报，2016，27（3）：497-516.

[28] Chen L C，Papandreou G，Kokkinos I，et al. DeepLab：Semantic Image Segmentation with Deep Convolutional Nets，Atrous Convolution，and Fully Connected CRFs［J］. IEEE Transactions on Pattern Analysis & Machine Intelligence，2016，PP（99）：834-848.

[29] Shelhamer E，Long J，Darrell T. Fully Convolutional Networks for Semantic Segmentation［J］. IEEE Transactions on Pattern Analysis & Machine Intelligence，2014：99.

[30] Liu Z，Li X，Luo P，et al. Semantic Image Segmentation via Deep Parsing Network［C］// IEEE International Conference on Computer Vision. IEEE Computer Society，2015：1377-1385.

[31] Song S，Yu F，Zeng A，et al. Semantic Scene Completion from a Single Depth Image［C］// Computer Vision and Pattern Recognition. IEEE，2017：190-198.

[32] Karpathy A，Feifei L. Deep Visual-Semantic Alignments for Generating Image Descriptions［J］. IEEE Transactions on Pattern Analysis & Machine Intelligence，2017，39（4）：664-676.

[33] Ren M，Kiros R，Zemel R. Image Question Answering：A Visual Semantic Embedding Model and a New Dataset［J］. LitoralRevista De La Poesía Y El Pensamiento，2015：8-31.

[34] 张宗泽．基于分支树文法的拼贴图案生成方法研究［D］．济南：山东师范大学，2016.

[35] Shor P W. Polynomial-Time Algorithms for Prime Factorization and Discrete Logarithms on a Quantum Computer［J］. Siam Review，1999，41（2）：303-332.

[36] Grover，Lov K. A fast quantum mechanical algorithm for database search［J］. Phts.rev.lett，1996，78：212-219.

[37] 姜楠．量子图像处理［M］．北京：清华大学出版社，2016.

[38] 宋显华，王苹，牛夏牧．量子图像处理问题综述［J］．智能计算机与应用，2014，4（6）：11-14.

[39] Venegasandraca S E. Storing，processing，and retrieving an image using quantum mechanics［C］// Quantum Information and Computation. Quantum Information and Computation，2003：1085-1090.

[40] Li H S，Zhu Q，Lan S，et al. Image storage，retrieval，compression and segmentation in a quantum system［J］. Quantum Information Processing，2013，12（6）：2269-2290.

[41] Yuan S，Mao X，Xue Y，et al. SQR: a simple quantum representation of infrared images［J］. Quantum Information Processing，2014，13（6）：1353-1379.

[42] Venegas-Andraca S E，Ball J L. Processing images in entangled quantum systems［M］. Hingham, MA: Kluwer Academic Publishers，2010.

[43] Le P Q，Dong F，Hirota K. A flexible representation of quantum images for polynomial preparation，image compression，and processing operations［M］. Hingham, MA: Kluwer Academic Publishers，2011.

[44] Zhang Y，Lu K，Gao Y，et al. NEQR: a novel enhanced quantum representation of digital images［J］. Quantum Information Processing，2013，12（8）：2833-2860.

[45] Le P Q，Iliyasu A M，Dong F，et al. Strategies for designing geometric transformations on quantum images［J］. Theoretical Computer Science，2011，412（15）：1406-1418.

[46] Yi Zhang，Kai Lu，Kai Xu，et al. Local feature point extraction for quantum images［J］. Quantum Information Processing，2015，14（5）：1573-1588.

[47] F Yan, A Iliyasu, C Fatichah, et al. Quantum Image Searching Based on Probability Distributions [J]. Journal of Quantum Information Science, 2012, 2 (3): 55-60.

[48] Caraiman S, Manta V I. Histogram-based segmentation of quantum images [J]. Theoretical Computer Science, 2014, 529 (6): 46-60.

[49] 肖红，李盼池，李滨旭. 彩色图像的量子置乱算法 [J]. 信号处理，2017，33 (1): 10-17.

[50] Zhou, Ri-Gui, Wu, et al. Quantum Image Encryption and Decryption Algorithms Based on Quantum; Image Geometric Transformations [J]. International Journal of Theoretical Physics, 2013, 52 (6): 1802-1817.

[51] Zhang W W, Gao F, Liu B, et al. A Novel Watermark Strategy For Quantum Images [J]. 2012.

[52] Turk M A, Pentland, Alex P. Face recognition using eigenfaces [C] // International Conference on Computer Research and Development. IEEE, 2011: 586-591.

[53] Yin X, Liu X. Multi-Task Convolutional Neural Network for Pose-Invariant Face Recognition [J]. IEEE Transactions on Image Processing, 2017 (99): 1.

[54] Wen Y, Li Z, Qiao Y. Latent Factor Guided Convolutional Neural Networks for Age-Invariant Face Recognition[C]// Computer Vision and Pattern Recognition. IEEE, 2016: 4893-4901.

[55] 陈铭，郭同强，吴飞，等. 情景式跨媒体数字城市系统 [J]. 计算机辅助设计与图形学学报，2008，20 (11): 1432-1439.

[56] 李融，郑文庭. 三维地形高质量实时矢量叠加绘制 [J]. 计算机辅助设计与图形学学报，2011，23 (7): 1106-1114.

撰稿人：何援军　蔡鸿明　彭正洪　于海燕
柳　伟　肖双九　杨旭波

专题报告

图学理论基础研究

1. 引言

图学主要研究“图”与“形”的关系，即以图为核心，进行由形变成图、图构造形的研究。图按照信息表达与处理方式分为图形与图像两大类。图形理论包含图解和图示理论；图像理论主要体现为图像处理、图像理解等；图形到图像转换理论主要涉及渲染、变换、投影、片元处理等，图像到图形转换理论主要涉及像素处理、边缘提取、矢量化、模型重建等。本专题根据以上这些研究内容，对相关基础理论进行整理与归纳，给出了如图1所示的图学理论基础的知识体系。

本专题分别就投影与图示、图像处理与理解、图形图像转化等3方面介绍图学理论的最新研究进展、国内外研究比较和发展趋势。

2. 国内外研究进展与比较

2.1 投影与图示理论研究最新进展

图学是以图为核心、研究将形演绎到图，由图构造形的过程中图的表达、产生、处理与传播的理论及其应用的科学。图形的图示和图解离不开投影，二维、三维图形主要解决图形输入、图形编辑、图形显示及输出等问题，相关的研究主要包括投影与图示理论、曲线曲面造型、实体造型、非规则图形的生成、图形裁剪、图形变换、图形布尔运算、曲面变形、曲面重建、曲面简化、曲面转换、图形投影、图形消隐、图形渲染、可视化等。以下重点介绍投影理论、曲面图形的造型、曲面图形的转化与变形来阐述投影理论、图形显示、图形输入和图形编辑等相关理论的研究进展。

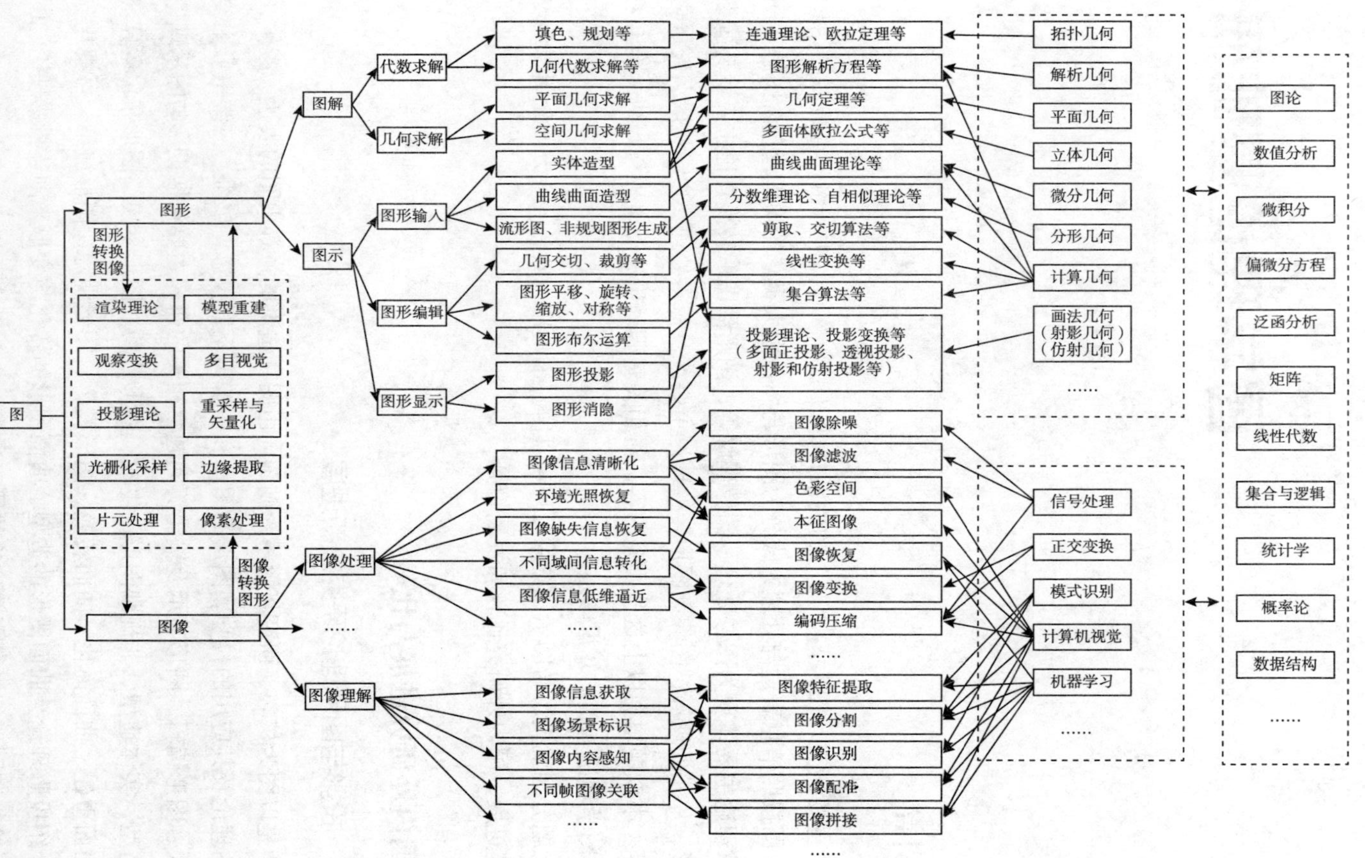

图 1　图学理论基础的知识体系

2.1.1 投影理论相关研究进展

20世纪中叶以来，传统图学理论界限被冲破，经互相渗透或融合，形成了多维画法几何学、计算机图形学、产品设计制造系统的集成化、网络化和智能化等一系列分支和领域，图学理论也衍生辐射到科学计算与工程信息可视化、虚拟现实系统、图形图像融合技术等方面。

Joia等基于正交映射理论，提出了可以根据用户知识动态修改的局部仿射多维投影新方法。Petre等提出了首先使用于画法几何建立管道展开，然后结合数值分析解决工程实际几何问题的计算方法。张建伟等研究了基于透视投影的垂直视角投影算法，实现了不同倾角的斜投影图像到正投影图像的变换。何援军从几何学的角度重新认识画法几何，梳理了画法几何的理论体系，并将复杂的透视投影转化成简单的平行投影，使得立体图形的处理大为简化。于海燕等从几何角度出发，以投影理论为指导，提出了一种有利于解决空间几何奇异问题的降维投影裁剪几何算法。

Noh、Filip提出了基于双目视觉的圆形目标几何特征提取方法，即基于透视投影理论，通过双目视觉的手段，获取物体的三维几何特征，不仅能较好地了解解决二义性问题，而且在特征提取精度上也取得了较大的提升。为了解决工业场景中常见金属零件图像中可用信息少，无法实现快速、精确的位姿估计的问题，He Z提出了一种基于直线族多视角投影的位姿识别方法，能够利用稀疏模板实现高精度、鲁棒的位姿识别，该方法有效提高了金属零件的位姿识别精度。针对高维时序数据的可视化，Rauber提出了将每个时刻的高维数据分别进行降维处理的方法；陆遥研究了在Web端实现支持多维数据的图示；王瑞松通过改进传统的平行坐标图示算法，提出了聚簇可视化算法。

2.1.2 曲面图形的造型理论研究进展

曲面造型起源于飞机、船舶等外形放样工艺，由Coons、Bezier等于20世纪60年代奠定其理论基础。曲面造型目前已经形成了以有理B样条曲面参数化特征设计和隐式代数曲面表示两类方法为主体，以插值、拟合、逼近三种手段为骨架的几何理论体系。

随着几何设计对象向着多样性、特殊性和拓扑结构复杂性的趋势发展，在NURBS曲面造型理论基础上，一些特殊曲面造型理论如极小曲面造型、可展曲面造型、直纹面造型等的研究成为热点。有学者从几何造型的视角提出一类次数任意的参数多项式极小曲面，提出的极小曲面具有显式的参数表示；通过给出等温参数多项式极小曲面的一般形式，构造6、7、8、9次的参数多项式极小曲面；郑玉健设计了给定型线为边界曲线的可展曲面构造方法；项昕设计了给定曲线为曲率线的直纹面可展的构造方法。由于许多曲线曲面设计涉及具有“流线型”外形运动物体的外形设计，针对运动物体的外形设计，有学者提出了一种以流体力学为背景的流曲线曲面造型方法。

2.1.3 曲面图形的转化与变形理论研究进展

传统的曲面编辑修改主要着重对曲面求交、修剪、延伸、合并、拼接等进行研究，现在更多地扩展到曲面变形、曲面简化、曲面转换和曲线曲面等距等。

（1）曲面图形的转化。同一张曲面有时需要表示为不同的数学形式，以获得某一方面的优势。近年来，对曲面转化的研究主要集中在：NURBS 曲面用多项式曲面来逼近的算法及收敛性；Bezier 曲线曲面的隐式化及其反问题；CONSURF 飞机设计系统的 Ball 曲线向高维推广的各种形式比较及转化；有理 Bezier 曲线曲面的降阶逼近算法及误差估计；NURBS 曲面在三角域与矩形域互相快速转换等。

（2）曲面图形的变形。传统的 NURBS 曲面模型仅允许调整控制顶点或权因子来局部改变曲面形状，一些简单的基于参数曲线的曲面设计方法，如扫掠法、蒙皮法、旋转法和拉伸法也仅允许调整生成曲线来改变曲面形状。计算机动画和实体造型迫切需要，发展了与曲面表示方式无关的变形方法或形状调配方法，如自由变形法、基于弹性变形或热弹性力学等物理模型的变形法、基于求解约束的变形法、基于几何约束的变形法等曲面变形技术等。

2.2 图像处理与理解理论最新研究进展

图像处理与理解包括图像增强、图像复原、图像压缩、特征提取、图像分割、形态学处理、图像表示、图像拼接、目标识别等。其中图像特征提取、图像分割以及图像目标识别是图像处理与理解的重要研究内容。

2.2.1 大规模以图搜图的图像特征提取

早期的图像特征提取主要有获取表征图像的颜色、形状、纹理等特征的方法，如颜色直方图、灰度共生矩阵和小波变换等。后续发展了基于统计学的图像特征提取方法，如主成分分析、独立成分分析等，以及基于区域的图像特征提取方法，例如局部尺度不变特征（SIFT）、局部二值模式算子、Harris 角点等。目前，图像特征提取主要是基于机器学习理论，典型代表是通过深度学习模拟人的神经感知机制提取图像特征的方法，对图像进行从浅层到深层的抽象表达。

以图搜图模式的图像检索是基于内容的图像检索的研究热点和难点之一。由于拍摄角度、距离等差异，相同的内容在不同图像中呈现的效果不尽相同，尤其是不同图像间只含有部分一致内容的情况下，导致基于传统图像特征的以图搜图精度较差。图像深层局部特征提取模型（DELF）的提出，较好地解决了以图搜图模式的图像检索中的这一问题。图像深层局部特征提取模型通过全卷积网络（FCN）提取图像的稠密特征，基于图像多尺度金字塔方式，对每级图像分别应用 FCN，解决特征尺寸变化问题。根据卷积层和池化层的参数计算特征图大小，获得描述不同尺寸的图像区域的特征。与 SIFT 等传统图像特征表示不同的是，DELF 可以对地标分类器进行训练，获得局部特征表达的评价得分，然后根据给定的表示约束来学习特征点评价函数，进行关键点选取。DELF 不仅训练了一个在特征图中编码更高级的语义信息模型，而且学习出了图像相似的判别特征，从而可自主学习图像位置和视角的变化，提高图像特征适用性。

2.2.2 区域卷积神经网络的模糊场景图像分割

图像分割指将图像划分为若干互不相交的子区域的过程，使得同一子区域内的特征具有相似性，不同子区域间的特征具有差异性。早期的图像分割方法以阈值法和边界检测法为主。近年来，为提高后续图像处理任务的复杂度，基于卷积神经网络的图像语义分割方法取得突破性进展。

基于区域卷积神经网络的方法从经验驱动的方向梯度直方图（HOG）、SIFT 等人造特征范式跨越至数据驱动的学习特征范式，提高提取特征对样本的表达能力，并将卷积神经网络作用于区域建议，通过大样本下有监督的预训练结合小样本微调的方法，可在少样本情形下训练大型卷积网络。在特征定位阶段，该方法跳出利用滑动窗口提取候选区域的定势思维，通过区域建议算法，根据图像中的颜色、边缘、纹理等信息推测可能存在分割目标的候选区域。在特征提取阶段，将卷积神经网络作用于候选区域，进行前向计算，通过池化层的输出获得提取特征。在图像分割阶段，利用提取特征以及训练标注对各对象构造支持向量机分类器，并非极大值抑制剔除重叠的候选区域，使用区域回归精细修正候选区域位置，实现图像分割。基于区域卷积神经网络的方法，在预处理步骤提取潜在的候选区域作为输入，显著降低卷积神经网络生成的特征向量的维度，减少运算中的参数数量，突破基于卷积神经网络的图像分割方法的速度瓶颈。为避免特征提取中可能存在的重复计算，将区域分类与区域回归在卷积神经网络内部进行整合，实现卷积层共享，通过对整幅图片进行单次特征提取、将候选区域向特征映射的方式，进一步提高算法效率。

2.2.3 注意力机制的多态目标图像识别

图像识别是利用计算机对图像进行处理、分析和理解，以识别不同模式的目标和对象的过程。早期的图像处理方法主要以概率论和数理统计为基础的统计决策法为主。之后，为进行精确识别，提出基于结构图像的识别方法，将复杂模式结构分解为多个模式基元的组合。与此同时，基于模糊图像的识别方法通过建立隶属度函数使识别结果更加合理地表达客体信息。近年来，基于深度学习的方法在图像识别中取得巨大成功，图像识别准确率得以显著提升。

基于注意力机制的图像识别方法，通过注意力分配系数，强调或锁定识别对象的重要信息，抑制无关的细节信息，使图像识别过程更加切合人类视觉观察事物的特性，从大量冗余信息中快速筛选出高价值信息，对低信噪比的细粒度图像的识别成为可能。该方法通过对深度神经网络的中间层分支进行融合，将中间特征图输入由残差模块构成的注意力机制中，深化网络结构，提高网络对输入到输出的映射表达能力。对于作用于位置的注意力机制，结合硬性注意力和软性注意力，将获得的硬性注意力区域位置用多阶逻辑函数进行拟合，从而获得可导的注意力权重，并使用递归网络由粗至细提取重要区域，并将其放大向下一级输入。对于作用于特征的注意力机制，利用缩聚与激发网络，通过特征压缩、生成权重和重新赋权等操作，获取各特征通道的重要程度，并根据重要程度抑制或提升相应的特征，提高特征通道上基于输入序列中某项输入的注意力。注意力机制的增益效果不局限于特定的网络结构，可灵活地引入现有的神经网络图像识别框架中，具有较强的泛化能力和广阔的应用前景。

2.3 图形与图像转化理论最新研究进展

如何根据获取的空间采样点数据，重建几何曲面模型，对客观物体形状描述是现阶段的重要问题。近年来，色彩 - 深度（RGB-Depth，RGBD）相机技术的兴起，不仅可以实时获取空间物体的色彩图像，同时可以获取物体的稠密深度信息，在很大程度上提高了空间物体几何信息采集的质量、降低了采集成本，导致图像、图形的技术界限变得更加模糊，给图形、图像领域的研究带来了新的挑战和发展。在这些研究中，静态场景图像转化图形的三维重建、时变场景图像转化图形的动态重建，三维图形图像的纹理生成等具有典型性。

2.3.1 静态场景图像转化为图形的三维重建

利用 RGBD 数据对静态场景的视频拍摄，并对序列帧图像数据做拼接融合，可以获得大规模静态场景的点云数据，从而为静态场景的几何重建提供数据支持。这其中具有两个关键核心问题，即序列帧图像的相机位置和姿态的确定和物体表面模型的建立。

Kinect Fusion 算法是基于 RGBD 图像重建研究中的经典算法，利用迭代最近点（Iterative Closest Point，ICP）算法进行相机位姿的求解，使用截断符号距离函数（Truncated Signed Distance Function，TSDF）模型建立物体表面模型。ICP 算法估计两次数据采集之间相机位姿的变化，未考虑全局信息。从全局的角度优化各时刻相机位姿关系，利用关键帧检测回环进行优化，可以在大场景建模中得到更好的重建结果。在物体表面模型建立方面，TSDF 模型将三维空间均分为多个体素体，计算每个体素体包含其到物体表面的距离，并获得距离为零的物体表面。由于三维空间中大部分地方都不是物体表面，这导致 TSDF 模型中大部分体素体无意义，存在大量内存消耗。利用八叉树对 TSDF 模型进行优化，仅在物体表面附近将空间体素体进行细分，可有效降低内存占用。

近年来，神经网络特别是深度学习方法也被应用到三维重建的研究中，如利用卷积神经网络和反卷积实现了从单张深度图还原人手的三维模型。

2.3.2 时变场景图像转化为图形的动态重建

时变物体的表面形状随时间变化，对时变物体的形状重建，要比静态物体的形状重建更为复杂，除了需要求解序列帧图像的相机位姿，还需要对物体表面进行求解。相关研究分为两类：基于先验知识的重建和自由形变的重建。

（1）基于先验知识的重建包括：基于模板的方法、基于特征的方法。基于模板的方法先获得被重建物体的模板，然后将动态捕获的 RGBD 图像调整模板的形态、完善模板的细节。如动态人体重建方法，构建内部骨架模型和外部表面模型，从深度图像获取骨架的变形，由骨架关键点引导网格的非刚性变形，重建动人体表面。基于特征的动态三维重建方法大多结合深度学习方面的先验知识，利用提前训练好的模型，从 RGBD 图像中获取特征数据来辅助动态三维重建。如基于主成分分析提出了一种不断完善的模型，提前训练好人脸面部特征的追踪器，随着数据的输入，不断完善该模型。基于先验知识的重建非常依赖提前准备好的数据，这导致基于先验知识的重建应用场景有限。

（2）自由形变重建不依赖先验知识，从序列帧中提取几何信息或者形变信息，进行动态的重建。如利用多个精确标定的摄像头，基于 Visual Hull 技术，恢复个性人体模型。将场景划分为静态部分和动态部分，相机位姿的求解只使用静态部分，物体表面的建模同时使用这两部分的数据，并逐渐将静态部分和动态部分融入到整体的模型中。自由形变的重建方法可以对任意的物体变形进行重建，而且不需要借助先验知识。影响其重建效果的关键因素是对物体形变向量的获取，以及对其的拟合。目前的方法在大形变或快速变形场景中的应用仍有待进一步研究。

2.3.3 三维图形图像的纹理生成

对物体的三维重建，只是得到物体的几何形状，而要真实感呈现三维物体，除了高精度的几何形状外，物体表面信息同样不可或缺。三维物体表面的着色通过纹理映射实现，其中一个重要的问题在于如何求解三维物体的纹理坐标，并在纹理域上生成纹理图像。

纹理坐标可以理解为将空间物体参数化到二维平面上时的二维参数坐标，因而纹理坐标的求解本质上是对曲面做低扭曲无翻转的二维平面参数化。根据需要，可将曲面作为一个整体或分为多个部分，平面参数化可分为单片平面参数化和多片平面参数化。对曲面分片处理，通常可以降低参数化结果中的网格形变，但同时参数化结果的连续性也将受到影响。平面参数化可以分为固定边界和自由边界两类方法。固定边界方法，通常采用预先设定的凸多边形作为边界，并按照一定的度量准则建立相邻网格顶点之间的几何关联，从而在已知边界条件下，实现对内部网格顶点的参数坐标求解。但固定边界方法，其边界形状往往与物体的自然边界具有较大的形状差异，导致参数化结果中存在较大的形变。而自由边界方法将边界作为求解结果的一部分，可以得到更好的参数化结果。在自由边界参数化方面，有学者提出了基于角度的展开方法。近年来在曲面参数化方面不断有新的工作呈现。

通过从图像中恢复的相机位置和姿态，建立三维物体曲面投影与图像之间的管理，可以将不同视线方向的图像在参数化结果的纹理域中融合成完整的纹理图像，并映射到三维物体曲面上，得到高真实感的三维物体呈现。

2.4 图学基础理论国内外研究进展比较

投影理论方面，国外对于投影基础理论研究比较广泛，建立了以波尔凯、许华兹、高斯 3 个定理为主、较为成熟的平行投影理论体系，形成了包括库鲁巴定理、别斯金定理和

Odaka 方程等的中心投影理论，发展了霍恩伯格的仿射图理论，研究了各种坐标系的投影问题等，并结合增强现实、3D 打印等新技术和新方法促进画法几何的课程学习。国内大多数研究着力于投影理论的工程实际应用和工程问题的求解。

数据的图示是对多模态时空对象的时空参照、位置、空间形态、属性、组成结构和关联关系等形式化表达与量化描述，此类描述性可视分析研究已经相对成熟。基于 Web of Science 和中国知网的期刊文献的数据分析表明，相对而言，国外大数据图示理论和技术研究较国内成熟，研究主要集中在计算机科学、工程学、信息学、地理学、图书情报、气候变化等多个领域，甚至拓展到生物生命和个人健康医疗以及智能化的研究，国内理论和技术研究主要集中在计算机软件、计算机应用、新闻与传媒、图书馆及教育大数据的图示等方面。

曲面图形的造型理论从 Bezier、Coons 到 NURBS 曲面，随着造型理论不断深入，曲面造型理论从曲面的表示、逼近、求交、拼接，发展到了曲面的简化、拟合、转换、优化等，研究对象从传统的连续曲面图形的造型，过渡到以三角形、四边形网格曲面为代表的离散曲面造型。同时，随着造型技术在实际工程中的应用越来越深入，一些特殊曲面造型理论如极小曲面造型、可展曲面造型等逐渐兴起。国外相关的理论研究依然占主导地位，国内在该领域的代表性研究主要有计算机辅助几何设计、多元样条函数理论、隐式代数曲线曲面等。

在图像特征方面，国外尤其是美国和欧洲的一些国家，对图像特征提取理论研究展开较早，在基础理论方面取得了丰硕的成果，例如 Gabor 算子、统计特征、SIFT 算子、深度学习等，国内相关研究开展的较晚，改进型、应用型研究偏多，基础理论突破较少。但是，近年来随着国内信息技术以及相关产业的快速发展，一些大学、科研院所以及企业，在数字图像处理与图像特征提取技术方面展开了广泛的基础理论与应用研究，取得了显著的进步，例如，提出了图像互补特征提取方法。目前，国内在应用方面已经基本接近国际水平。

国外对物体位姿识别的研究展开较早，对传统基于特征点的位姿识别方法的研究较为详尽，并率先将几何信息应用于金属零件的位姿识别领域，提高金属零件位姿识别的精度。国内对物体位姿识别的研究开展较晚，早期研究成果主要集中于结合应用特点的基于特征点方法的改进，且位姿识别方法多集中于纹理丰富的目标，对金属零件的位姿识别的研究较少。近年来，国内研究逐渐摆脱改进传统位姿识别方法的定式，并在基于几何信息的零件位姿识别方面实现“弯道超车”，提出了基于高层几何信息的识别方法，在这一领域达到了国际先进水平。

在传统的视觉伺服领域，国外研究占据主导地位，提出了一系列用于常规目标视觉伺服控制的几类方法，而早期的国内研究主要集中于将国外视觉伺服方法应用于特定应用场景中。基于图像矩的视觉伺服方法被国外率先提出，这一方法可以应用于具有平面表面的金属零件等的视觉伺服，使无纹理目标的视觉伺服性能得以显著提高。但该方法主要存在以下两个问题：①对于不同的目标物体需要选择不同的图像矩以达到较优的控制特性；②所选择的图像矩特征虽然克服了奇异性的问题，但仍然具有多个局部最小值。国内学者针对这些问题进行了研究，改进了现有的技术，在这一领域达到了国际先进水平。

基于色彩图像的三维图形重建由于其能获取的几何信息比较稀疏，近年来逐渐向基于 RGBD 图像的三维重建发展。微软的 Kinect 可实时同步采集色彩和深度图像，价格低廉，使 RGBD 技术研究迅速发展；微软的 Kinect Fusion 技术能够在扫描物体过程中，实时拼接不同视线方向的深度图像，在静态场景的建模方面做出了具有代表性的原创工作。近年来，在基于图像的大场景的三维重建和人脸、头发等柔性表面等重建方面做了大量开创性的工作。

3. 发展趋势与展望

3.1 向高维形数结合的动态图解方向发展

数字化信息时代，学科间出现相互交叉、渗透、衍生和辐射，图学理论的研究内容将着眼于曲线曲面、可视化、图形仿真、计算几何、分形几何、建模等内容。随着数字化制造业的发展，制造企业的设计平台正迅速从“二维为主”向“三维为主”转移，同时三维表达、虚拟装配以及 CAD 软件等技术和工具的智能化改进，三维画法几何将向多维画法几何扩展；“图解法”向解析画法几何、画法微分几何的“形数结合”方向发展；图示图解静态的空间几何问题将向图示图解动态的空间几何问题方向发展。

3.2 向多元动态与大数据的图示方向发展

对多元数据中动态、不确定甚至相互冲突的信息进行整合，研究面向大规模多粒度时空对象复杂数据分析的图示探索、筛选、映射和布局等方法；把用户融合到计算系统中，以交互式挖掘分析实现问题诊断为主的解释性图示分析，研究适合复杂环境的多机多用户协同交互模式；发展离散 - 连续、动 - 静、真实感 - 抽象、精细 - 概略场景相宜的自适应表达方法，以及与真实场景高度融合的协同图示表达方法。

3.3 向多种类高层几何信息融合的位姿识别方向发展

零件大部分信息都包含在边缘轮廓信息中，大部分针对无纹理金属零件的传统位姿识别方法使用的都是边缘梯度特征。但梯度特征容易受到光照和背景的干扰，并且很难直观地从中计算得到位姿信息。因此，大部分采用低层梯度特征的位姿估计方法的鲁棒性不够高。最新的直线族特征其实质是一种高层次几何特征，利用这种高层次几何特征，能够高精度地识别零件的位姿。但是由于其底层特征是直线轮廓，虽然大量金属零件都具有直线轮廓，但是还有一些零件没有直线轮廓或者直线轮廓较少，而以圆、椭圆等曲线轮廓为主。因此，为了适应更广泛的零件，基于多种类高层几何信息融合的位姿识别将是未来发展的重要方向。

3.4 向模型驱动与数据驱动相结合的视觉伺服方向发展

当前主流的视觉伺服技术依然以模型驱动为主。但是以深度学习为代表的数据驱动技术在其他领域已经取得了巨大的成功，它正在日新月异地改变着我们的生活。随着深度学习处理芯片的日趋成熟，使用深度学习芯片作为工业级硬件的成本也在逐渐降低，是未来智能化制造的重要发展方向。一些深度学习方法已经可以达到实时性的要求，结合深度学习在复杂物体非线性拟合方面的优势，可以进一步提升视觉伺服技术的应用范围。因此，模型驱动与数据驱动的视觉伺服控制是未来发展的必然趋势。

3.5 向融合结构光投影的 3D 图像特征提取方向发展

二维图像是将三维空间场景投射到一个二维平面而获取的，这个过程中，三维空间中的深度、方向、光照等信息都通过灰度在二维图像中反映，很多三维空间结构信息丧失，增加了对图像场景理解的难度。3D 结构光图像是通过投影设备发射线状或网状的投射光线到目标物体上，采用感光设备获取目标物体上的三维光图形，形成具有场景深度信息的图像。通过 3D 结构光图像，可以比较容易地提取目标物体或场景的 3D 图像特征，从而提高图像理解的精度。因此，未来图像特征提取技术将融合结构光投影的 3D 图像特征提取方向发展，准确表达三维空间物体的 3D 特征信息。

3.6 向高精度弱标注信息的多维图像分割方向发展

未来图像分割算法的发展方向，主要包括基于弱标注信息的图像分割、高精度的基于卷积神经网络的图像分割、低复杂度的少量用户交互分割这 3 个方向。为实现图像分割结果的精细化，基于图像级或实例级弱标注的图像语义分割是未来研究的重点。为平衡图像分割算法中边界贴合度和算法时间复杂度间的矛盾，利用少量用户交互信息提高图像分割效果，图割、随机游走等方法及其扩展是图像分割的研究趋势。为实现面向多维图像的分割方法，针对多张图像提取相同前景目标的协同分割方法、针对 RGB-D 图像的分割方法，以及针对视频的分割方法有待进一步研究。

3.7 向自适应无监督学习图像特征提取方向发展

一般来讲，对于图像的识别理解，采用有监督学习获取的图像特征往往优于采用无监督获取的图像特征，主要原因是在学习过程中添加了辅助理解识别的教师信号，使得监督模型对数据集的特性编码更好。但是，基于有监督学习的图像特征提取方法必须建立在每条数据都有一个对应标签的训练数据上，大数据时代的来临，使得对庞大的数据库进行标注变得非常困难。因此，有监督学习的图像特征提取方法已经难以适用于大数据。无监督学习图像特征提取将不会受此限制，未来图像特征提取技术将向着自适应无监督学习方向发展，类似于人类的视觉处理机制，能够自主学习提取抽象图像的特征。

3.8 向高几何精度高真实感图形智能重建方向发展

融合技术通过不同帧数据的融合实现对静态或动态物体的几何重建，为大场景或高动态对象的重建提供了技术支撑。但深度数据通常存在大量的噪声和数据缺失问题，如何实现对物体的高几何精度重建，使重建结果满足产品设计、工业生产等应用，仍需要持续研究；另外，数据融合目前主要体现在几何数据处理上，重建结果缺乏色彩信息，影响物体呈现的真实感。对不同帧色彩图像进行融合，生成完整、连续、清晰的纹理，得到高几何精度、高色彩真实感的重建结果，是图形图像和计算机视觉领域共同追求的一个研究目标。在图像图形相融合技术方面，目前基本还处于从图像中获取几何信息，生成物体几何表面的阶段，其结果大多缺乏结构化信息。因而在数据处理过程中，引入对数据的理解，如对数据的分割、识别等，生成结构化明确的三维几何物体，将对物体的表达、交互编辑、应用等带来便利。相应地，图像和图形的融合正朝着智能化、结构化处理方向发展。

参考文献

[1] 中国图学学会．2012—2013 图学学科发展报告［M］．北京：中国科学技术出版社，2014.

[2] Joia P, Coimbra D, Cuminato JA, et al. Local Affine Multidimensional Projection［J］. IEEE transactions on visualization and computer graphics，2011（17）：2563-2571.

[3] Petre Ivona Camelia，Pohoata Alin，Popa Carmen，et al. Technical applications of the descriptive geometry and the numerical methods［J］. Applied Mechanics and Materials，2014（659）：565-570.

[4] 张建伟，雷霖．基于透视投影的垂直视角投影算法研究［J］．成都大学学报（自然科学版），2017，36（1）：47-50.

[5] 何援军．画法几何新解［J］．图学学报，2018，39（1）：136-147.

[6] 何援军．透视和透视投影变换——论图形变换和投影的若干问题之三［J］．计算机辅助设计与图形学学报，2005，17（4）：734-739.

[7] 于海燕，张帅，余沛文，等．视锥体裁剪几何算法研究［J］．图学学报，2017，38（1）：1-4.

[8] Noh H，Araujo A，Sim J，et al. Large-Scale Image Retrieval with Attentive Deep Local Features［C］. 2017 IEEE International Conference on Computer Vision（ICCV）. Venice，2017：3476-3485.

[9] Filip Radenović，Ahmet Iscen，Giorgos Tolias，et al. Revisiting Oxford and Paris：Large-Scale Image Retrieval Benchmarking［C］. 2018 IEEE Computer Vision and Pattern Recognition Conference（CVPR），Salt Lake City，2018：1-10.

[10] He Z，Jiang Z，Zhao X，et al. Sparse template-based 6D pose estimation of metal parts using a monocular camera［J］.

IEEE Transactions on Industrial Electronics，2019，67（1）：390-401.

[11] Rauber P E，Telea A C. Visualizing time-dependent data using dynamic t-SNE [C]. Eurographics/IEEE Vgtc Conference on Visualization：Start Papers，Eurographics Association，2016：73-77.

[12] 陆遥．数据可视化探索系统的设计和实现 [D]．杭州：浙江大学，2016.

[13] 王瑞松．大数据环境下时空多维数据可视化研究 [D]．杭州：浙江大学，2016.

[14] 徐岗，虞一埼，汪国昭．一类具有任意次数的参数多项式极小曲面 [J]．中国科学：数学，2014，44（8）：875-882.

[15] 郝永霞．极小曲面造型过程中的相关问题研究 [D]．大连：大连理工大学，2013.

[16] 郑玉健，伯彭波．基于边界曲线的拟可展曲面构造方法及在船体造型中的应用 [J]．计算机辅助设计与图形学学报，2018，30（7）：1243-1250.

[17] 项昕．曲线曲面造型中两类特殊曲面的相关研究 [D]．大连：大连理工大学，2017.

[18] 徐阳，刘强．考虑流线场约束的 NURBS 曲线拟合方法 [J]．计算机辅助设计与图形学学报，2017，29（1）：137-144.

[19] 张彦儒，林焰，陆丛红，等．NURBS 流曲线造型新方法及其在船舶设计中应用 [J]．大连理工大学学报，2017，51（6）：564-569.

[20] 薛翔，周来水．B 样条曲面的 T 样条裁剪法 [J]．中国机械工程，2105，25（23）：3160-3164.

[21] 赵强．刚性曲面分割变形理论方法及应用研究 [D]．秦皇岛：燕山大学，2017.

[22] 潘青，徐国良．曲面变形的水平集方法 [J]．计算机学报，2009，32（2）：213-220.

[23] Noh H，Araujo A，Sim J，et al. Large-Scale Image Retrieval with Attentive Deep Local Features [C]. 2017 IEEE International Conference on Computer Vision（ICCV）. Venice，2017：3476-3485.

[24] Filip Radenović，Ahmet Iscen，Giorgos Tolias，et al. Revisiting Oxford and Paris：Large-Scale Image Retrieval Benchmarking [C]. 2018 IEEE Computer Vision and Pattern Recognition Conference（CVPR），Salt Lake City，2018：1-10.

[25] Girshick R，Donahue J，Darrell T，et al. Rich feature hierarchies for accurate object detection and semantic segmentation [C]. Proceedings of the IEEE conference on computer vision and pattern recognition，2014：580-587.

[26] Ren S，He K，Girshick R，et al. Faster r-cnn: Towards real-time object detection with region proposal networks [C]. Advances in neural information processing systems，2015：91-99.

[27] Girshick R. Fast r-cnn [C]. Proceedings of the IEEE international conference on computer vision，2015：1440-1448.

[28] He K，Zhang X，Ren S，et al. Deep residual learning for image recognition [C]. Proceedings of the IEEE conference on computer vision and pattern recognition，2016：770-778.

[29] Fu J，Zheng H，Mei T. Look closer to see better：Recurrent attention convolutional neural network for fine-grained image recognition [C]. Proceedings of the IEEE conference on computer vision and pattern recognition，2017：4438-4446.

[30] Hu J，Shen L，Sun G. Squeeze-and-excitation networks [C]. Proceedings of the IEEE conference on computer vision and pattern recognition，2018：7132-7141.

[31] Newcombe R A，Izadi S，Hilliges O，et al. KinectFusion：Real-time dense surface mapping and tracking [C]. IEEE International Symposium on Mixed and Augmented Reality，2011：127-136.

[32] Whelan T，Kaess M，Johannsson H，et al. Real-time large-scale dense RGB-D SLAM with volumetric fusion [J]. The International Journal of Robotics Research，2015，34（4）：598-626.

[33] Meilland M，Comport A I. On unifying key-frame and voxel-based dense visual SLAM at large scales [C]. International Conference on Intelligent Robots & Systems，2013：3677-3683.

[34] Hornung A，Wurm K M，Bennewitz M，et al. OctoMap：an efficient probabilistic 3D mapping framework based on

octrees [J] . Autonomous Robots, 2013, 34 (3): 189–206.

[35] Sinha A, Unmesh A, Huang Q, et al. SurfNet: Generating 3D shape surfaces using deep residual networks [C] . Computer Vision and Pattern Recognition, 2017: 791–800.

[36] Yu T, Zheng Z, Guo K, et al. Double Fusion: real–time capture of human performances with inner body shapes from a single depth sensor [C] . Computer Vision and Pattern Recognition, 2018: 7287–7296.

[37] Li H, Yu J, Ye Y, et al. Realtime facial animation with on–the–fly correctives [J] . ACM Transactions on Graphics, 2013, 32 (4): 1–10.

[38] Starck J, Hilton A. Model–based multiple view reconstruction of people [C] . In IEEE International Conference on Computer Vision, Nice, 2003: 915–922.

[39] Zhang H, Xu F. Mixed Fusion: real–time reconstruction of an indoor scene with dynamic objects [J] . IEEE Transactions on Visualization and Computer Graphics, 2018, 24 (12): 3137–3146.

[40] 胡事民，杨永亮，来煜坤. 数字几何处理研究进展 [J]. 计算机学报，2009，32 (8): 1451–1469.

[41] Sheffer A, Levy B, Mogilnitsky M, et al. ABF++: Fast and robust angle based flattening [J] . ACM Transactions on Graphics, 2005, 24 (2): 311–330.

[42] Liu L, Ye C, Ni R, et al. Progressive parameterizations [J] . ACM Transactions on Graphics, 2018, 37 (4): 41: 1–12.

[43] 陈军，谢卫红，陈扬森，等. 国内外大数据可视化学术论文比较研究基于文献计量与 SNA 方法 [J]. 科技管理研究，2017，8: 44–53.

[44] Saihui Hou, Xu Liu, Zilei Wang. DualNet: Learn Complementary Features for Image Recognition [C] . 2017 IEEE International Conference on Computer Vision (ICCV) . Venice, 2017: 502–510.

[45] Izadi S, Kim D, Hilliges O, et al. Kinect Fusion: real–time 3D reconstruction and interaction using a moving depth camera [C] . In Proceedings of the ACM symposium on User interface software and technology (UIST), 2011: 559–568.

[46] Zhang G, He Y, Chen W, et al. Multi–Viewpoint Panorama Construction with Wide–Baseline Images [J] . IEEE Transactions on Image Processing, 2016, 25 (7): 3099–3111.

[47] Chai M, Shao T, Wu H, et al. Auto Hair: fully automatic hair modeling from a single image [J] . ACM Transactions on Graphics, 2016, 35 (4): 116.

[48] Geng J, Shao T, Zheng Y, et al. Warp–guided GANs for single–photo facial animation [J] . ACM Transactions on Graphics, 2018, 37 (6): 231.

撰稿人：张树有　费少梅　黄长林　李基拓
何再兴　段桂芳　赵昕玥

图学计算基础研究

1. 引言

2013 年中国图学学会发布的《2012—2013 图学学科发展报告》指出，工程图学、计算机图形学和计算机图像学研究的基本对象是“形”。图学计算主要研究并实施图与形之间转换中涉及的计算，包括图的表达、产生、处理与传播中涉及的计算。图学计算的特点为：计算源是形 / 图，计算结果为对形 / 图属性与关系的描述，并可以以图的形式在计算机屏幕等介质上具象呈现。在图学学科体系中，图学计算基础的定位为：以图学理论为基础，研究形的构造与图的绘制过程中的共性基础计算理论与方法；重点解决形、图、数间的转化计算问题，为图学应用中的相关计算提供共性基础支撑。

图学计算软硬件技术的发展，促使图学计算对象数量及计算精度急剧增加，基础算法稳定性等问题越来越多地在应用基础软件中显现出来。在一些已被广泛使用的大型商业 CAD 应用系统中，也存在几何引擎的稳定性问题。几何模型贯穿数字化制造的各个环节，是数字化制造的基础；几何模型的表示、构造、转换和处理等都是图学计算内容。

本专题将在《2012—2013 图学学科发展报告》中的图学计算基础的研究进展专题基础上，在图学体系下，从图学计算基础层面，梳理技术革新背景下我国图学计算研究的进展，比较分析国内外研究动态；面向工程应用，分析图学计算的关键问题，给出图学计算基础的发展趋势与展望。

2. 图学计算基础概述

在人类社会进步、经济建设和科技发展过程中，计算起到非常重要的作用。回顾计算工具的发展历史，从石块、贝壳到结绳计数，从算盘到机械式计算器到电子计算机，随着计算工具的更新，计算对象的数量和计算精度要求不断提高。从计数到推理、从数字到图像、从自然科学到哲学命题，人类对于计算的认识在不断深入。计算主义者指出生命的本质在于物质的组织形式，只要能将物质按照正确的形式构建起来，这个新的系统就可以表现出生命。这种“正确的形式”就是生命的算法或程序，说明计算的巨大作用。计算日益成为各研究领域的研究手段，新兴计算工具与计算模式不断涌现。前者如科学计算、工程计算、计算物理、生物计算，后者如量子计算、智能计算、云计算等。

计算机作为主要计算工具后，其计算源与计算结果一般都是数，称为数计算。智能计算的发展，颠覆了人们对计算的传统认知，计算理论由数值计算向统计计算发展；大数据技术及相关硬件的发展，改变了信息表达和计算的模式，计算源与计算结果的呈现由数字向图与形发展。与此同时，计算的对象、结果，计算的方式以及解的表述形式也在不断发展，以适应新的计算需求。在这种背景下，有必要梳理图与形计算的内涵，提炼图学计算发展中的问题与本质，为确立我国图学计算基础的研究方向提供参考。

2.1 图学计算的内涵

计算，大致有两层含义：一为数字操作层的本意，计：计数，算：核算数目，例如“结绳计数”“算清柴米钱”；二为设计思考层的引申，计：谋划，算：推演推测，例如“计身谋略”“神机妙算”。计算机的计算一般通过算法实施，也分为两个层次：一为某一具体算法设计与实现，二为某一类算法的宏观理论框架和策略设计。

计算自源头至结果的呈现，通常涉及以下 5 个内容：计算源、计算对象、计算过程、计算结果和结果的呈现。计算源，一般指需要计算的社会或科技问题，一般以文字、图表或语言等描述。计算对象是指经提炼抽象（建模）后的数学对象。计算结果一般以数学方式表达。结果的呈现指对计算得到的解的描述，即由数学解还原到对计算源的解答。

图形、图像相关领域涉及大量的计算，如 CAD 与三维建模软件中的几何求交计算，图像识别中的特征提取以及图像图学融合中从图像中获取几何信息、结构化三维几何物体的生成等。在这些典型的图学计算中，其计算源是脑海中构思出的形或客观的形或图，计算对象可以提炼为几何元素及其关系，计算结果为几何元素及其组成关系，并通过屏幕等介质展示其某一角度或深度的信息（图）。

本文的图学计算指以图或形为计算源，并以图 / 形呈现计算结果的计算。图 / 形对应的数学分支为几何，图学计算基础一般指几何计算，几何计算的重点是几何关系的计算。几何求交是图学计算的基础操作，几何求交的重点也是几何关系的表述与计算。几何求交是图形生成、几何造型、虚拟环境构筑与运行中最基本的几何操作。在几何定义与求交函数库中，25 种基本元素组合出 300 多种通用求交函数。

2.2 问题与挑战

17 世纪初，笛卡尔建立几何坐标，开启了几何代数化的研究。几何代数化的基点是引入坐标系，量化向量。量化工作由向量扩展到圆、平面，而后是曲线、曲面等，及至圆柱、圆锥等基本体素。其主要着眼于单个几何元参数的数字化，达到可以用数值来表达、计算几何的目标。这种解析方式与计算机数字计算优势相结合，得以发展应用。这种解析化的几何计算机制也存在一些问题。17 世纪后半叶，数学家莱布尼茨就已指出，坐标系作为纯粹的外部参照物，它诱导的代数表示本身没有几何意义，在此基础上进行的只是纯粹的代数计算；进而提出应创造一种可以直接进行几何计算与推理的几何语言。

图学计算的源头和结果都是形或图，但是在解析法中，中间的计算过程以代数为主。平面问题甚至空间问题往往被压缩为有序的线性计算，从形的三维空间到数的一维线性计算，其计算过程为｛形→数｝→｛数计算｝→｛数→形｝，跨越两个维度，信息的缺失是必然的。这种纯代数计算导致几何信息丢失，带来一系列问题。

（1）问题空间与表示空间不统一导致几何信息表述不完备。图学计算的对象是组成形 / 图的若干几何元组合，其问题空间一般为三维，很难借助几何参数与方程完备表达，还需要借助于拓扑信息表达出几何关系，如哪些线围成了一个面、哪些面围成了一个体等。几何关系的表示与求取是几何计算的难点。例如，三维布尔运算的困难不是交点的求取，而在于如何重新组织新几何体的构造关系；布尔运算过程崩溃的最大缘由是对各种特殊几何关系造成的几何奇异的不正确判定和处理。

（2）思维空间与计算空间不统一导致算法不易用、不可控问题。人擅长形象思维，以代数计算为主的几何计算出现思维空间与计算空间不统一，致使人们理解和进行算法交流困难，计算常变得不可读，很难从原理上判断一个算法的稳定性，甚至导致算法不可掌控。还有一些问题困扰着纯代数方法，如不必要的复杂度、需要较复杂的数学计算工具、算法时间性能低下、无法完美处理奇异性问题等。

通过以上分析可以看出，以代数为主的几何计算导致的空间不统一，是几何计算不稳定等问题的主要根源。随着图学计算对象与计算质量要求的不断提高，这种计算基础的问题越来越多地在应用基础软件中呈现出来。以工业软件中的图学计算为例，几何模型的表示、构造、转换和处理等都是图学计算内容，图学计算的不稳健直接影响 CAD 系统的有效应用。几何模型贯穿自 CAD/CAE/CAPP/CAM/PDM 到数字化工厂的整个数字化制造的各个环节，是数字化制造的基础。在一些已被广泛使用的大型 CAD 应用系统中，也存在几何引擎的稳定性问题。

3. 国内外研究进展与比较

3.1 数学与图学理论相关研究

几何的本质是某些属性不依赖于参考坐标系，具有不变性，这是研究几何的基础。在数学上，几百年来，很多学者致力创造一种兼具几何直观与代数计算优势的几何语言，并在形数结合上取得很大成果。例如向量、齐次坐标（Homogeneous coordinate）、几何代数（Geometric algebra or Clifford algebra），以及射影几何、仿射几何、球几何等。其中，几何代数被认为是一种可以直观处理几何问题的工具，并在图学计算中应用。齐次坐标能明确区分向量和点，同时也更易于进行仿射（线性）几何变换，在图学计算中也有应用。国内顾险峰、丘成桐实现了共形结构的计算化，并应用于曲面修复、特征提取、注册、动画和纹理合成等三维数字模型的处理中。李洪波提出了一种共形几何代数，为经典几何提供了统一和简洁的齐性代数框架，可以进行复杂的符号几何计算。

画法几何、射影几何及仿射几何等几何分支充分发挥了几何的不变性与构造性特性。其中，画法几何学的计算化研究相对薄弱，常作为工程图学的理论基础。画法几何通过投影变换寻求几何问题的最佳空间视角，进而将空间问题投影到平面上；再通过尺规作图方式进行构造性求解，最后返回三维解；它借助直尺、三角板、圆规等简单作图工具就可以在平面上表达出各种工程设计。这其中蕴含的图解原理与方法值得研究和借鉴。国外学者已经将画法几何学提升到科学高度，给出定位为：艺术与科学的连接，未知到已知的通道（A fruitful link between art and science；a passage from the unknown to the known）。传统图学发展出的一些新兴技术，也激发了对传统的几何理论及其计算化理论的研究。其中，最有代表性的是将传统的折纸（Origami）技术与现代工程技术相结合，在生物医药、土木工程、航天卫星等应用领域以及机构学等学科领域均已应用。折纸的理论基础是传统几何，折纸的七大公理以几何公理为基础，折纸中涉及的计算也大多是几何计算，如过两点求作直线、求镜像点、三角形求交、干涉检查等。国内何援军团队从事画法几何计算化方面的研究，并将其应用于降维计算中，将传统图学求解思想与现代计算完美结合，为传统图学理论的发展与应用提供了新的思路和工具基础。

3.2 计算稳定性等问题研究

国内外学者已经逐渐认识到几何计算稳定性问题的重要性。为突破几何计算的稳定性等发展瓶颈，国际上已经专门成立跨国研究机构，重新构造高效可靠的几何计算算法，并在一些算法中取得较好效果。整体上，对几何计算稳定性问题还缺乏系统深入研究。算法设计上，常以减少浮点运算为主要目标，计算公式越来越复杂，很难从理论上证明算法的正确性；在算法测试上，由于很难从理论分析构造几何关系的完备测试样本，不得不采用大规模的随机测试，很难检测到那些真正影响计算稳定性的特殊状况。

几何奇异与退化是几何特有的问题，也是几何计算稳定性的研究重点。几何奇异的处理涉及两个问题，一是几何奇异的判定，二是对已知几何奇异的处理。要从构造的角度阐述几何奇异的几何本质，认识几何奇异的根本性，在检测与处理两个层次准确界定几何位置的奇异界线，保证几何奇异的正确判定、准确检测，从理论上构筑一个几何奇异问题的完整解决方案。退化源于实施中由一般到特殊的随机几何输入，导致某些特殊几何关系的错误处理。目前一般采用摄动法解决，但摄动的设计仍面临很大挑战，而且摄动法并不能完全去除退化。

在图学计算基础中，还存在一些困扰问题，如计算算法常变得不可读，致使理解、交流算法困难；几何意义不明显，很难从原理上判断一个算法的稳定性，甚至导致算法不可掌控；较高的复杂度，需要较复杂的数学计算工具、算法时间性能低下、无法完美处理奇异性问题等。

为解决新的需求对图学计算基础带来的挑战性问题，何援军提出了形计算机制，建立了一套解决几何奇异问题的完整理论和解决方案，构筑了基于几何问题几何化的几何计算理论体系与实施框架，对数计算的非可读性、几何奇异引起的计算不稳定性以及降低计算复杂度等方面有较大的改善。

3.3 几何与物理的融合计算

图学计算结果以几何为主，在不同应用领域，有不同应用需求。以 CAE 为例，CAE 技术对产品部件和整体装配模型进行各种复杂物理现象的仿真分析，如静力学、动力学、热力学、流体以及电磁场等物理性能的模拟分析。如何在 CAD 几何模型基础上，高效地实现高精度物理模拟仿真，并实现设计与仿真的无缝融合是计算机辅助设计与工程、计算机图形学、计算力学等多个学科交叉领域富有挑战性的研究课题。

几何计算相关方面，面向高精度仿真分析的新型计算方法，为图学计算提出了新的研究课题和挑战。几何分析方法是其中一个研究热点，由 Tom Hughes 团队提出。国内等几何分析方面的研究起步较晚，从事等几何问题研究的团队主要包括：厦门大学的王东东团队，河海大学的余天堂团队，北京航空航天大学的赵罡团队，湖南大学的张见明团队，西北工业大学的张卫红团队，杭州电子科技大学的徐岗团队，华中科技大学的黄正东、王书亭团队等。

4. 发展趋势与展望

4.1 发展趋势

图形计算已经渗透到各个工程与科学研究领域，如机器人的机构设计、路径规划、视觉检测，计算物理微观及宏观组织结构的表达与计算等。通过对国内外研究动态分析可以看出，近年，国内外学者对图学计算基础相关领域研究更加深入。

（1）更加重视图学计算基础理论与应用研究。欧洲学者将画法几何学等传统理论定位为艺术与科学的桥梁、探索未知的通道。在课程设置上，也长期将画法几何学作为数学或工程必修课程。美国、日本等一些发达国家在工程问题驱动下，开展了传统理论应用化研究，深入挖掘折纸这一古老的艺术与技术的精妙理论基础，应用于可展机构设计等领域。近年来，国内在图学理论研究方面有一定突破，但是在基础理论教育上的重视程度有待进一步提升。

（2）更系统深入地开展图学计算基础算法研究。图学计算基础面临着稳定性、速度、可读性、可靠性等挑战，这些问题也是制约工程基础软件发展的瓶颈之一。以欧洲一些学者为主，已经建立跨国团队专门研究基础算法。国内，何援军团队对算法问题的根源进行了剖析，试图从本质上构建理论与解决方案，并提出了形计算机制。

（3）面向工程仿真开展几何与物理融合的计算基础研究。实现高精度物理模拟仿真及CAD、CAE的无缝融合，是计算机辅助设计与工程、计算机图形学、计算力学等多个学科交叉领域富有挑战性的研究课题。

4.2 展望

面向未来，图学计算基础需要突破形数关系，建立稳定的图学计算机制；面向图学应用需求，研究分布异构网络环境下的模型分离计算机制，发挥网络化计算优势。理论与应用结合，图学计算基础未来发展展望如下。

（1）基于图形认知的图学计算基础。在计算机制上突破数字认知模式，研究解决维度不统一问题的计算机制与方案。与计算机相比，人脑具有图形认知优势。研究人类图形认知模式的原理与机制，从图形计算基础构造图学计算应用系统。从功能上模拟人脑的图形计算机制，与类脑与量子计算等成果结合，研究与功能相对应的物质基础特点，建立与之相匹配的计算单元与计算信息传递途径。

（2）面向稳定计算的形数结合模式。稳定高效的几何计算是高效几何引擎的关键，也是其他工程科学计算应用的关键。针对几何计算的特点，在几何计算中充分发挥几何的自然属性，强调计算的整体性、直观性、层次性；研究几何的二维 / 三维空间与代数的线性空间转换机制，突破维度跨越与完备求解的制约关系；综合几何的宏观直观与代数的严格有序优势，建立一种新的形数结合模式。

（3）面向云计算的语义分离计算。研究面向网络或云端 CAD 的计算机制和几何引擎。移动计算、云计算技术使得分布式计算优势得以充分发挥。一些商业软件推出了不依赖本地机软硬件的云 CAD，但与之相匹配的几何引擎尚在研究中，云 CAD 的功能有限。需要研究分布异构网络环境下的模型分离计算机制，建立由三维形描述到一维数计算的语义转换机制。

我国需要在对相关领域理论、技术与应用深刻理解的基础上，建立和开发图形公共基础软件和基于图形的计算支撑系统，使图学应用建立在一个更高的起点与平台上，为我国制造业转型及科学技术发展建立扎实的软件与工具基础。

参考文献

［1］中国图学学会．2012—2013 图学学科发展报告［M］．北京：中国科学技术出版社，2014.

［2］叶修梓，彭维，唐荣锡．国际 CAD 产业的发展历史回顾与几点经验教训［J］．计算机辅助设计与图形学学报．2003，15（10）：1185-1193.

［3］Piccinini G. Computationalism in the Philosophy of Mind［J］. Philosophy Compass, 2009, 4（3）：515-532.

［4］于海燕，何援军．空间两三角形的相交问题［J］．图学学报，2013，34（4）：54-62.

［5］于海燕，余沛文，张帅，等．两空间三角形的退化关系研究［J］．图学学报，2016，37（3）：349-354.

［6］Steven Robbins,Sue Whitesides. On the Reliability of Triangle Intersection in 3D［C］. Computational Science and Its Applications-ICCSA 2003：923-930.

［7］Hestenes David, Li Hongbo, Rockwood Alyn. New Algebraic Tools for Classical Geometry［EB/OL］. 2001.10.1007/978-3-662-04621-0_1.

［8］Breuils Stéphane. Algorithmic structure for geometric algebra operators and application to quadric surfaces［J］. 2018 .

［9］Eid Ahmad. Introducing Geometric Algebra to Geometric Computing Software Developers: A Computational Thinking Approach［J/OL］. https://arxiv.org/abs/1705.06668, 2017.

［10］Hildenbrand D, Albert J, Charrier P, et al. Geometric Algebra Computing for Heterogeneous Systems［J］. Advances in Applied Clifford Algebras, 2017, 27（1）：599-620.

［11］Sommer Gerald. Geometric computing with Clifford algebras. Theoretical foundations and applications in computer vision and robotics［EB/OL］. 10.1007/978-3-662-04621-0, 2001.

［12］A N Lasenby, J Lasenby, R J Wareham. A Covariant Approach to Geometry and its Applications in Computer Graphics［D］. Tech. rep. Cambridge University Engineering Dept., 2002.

［13］Eduardo Roa, Víctor Theoktisto, MartaFairén, et al. GPU collision detection in conformal geometric space［J］. VIbero-American symposium in computer graphics, SIACG, 2011：153-157.

［14］Yamaguchi Fujio, Niizeki Masatoshi. A New Paradigm for Geometric Processing［J］. Comput Graph. Forum. 12. 177-188. 10.1111/1467-8659.1230177, 1993.

［15］Xianfeng David Gu, Shing-Tung Yau. Computational conformal geometry［M］. Beijing：Higher Education Press, 2010.

［16］李洪波．共形几何代数——几何代数的新理论和计算框架［J］．计算机辅助设计与图形学学报，2005，17（11）：2383-2393.

［17］朱辉，曹桄，张士良，等．高等画法几何学［M］．上海：上海科学技术出版社，1985.

［18］刘克明，杨叔子．画法几何学的历史及其现代意义——纪念蒙日画法几何学公开发表 200 周年［J］．数学的实践与认识，1998，28（3）：281-288.

［19］H Stachel. What is descriptive geometry for?［C］DSG-CK Dresden Symposium Geometrie: konstruktiv & kinematisch, TU Dresden, 2003：327-336.

［20］Hellmuth Stache. Descriptive Geometry Meets Computer Vision- The Geometry of Two Images［J］. Journal for

Geometry and Graphics, 2006, 10（2）：137–153.

[21] Migliari, Riccardo. Descriptive Geometry：From its Past to its Future [J]. Nexus Network Journal, 2012, 14（3）：555–571.

[22] Fei L J, Sujan D. Origami theory and its applications：A literature review [J]. Int. J. Soc. Hum. Sci. Eng, 2013（7）：113–117.

[23] 李笑，李明. 折纸及其折痕设计研究综述 [J]. 力学学报，2018，50（3）：467–476.

[24] Hur D Y, Peraza Hernandez E , Galvan E , et al. Design Optimization of Folding Solar Powered Autonomous Underwater Vehicles Using Origami Architecture [R]. ASME 2017 International Design Engineering Technical Conferences and Computers and Information in Engineering Conference, 2017.

[25] Christer Ericson [EB/OL]. http：//realtimecollisiondetection.net/blog/?p=29.2007,9.12,Filed under Robustness, from hell, Code.

[26] Mehlhon K, Osbild R, Sagraloff M. A general approach to the analysis of controlled perturbation algorithms [J]. Computational Geometry：Theory and Application, 2011, 44（9）：507–528.

[27] 何援军. 几何计算及其理论研究 [J]. 上海交通大学学报，2010，44（3）：407–412.

[28] 何援军. 对几何计算的一些思考 [J]. 上海交通大学学报，2012，46（2）：18–22.

[29] 何援军. 一种基于几何的形计算机制 [J]. 图学学报，2015（3）：1–10.

[30] 何援军. 图学与几何 [J]. 图学学报，2016，37（6）：741–753.

[31] Hughes T J R, Cottrell J A, Bazilevs Y. Isogeometric analysis: CAD, finite elements, NURBS, exact geometry and mesh refinement [J]. Computer Methods in Applied Mechanics and Engineering, 2005, 194（39–41）：4135–4195.

[32] 中国计算机学会. 中国计算机科学技术发展报告 [M]. 北京：机械工业出版社，2018.

[33] CGAL [EB/OL]. http）//www.cgal.org/.

[34] Efi Fogel, Michael Hemmer, Asaf Porat, et al. Lines through Segments in 3D Space [C]. 20th Annual European Symposium, Slovenia, 2012：455–466.

[35] Dan Halperin. Robust Geometric Computing in Motion [J]. The International Journal of Robotics Research, 2002, 21（3）：219–232.

撰稿人：于海燕　蔡鸿明　何援军

形计算

人工智能、大数据、云分析……新的问题不断地被提出，在这个令人眼花缭乱的时代，开始呈现不同维度间的竞争，需要站在更高的角度去思考对策。千流归大海，获胜的关键是“计算”。

1. 引言

数学上主要有两种推理：符号推理与直观推理，前者源于计数制，后者源于图形制。继数之后，形作为数学的第二个主要概念被引入，形能充分发挥人的空间思维特长。

计算机作为主要计算工具以后，计算方式与解的表述更是起了革命性的变化。例如，“算法”常作为计算机时代解的一种表述方式被认可、被追求，相应的计算理论与计算方法也产生了。现代意义上的计算不仅可以是常规意义上的一次“算”，也可能是一个过程，如搜索过程、决策过程、重构过程等。因此，计算对象可能并非一个，结果也不一定是一个，甚至是不确定的。但是，万变不离其宗，用于表述计算对象与结果的，主要的还是两种：数和图。

代数涉及的是时间的操作，几何涉及的是空间的思考。它们是世界互相垂直的两个方面，代表了数学中两种不同的观念。因此在过去数学家们关于代数和几何相对重要性的争论或者对话代表了某些非常基本的东西。几何更多的是从空间概念形象地去审视问题，常用几何间的相互关系处理问题。人们努力将一些问题归结为几何形式，借助于图形（模型）的直观，从总体上去构建一个总体架构，去寻求一个全局、直观的解决方案。

下面阐述的是一种适合于几何运算的新计算机制，为叙述方便，命名为“形计算机制”（简称形计算，Shape computing）。它作为对数计算机制（简称数计算，Number computing）的一种补充，辅助几何计算，辅助图形计算。这是对数计算机制的一种很好的辅助，对数计算的非可读性、几何奇异引起的计算不稳定性以及降低计算复杂度等方面有较大的改善。也是对人、几何、代数及计算机相结合的新计算机制的一种探索。这是三维CAD几何引擎的研发基础。

2. 认识基础

形计算的提出基于下列认知。

2.1 计算的对象已扩展

计算已不是仅仅限于数字计算，图形 / 图像已成为重要的计算源、计算对象与计算结果，并日益成为解的一种表现形式。

2.2 图学计算的基础是几何求交和几何变换

尽管图形与图像的处理方式存在一些差异，但两者的计算基础是基本相同的，都要基于几何计算，主要是几何求交和几何变换。

图学计算涉及大量几何求交。无论是在工程绘图中的交线计算，还是计算机图形学中碰撞检测、隐藏线 / 面消除、光线跟踪、碰撞检测，还有数字视频处理中的运动预测、重光照、半透明物体遮罩等算法，都涉及几何求交计算，包含面与面的求交、线与面的求交、曲面求交等。

图学计算的另一个计算基础是几何变换。包括空间物体显示的投影变换，以及通过平移、旋转、缩放、错切等复合而成的复杂空间几何变换。

2.3 图学研究的对象是几何元及它们的关系

在图形的构造和产生时，少数基本几何元根据不同的关系就可组合出万千几何。不同的点、线、面等几何元依照一定的拓扑关系构造成不同的场景，在空间构造形。通过投影将不同属性的图元按一定的形式组织起来，在平面上显示图——图形或图像。图学计算的本质是求取几何间的关系（图 1 ~ 图 3）。图形图像的构造、产生、传输和处理是围绕这些几何元及几何元间的关系、组合展开的。

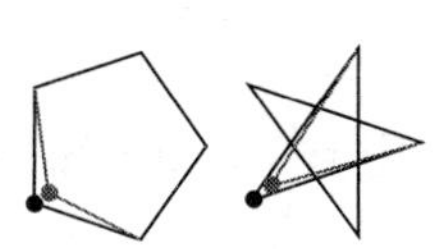

图 1　拓扑关系不同构成了完全不同的图形。而改变几何参数只影响图形的局部

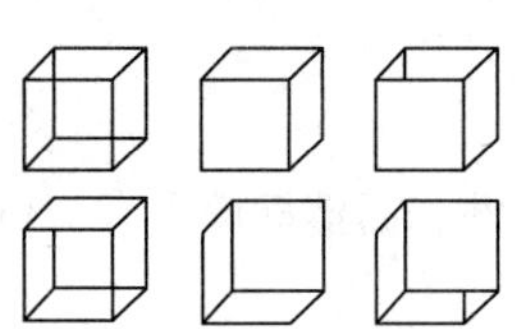

图 2　不同拓扑关系的同一组几何展现了不同的形体

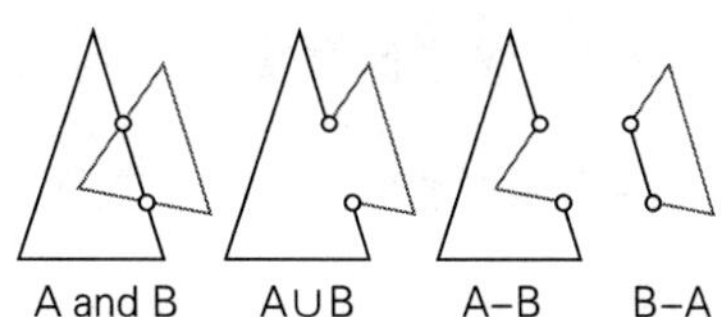

图 3　布尔运算的主要工作和难点是求取几何关系

2.4 图学计算的空间维度是不一致的

人类认知的一个奇特的特性就是空间感知。视觉、听觉、触觉都能感受到空间，立体电影、立体声技术使人们得到视觉与听觉上的空间感享受。

问题空间与表示空间是不一致的。图作为图形处理的最终呈现模式，通常是二维的。无论是手工绘制还是计算机制图，图的本质是用二维表现三维或更高维的形，人们只是通过各种技术手段让它看上去是立体的。因此，实体空间（三维）与表现空间（平面）往往是不一致的。

思维空间与计算空间是不一致的。人具有空间性思维，世界构造是空间的，代数计算是线性的。图学处理时源与目标常在不同的空间，计算的过程就变得有点复杂：形→数→数计算→数→形。这里，人的大量工作就会花在“形→数”和“数→形”之间不同空间的转换上，这不符合人的思维习惯。这就需要提出一些理论、方法和技术去帮助人们能在思维空间和计算空间进行转换。

2.5 计算稳定性而不是速度是算法的主要考量

现在的算法研究常出现两个偏向：一是只偏重速度而忽视稳定性（robustness），偏重速度的研究方法只是减少了浮点运算，这是令人担心的。二是采用一些大规模没有理论分析的随机测试去验证算法的稳定性，很难检测到影响算法的特殊状况。

2.6 几何奇异是几何计算不稳定性的关键原因

模型通常是有界的，例如不是直线而是线段或向量、不是无穷平面而是有界多边形等。模型的有界造成几何间的特殊关系（共点、共线、共面），形成几何奇异。几何奇异有两个根本的问题，一是几何奇异是形关系中的正常现象，二是对几何计算稳定性的冲击是根本性的。

需要从构造的角度阐述几何奇异的几何本质，认识几何奇异的根本性，在检测与处理两个层次，准确界定几何位置的奇异界线，保证几何奇异的正确判定、准确检测，在理论上构筑一个几何奇异问题的完整解决方案。

2.7 图学计算模式

图形图像的形象性、直观性、准确性和简洁性使得人们可以通过图形来认识未知，探索真理。

计算机的计算是一种基于代数的数计算，它依赖于 John von Neumann 二进制数制表示的浮点数。这种计算有两个明显的特点：一是这种计算是人不可直观理解的，二是它是一种线性有序的处理过程。

图形/图像已经成为重要的计算源、计算对象与计算结果，被作为解的一种表现形式去追求。需要更优秀的图学计算理论、算法和系统架构，满足图学计算的特殊性、精确性、鲁棒性和可扩展性的需要。

计算不应该只是“数计算”，还应该有“形计算”。寻求“从定性、直观的角度去思考，以定量、有序的方式去求解”的几何计算的理论和方法，追求“形思考、数计算”的境界。

3. 国内外进展

数学家吴文俊先生提出了一个证明初等几何定理的新方法——人称“吴法”。吴法先要把几何问题代数化。按照吴先生的总结，数学机械化的实质是“把质的困难转化为量的复杂”。另一位数学家张景中先生则希望“能对大量非平凡的几何问题由计算机生成简捷的有几何意义的解答”。可以认为两个院士分别代表了代数学家和几何学家的不同思想。李洪波提出了一种“共形几何代数（CGA）”。这是一个新的几何表示和计算工具，可以进行复杂的符号几何计算，在几何建模与计算方面表现出很大的优势。CGA在大方向上仍属于代数化框架，其终极思想与代数派形式化整个数学，建造庞大的代数机器是一致的。顾险峰、丘成桐则实现了共形结构的计算化。已经应用于曲面修复、光顺、去噪、分片、特征提取、注册、重新网格化、网格样条转换、动画和纹理合成等三维数字模型的处理中。

4. 基本描述

最基础的数学分支是代数与几何，代数管数、几何管形，数有数计算，形应该有形计算。

数计算以数字为计算单元，形计算考虑以几何为计算单元，满足图形图像已成为新的计算对象与计算目标的新需求。

形计算将思维、几何、代数及计算分别定位在4个不同的层次：思维是设计层次、几何是表述层次、代数是处理层次、计算是实现层次。以“形”计算作为“数”计算的有益补充，“形计算”作为对“数计算”的一种很好的辅助，拓展计算的深度与广度，充分发挥各自有优势，对数计算的非可读性、几何奇异引起的计算不稳定性以及降低计算复杂度等方面有较大的改善。两者相互协调、相得益彰。

4.1 科学与实践问题

形计算需要解决以下几个科学问题和实践问题。

总体上，探索一种发挥几何直观简洁特点的几何化求解方法，追求形、数结合的新突破。论证形计算在整个计算中的合适定位。给出形计算的总体思想，主要策略和形计算的实施方法等。

机制上，解决形计算“数元”的表示机制、运算机制、计算方式和解的表述，以及降维机制、误差零域、变换几何化机制等。

目标上，解决计算过程中的维度差距、计算稳定性等关键问题，特别是提出一套解决几何奇异问题的完整理论和解决方案。

提出一个从理论上解决几何奇异问题的完整解决方案；构筑一个“基于几何问题几何化的几何计算理论体系与实施框架”。这是三维 CAD 几何引擎的研发基础。

4.2 在计算中的地位

不能严格的照搬数计算机制的模式去定义、去理解这个形计算，它更多的是在人的思考层面、解决几何问题的框架层面和算法的设计层面，表述不同维度下的形数转化机制（图 4）。

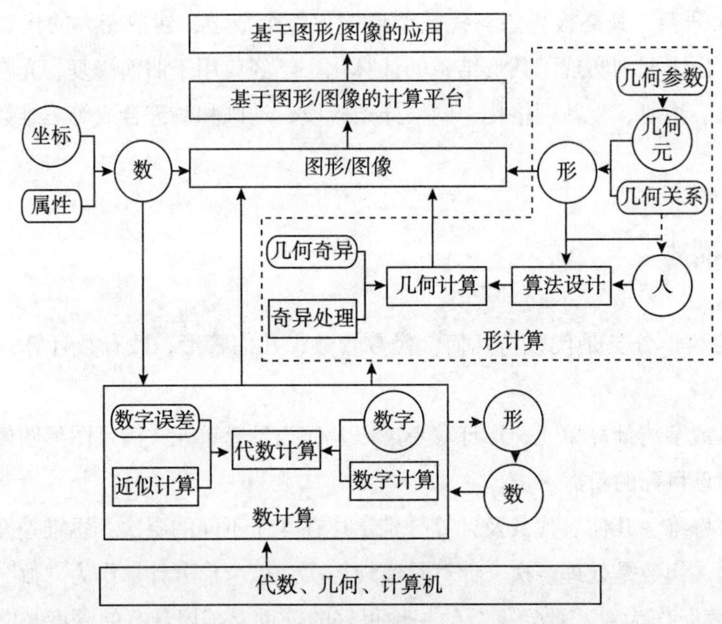

图 4　形计算（虚框）在整个计算中的地位

纯粹依赖于数字的计算机制的最大问题是人的空间思维直接依赖于一维的数计算，出现了巨大的空间差异。形计算的提出就是希望缩小这个差异，试图在三维思维与一维计算间设立一个缓冲带：在算法设计上是在空间层面，基于对形整体的考虑，更能发挥人在计算中的主控地位和主导作用；在计算层面，强调几何元为基础，封装几何之间的计算。于是，人面向的是几何三维空间，计算面向的是代数一维计算，使形数转化机制处于更高的可理解层面，只在最后，才将繁复的数字计算交由计算机处理，它不需要理解。

4.3 总体框架

形计算通过引入几何数、引入几何基、采用变换几何化、降维计算以及引入多元、分级零域等一系列措施，解决形计算“数元”的表示机制、误差领域、运算机制、计算方式与解的表述，以及降维机制、变换几何化机制等。形计算的总体框架其主要计算框架包括两部分（图 5）。

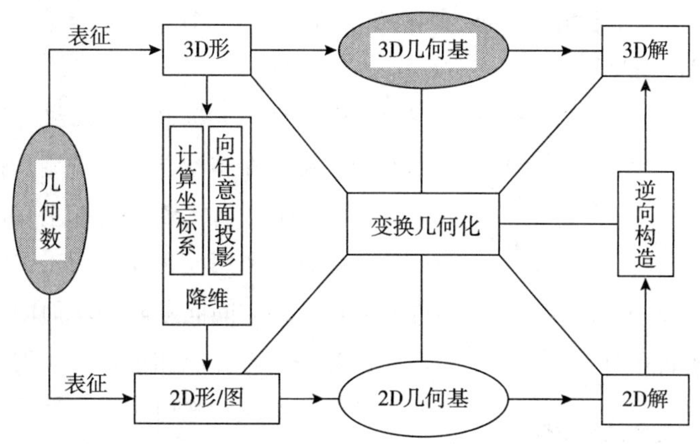

图 5 形计算的总体架构与求解机制

平面问题求解：将几何关系逐级分解为最基本的几何关系，建立形的构造树，再用树的遍历得到以几何基序列表述的几何解。

空间问题求解：对两相关几何建立以主几何元为参考的计算坐标系，通过解决向任意面投影的方法，对空间问题降维为平面问题，建立三维形与二维图的映射关系，求取在平面上的几何解，再反求回到三维空间，求得空间问题的解。

4.4 主要策略

形计算综合应用数学、工程、计算机等的理论，通过引入几何数、引入几何基、采用变换几何化、降维计算以及引入多元、分级零域等一系列措施，解决形计算“数元”的表示机制、误差领域、运算机制、计算方式与解的表述，以及降维机制、变换几何化机制等。

4.4.1 引入几何数

形计算中的几何数包括：对基本几何引入方向、对几何的属性引入正负、图形划分为内 / 外边界、几何连接遵照“皮带轮法则”、交点区分入点 / 出点、对直线、平面表述规格化（单位法向量）以及强调几何在“标准坐标系（计算坐标系）”下描述和计算等。

4.4.2 引入几何基

引入几何基（Primary Geometric Basis）作为形计算的基本单元，构建基本几何的定义、处理几何关系。复杂几何问题可以层层分解为基本几何问题，用几何基序列记录这个分解过程，也是最终几何解的表达。由此，对几何问题解的新解读就变成：几何问题的解可由几何基的序列表述。

4.4.3 变换几何化

所谓变换几何化其最基本的表述是：平面上任意两条相交（不共线）的单位向量构成一个新坐标系，新旧坐标系间的坐标变换可由两条相交向量在原坐标系下的直线方程系数及齐次项表出。空间任意 3 个相交平面的单位法向量构成一个新坐标系，新旧坐标系间的坐标变换齐次矩阵由 3 个相交平面的规格化方程系数及齐次表出。

4.4.4 降维计算

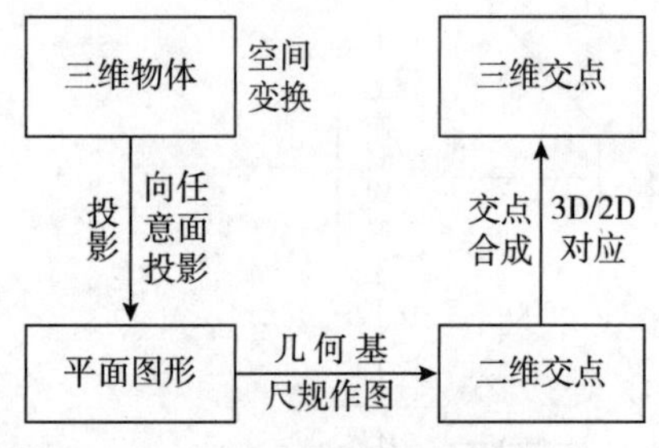

图 6 降维求交的总体框架

在形计算中，尽量采用降维计算。降维计算是分而治之策略在图学计算之应用。在三维整体概念下建立问题的求解策略，根据主几何元建立合适的计算坐标系，利用投影几何理论，得到三维形的二维图表示，将空间问题降为平面问题。在平面上求得几何基序列解，由 2D/3D 对应理论建立的空间几何与平面图形间的映射关系，最后反变换返回到空间问题的最终解（图 6）。

4.4.5 引入多元、分级零域定义

构建基于工程的精度表示机制，准确界定几何位置的奇异界线，保证几何奇异的准确检测。不同工程应用的计算需要，几何模型的尺寸的区别会很大，他们的度量单位大不一样，因此对“同一点”的界定也因此而千差万别。设置不同的“零域”是保持计算稳定的一个有效保护措施，在这个零域误差范围内，可认为两点是共点的，两线是重合的，等等。

5. 科学贡献

简单地说，形计算是以几何学家的思路去考虑问题——宏观而缜密，以代数学家的方式去解决问题——严格而有序。相对于常规的数计算，从形的角度去整体地去考虑几何问题，更偏重于从宏观的形整体几何角度去考虑与设计几何问题的解决方案，在更宏观的、更高的层次去进行算法设计，使计算过程结构化、直观化、简单化。可以更好地发挥人 - 机各自的特长，追求形 - 数的顺滑过渡，设计算法，使计算在一个多维的空间中考虑、设计和实施。这是对数计算机制的一种很好的辅助，也是对人、几何、代数及计算机相结合

的新计算机制的一种探索。对数计算的非可读性、几何奇异引起的计算不稳定性以及降低计算复杂度等方面有较大的改善。

5.1 基于几何问题几何化构筑几何计算新机制

形计算的核心思想是“几何问题几何化”，扩大几何的自然属性在几何问题求解中的作用，淡化代数化的实施过程，降低“用一维的代数方法去决定二维几何关系”的矛盾；以形为核心，将几何、画法几何、代数和计算机等多学科理论与方法的长处融合在一起，实现几何计算中“三维思维，二维图解，一维计算”的多维空间融合的几何计算理论和方法。

5.2 几何数有效提升了几何表示、计算和几何重组

几何数的引入能更好地表述几何的属性，使几何间的关系也更清晰。不仅可以更好地应用向量几何的理论，更在几何的定义、表示、度量和运算以及几何变换中发挥核心与纽带作用。

首先，几何数引入使形和图的表示简单并具有几何意义和物理意义，例如，简化了有效交点的选择，面积、体积的计算只是代数和计算，不需考虑形的内外，等等。

其次，基于几何数的简单运算比较完整的从理论上和计算上解决了几何奇异问题，它比数字处理更准确、更直观、更简单而有效。

最后，它在消隐计算、裁剪计算中较快实现了有效部分的集合计算，在二维和三维布尔计算中几何数协助了几何新边界的重组。

5.3 几何基实现了几何计算的“定性思考、定量求解”

由于几何基构建了几何解的基础，使“几何问题的解可由几何基的序列表述”，使几何算法设计变成了“从定性、直观的角度去思考，以定量、有序的方式去求解”的过程，达到“形思考、数计算”的境界。而且，由于作为计算基础的几何基高度稳定性使几何计算的整体稳定性上升。

5.4 几何变换的矩阵元素与基本几何的求解系统统一

变换几何化方法的理论基础是根据平面上任意两条共点不共线的单位向量或空间任意3条共点不共面的单位向量就构成一个坐标系，新旧坐标系间的坐标变换可由两条相交向量在原坐标系下的规格化直线方程系数标出，它统一描述平移、旋转、错切、对称和比例等变换。这种方式将几何变换的矩阵元素与基本几何有机地联系在一起，使几何变换与基本几何的定义与求解函数统一。便于记忆、便于教学、便于应用、便于软件系统的统一编制，提高了系统的可读性。

5.5 梳理了影响计算稳定性的因素

计算稳定性问题本质上是计算的正（准）确性问题，有理论问题，也有技术问题（表1）。

表1 影响计算稳定的原因及解决方法

原因分类	根本原因	直接原因	处理方法
源于数字和数字计算	输入数据有错	原始数据有错	正确化原始数据
		第三方软件输入有错	好的数据交换工具，结合交互修补
	计算机的浮点数制	浮点数制	采用双精度浮点型 根据工程类型设置零域误差
	近似计算误差及误差扩散	计算误差	设计新的算法 引入“几何基”，强化几何处理
源于几何本身	数字计算引起的几何奇异	几何奇异的判定	根据工程类型设置零域误差
	几何关系奇异	已知几何奇异的解决	引入“几何数”，从理论上提出一套解决几何奇异的完整解决方案
其他处理方法			加强从几何拓扑关系描述模型 降维计算

导致几何计算不稳定主要有两个原因：一是由数字误差引起，几何参数的数据误差和计算过程中误差的积累导致计算错误；二是由几何关系引起，几何关系奇异引起的几何选择与几何重组错误。形计算比较完整的梳理了这两方面的影响（图7）。

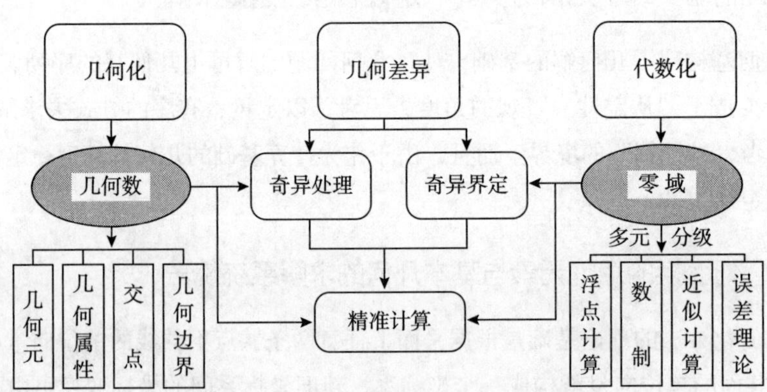

图7 解决计算稳定性的总体方案

5.6 基于几何数从理论上解决了几何奇异问题

模型的有界性造成几何间的特殊关系（共点、共线、共面），形成几何奇异，几何奇异现象对几何计算稳定性的冲击是根源性的。

这里，保证奇异的准确检测是实现几何正确计算的前提。表 2 列出了解决几何计算中几何奇异的一些科学问题和工程问题。

表 2　几何奇异中的科学问题和工程问题

科学问题	几何表示	什么是“在几何的‘共、上、内、外’”？ 怎样定义及选择一个解？
	几何奇异	共点、共线、共面？
工程问题	几何表示	怎样叫“在几何的‘共、上、内、外’”？
	表示误差 计算误差	连续实数与计算机中离散浮点数近似表示

形计算根据“交点几何数”概念，提出了如下重交点与重边交点处理规则。

重交点取舍规则（图 8）：将重交点的几何数累加，若几何数的代数和为 0，则取消形成此重点的各交点；否则，合并为一个交点，并以代数和的符号作为其几何数。

重边交点的取舍规则（图 9）：如果在同一向量上有连续两个交点的几何数相同，则若几何数均为 +1，删除后一个交点；若几何数均为 -1，删除前一个交点。

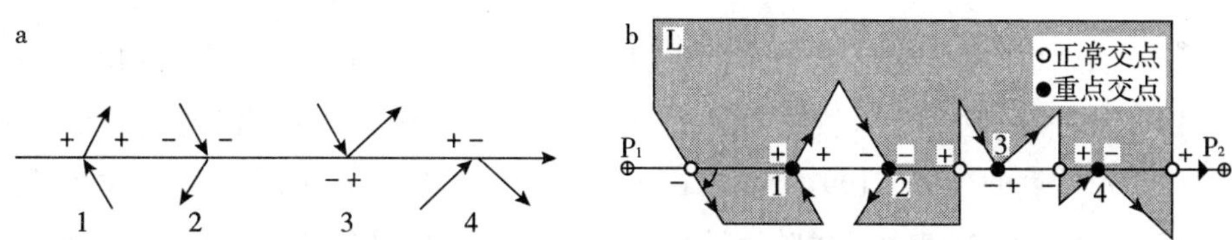

图 8　重交点的取舍（a 为抽象表示，b 为实例）

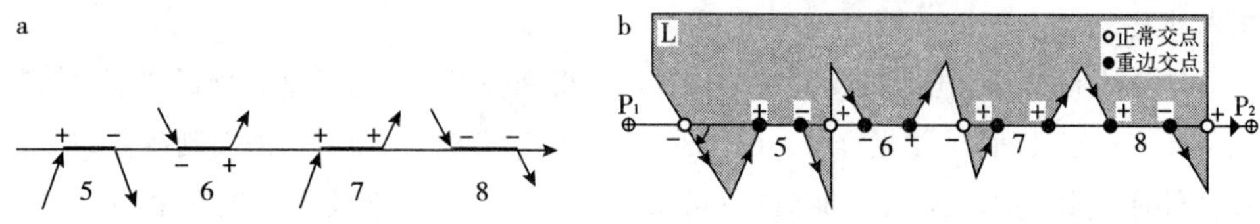

图 9　重边交点的选择（a 为抽象表示，b 为实例）

运用这两个规则，只是对交点几何数的简单运算，就解决了已知几何关系奇异问题，并且这是在理论层面上的。

5.7　降维计算实现了对传统理论的改造

采用建立计算坐标系以及向任意面的投影等方法，降维计算将三维几何问题分解为两个平面问题，这有利于降低计算的复杂度，简化几何奇异状态的分析，也在一定程度上提升了图学计算的稳定性并使得画法几何这一经典理论能够适应现代化的计算（表 3）。

表 3　降维计算对画法几何投影理论的计算化改造

改造领域	画法几何	降维计算
基本思想	以三视图为主，考虑 3D 的平面化及从 2D 解读 3D 物体	从三维整体出发，投影作为解决问题的辅助手段
计算化	目前对画法几何的计算机化一般采用代数化方法，是画法几何思想的计算机模拟实现	几何问题几何化，从空间概念形象地审视问题，将问题归结为几何形式，发挥人类直觉最有力的武器
投影实现	投影是以人工制图为目标的，有时需要多层投影面才能得到解	利用空间变换达到任意方向的投影，一次性求得结果
2D 处理	“尺规作图”理论，是用圆规和直尺等手工工具绘图而总结的基本作图理论。 这些作图工具经典、有效，也是整理基础算法的楷模	引入“几何基”，将“尺规作图”的基本工具加以数学与计算机的手段，构造稳定的通用作图基础。以“几何基”的序列表述几何问题的解

6. 社会贡献

形计算的思想广泛传播。形计算的思想最早发表于 1983 年的二维几何构型、图形处理系统 DPS 和消隐算法等学术研究方面，1990 年出版的专著《计算机图形学的算法与实践》中已经有了形计算的雏形，1997 年的《CAD 图形开发工具》上发表了经应用检验的基本几何基版本。后来，其基本思想陆续被写入 2006 年出版的《计算机图形学》教材，以及 2013 年的专著《几何计算》和 2018 年的《图学计算基础》中，阐述形计算理论和实施的在国内外发表的论文计 28 篇。

形计算的形成得到国家的支持。形计算曾经得到国家自然科学基金项目“几何问题几何化及计算稳定性研究”（批准号：61073086）、国家“863”项目“面向制造业的二、三维标准件库及其建库工具（863-511-820-028）”、上海市科学技术发展基金项目“基于 ISO13584 标准的建库工具和图库管理”等项目的支持。

形计算得到了全面的应用。形计算在国产自主版权 CAD 中全面应用。何援军在《几何计算》中提供了形计算的 300 余个算法。可人 CAD 软件（KerenCAD）中全面采用了这些算法。KerenCAD 是一个交互式二、三维计算机辅助绘图和设计（CADD）软件，是上海市科委实施的“上海市 CAD 应用工程”的软件产品，是上海市推出的第一个具有自主版权的 CAD 软件产品。“七五”被列为中国船舶工业总公司计算机应用六大关键技术之一，以“全开放交互式图形系统 DPS”形式在造船系统应用。1992 年 3 月在国家科委组织的全国“具有自主版权CAD支撑软件评测”中，DPS获同类软件第一名，立即被国家科委列为“八五”重点科技项目继续发展与推广，1996年10月获国家计委、国家科委和国家财政部联合颁发的国家“八五”科技攻关重大科技成果。1996年起，被上海市科委列为上海市“九五”重中之重项目，后更名为“可人CAD（KerenCAD）”，作为上海市CAD应用工程软件产品推出，荣获1999年度上海市科技进步奖二等奖。该软件还获得上海市科技型中小企业技术创新基金（种子资金）项目（合同编号：0151H1026）的支持。2000—2001年国家科技部的国家重点科技项目（攻关）计划《上海中小企业CAD推广应用》（专题合同号96-A01-02-3）以KerenCAD作为主推软件，2002年4月6日通过国家科技部的验收，荣获2002年度上海市科技进步奖二等奖。

参考文献

[1] Piccinini G. Computationalism in the philosophy of mind[J]. Philosophy Compass，2009，4（3）：515-532.

[2] 霍金. 时间简史——从大爆炸到黑洞[M]. 许明贤，吴忠超，译. 长春：北方妇女儿童出版社，2003.

[3] Christer Ericson. Triangle-triangle tests，plus the art of benchmarking[EB/OL]. http：//realtimecollisiondetection.net/blog/?p=29.

[4] 吴文俊. 初等几何判定问题与机械化问题[J]. 中国科学（A），1977（7）：507.

[5] 吴文俊. 数学机械化——回顾与展望[J/OL]. http：//tieba.baidu.com/f?kz=178184732.

[6] 张景中. 几何问题的机器求解[J]. 科学，2001（2）：20-23.

[7] Li Hongbo. Conformal Geometric Algebra—A New Frame work for Computational Geometry[J]. Journal of computer aided design&computer graphics，2005，17（11）：2383-2393.

[8] Xianfeng David Gu，Shing-Tung Yau. Computational conformal geometry[M]. Beijing：Higher Education Press，2010.

[9] 何援军. 计算机图形学算法与实践[M]. 长沙：湖南科技出版社，1990.

[10] 何援军. CAD图形开发工具[M]. 上海：上海科学技术出版社，1997.

[11] 何援军. 计算机图形学[M]. 北京：机械工业出版社，2006.

[12] 何援军. 几何计算[M]. 北京：高等教育出版社，2013.

[13] 何援军. 图学计算基础[M]. 北京：机械工业出版社，2018.

[14] 何援军. 二维几何构形[J]. 机械工业自动化，1983（4）：32-37，26.

[15] 何援军. 图形处理系统DPS[J]. 浙江大学学报，1983（3）：93-102.

[16] 何援军. 任意平表面物体的消隐输出[J]. 上海市工程图学论文选集，1983：92-99.

[17] 何援军. 立体图形的计算机绘制[J]. 浙江大学学报（计算几何专辑），1984：66-84.

[18] 何援军. 直线、圆弧相贯处理的新算法（合著）[J]. 上海机械学院学报，1985（2）：67-77.

[19] He Yuanjun. A 2D Geometric Modeling System[C]. Proceedings of CAD/CAM，Robotics and Automation International Conference，1985.

[20] He Yuanjun. A New Computer Method for Three Point Perspective[C]. Proceedings of CAD/CAM，Robotics and Automation International Conference，1985.

[21] He Yuanjun. An Interactive Open Graphics System DPS[C]. Proceedings of CADDM'89，1989.

[22] He Yuanjun. A Development Product Support System DPS [C]. Proceedings of International Conference in Computer Applications in the Automation of Shipyard Operation and Ship Design, 1991.
[23] He Yuanjun. On Strategy of Developing a Graphics Support System, CAD/CAM [C]. Graphics'91, 1991.
[24] 何援军. 计算机辅助造船集成系统中的图形平台 [J]. 计算机辅助设计和图形学学报, 1994, 6 (3): 213-220.
[25] 何援军. 上海市 CAD 应用工程软件产品——白玉兰 CAD (BYLcad) [J]. 机电一体化, 1999 (9): 30-31.
[26] 何援军.孙承山, 曹金勇. 绣花缝针轨迹问题 [J]. 计算机学报, 2003, 26 (9): 1211-1216.
[27] 何援军, 钮晓鸣. 开放型 CAD 系统的设计和开发 [J]. 工程图学学报, 2003, 24 (2): 1-6.
[28] 何援军. 图形变换的几何化表示——论图形变换和投影的若干问题之一 [J]. 计算机辅助设计和图形学学报, 2005, 17 (4): 723-728.
[29] 何援军. 投影与任意轴测图的生成——论图形变换和投影的若干问题之二 [J]. 计算机辅助设计和图形学学报, 2005, 17 (4): 729-733.
[30] 何援军. 透视和透视投影变换——论图形变换和投影的若干问题之三 [J]. 计算机辅助设计和图形学学报, 2005, 17 (4): 734-739.
[31] 何援军. 论计算机图形学的若干问题 [J]. 上海交通大学学报, 2008, 42 (4): 513-517.
[32] 何援军. 几何计算及其理论研究 [J]. 上海交通大学学报, 2010, 44 (3): 407-412.
[33] 何援军. 对几何计算的一些思考 [J]. 上海交通大学学报, 2012, 46 (2): 18-22.
[34] 何援军. 一种基于几何的形计算机制 [J]. 图学学报, 2015 (3): 1-10.
[35] 何援军. 图学与几何 [J]. 图学学报, 2016, 37 (6): 741-753.
[36] 何援军. 画法几何新解 [J]. 图学学报, 2018, 39 (1): 1-12.
[37] 章义, 于海燕, 何援军. 二维布尔运算 [J]. 上海交通大学学报, 2010 (11): 1486-1490.
[38] 于海燕, 蔡鸿明, 何援军. 图学计算基础 [J]. 图学学报, 2013 (6): 1-6.
[39] 于海燕, 何援军. 空间两三角形的相交问题 [J]. 图学学报, 2013, 34 (4): 54-62.
[40] 于海燕, 余沛文, 张帅, 等. 两空间三角形的退化关系研究 [J]. 图学学报, 2016, 37 (3): 349-354.
[41] 于海燕, 张帅, 余沛文, 等. 视锥体裁剪的几何算法研究 [J]. 图学学报, 2017, 38 (1): 1-4.

撰稿人：何援军

图学应用基础研究

1. 引言

作为研究“图”的学科，图学在整个科学体系中有着重要的用途。图学学科研究中一个重要课题是图学应用，而图学应用贯穿于整个社会、科研以及人文领域，正是图学应用赋予了图学广阔的生机与活力。从这些广泛的应用中抽取若干关键性共性内容形成图形应用基础，正是本专题的核心研究内容。

1.1 图学应用基础理论

图学应用基础主要由图学中的函数包、算法包、模型库以及知识库等构成，在图学核心理论、框架及标准的支持下，在各类应用中提取共性特征，组成整个图学体系的“中间件”。图学应用基础包括：

（1）面向各行业的三维几何引擎，包括机械、建筑、虚拟现实、游戏、可视化等领域。

（2）三维几何库：模型库、构件库、材质库等。

（3）图学领域各类几何算法库。

（4）面向互联网的图学应用基础。

（5）其他图学应用基础领域。

1.2 图学应用基础在图和图学中的定位

图学应用基础属于图学在理论上的拓展，同时服务于图学应用。图学理论定义了图学的范畴、概念、思想及基本运算法则等，而图学应用基础则研究如何将这些转化为可以实用的基础软硬件设施。因此在图和图学学科体系框架中起着承上启下的作用。开展图学应用基础研究将在深度和广度上极大拓展图学应用领域与范围，使图学应用进一步适应新形式学科发展。图学最初作为科学与工程技术的描述语言与设计依托而产生，虽依托工程技术，然而其有独立的投影理论作为支撑。近年来，随着新学科的兴起及信息技术的飞速发展，图及图学在众多领域得到了充分的应用，从附属性学科逐渐独立成为主流学科之一。图及图学在此发展中得到了广泛的应用，其理论基础与应用基础研究也得到了丰硕的发展以及进一步的提升与夯实。

2. 国内外研究进展与比较

近年来，随着计算机与信息技术的发展，图学在诸多领域得到了广泛的应用，其应用基础理论也得到了极大拓展和创新。

首先，工业 4.0、中国制造 2025、智能制造等概念的相继提出为图学应用提供了更广阔的舞台。在智能制造框架中，图学与几何不仅仅作为设计依托与制造意图载体，而且直接参与“智能”核心过程。识图、制图、析图等逐步从人工朝智能化方向发展，CAD/CAE/CAM 集成，为智能制造提供了坚实的服务基础。基于特征识别的数控自动编程技术在车铣削加工等领域得到了长足的发展，几何与图学在 3D 打印领域也发挥着举足轻重的作用。

其次，BIM 的风起云涌为图学应用注入了新的活力。目前 BIM 理论研究、培训、应用在建筑业各个领域得到了长足的发展，吸引了众多学者和教育工作者极大的兴趣。BIM 以建筑工程项目的各项相关信息数据作为基础，建立起三维的建筑模型，通过数字信息仿真模拟建筑物所具有的真实信息。它具有信息完备性、信息关联性、信息一致性、可视化、协调性、模拟性、优化性和可出图性八大特点。它不是简单地将数字信息进行集成，而是一种数字信息的应用，并可以用于设计、建造、管理的数字化方法。

再次，图形、图像、视频及可视化等为图学和其他领域交叉提供了重要抓手。图形图像同源，图像视频紧密相关，可视化（Visualization）则是综合利用计算机图形学和图像处理技术，将数据转换成图形或图像在屏幕上显示出来，再进行交互处理的理论与方法。虚拟现实、增强现实、混合现实等技术在智能工厂、建筑、作战装备训练等领域的数字化设计、仿真和验证等领域起了重要的作用。数据可视化大数据则结合了大数据及可视化两个领域，借助于图形化手段，清晰有效地传达与沟通信息。

最后，人工智能、移动互联网与云计算的异军突起为图学应用开辟了新的研究空间。智能图形计算是图学与人工智能深度融合的研究方向。传统图学作为工程领域设计表达和制造工艺承载工具，近两百年来得到了充分的应用和验证。随着信息技术的发展，图学得到了快速发展，进入了快速发展新阶段。近年来，随着输入输出设备和计算平台的演变，图形应用扩展到移动互联网、商业 / 社会数据分析和智能制造等新领域，呈现出普适化和智能化的发展趋势。同时，机器学习方向涌现出的以深度学习为代表的突破性进展，为视觉信息的处理和计算提供了新的途径。人工智能技术逐步融入图学建模、仿真和绘制等各个领域，推动了三维图形计算技术的发展。移动终端的兴起与发展对传统图学理论、算法、计算能力和应用场景提出了新的要求，亟须在网络与云端实现并发展传统图学研究内核并推陈出新。云端设计、数字地图、网络游戏、远程医疗、智能监控等应用对图学既是巨大的挑战，也是发展机遇。

在图学应用底层开发中，目前国外各类图学库依然占有主导地位；而在具体应用层面，得益于庞大多样的需求，国内诸多图学相关的开发已经不落下风，甚至成为领域标杆。

3. 图学应用基础理论研究进展

3.1 基于模型的工程定义

工程图样是机械、建筑领域设计的主要表达方式之一，其形成与承载方式也从人工绘图、2D/3D 计算机绘图向基于模型的工程定义（Model Based Definition，MBD）方向拓展，如图 1 所示。

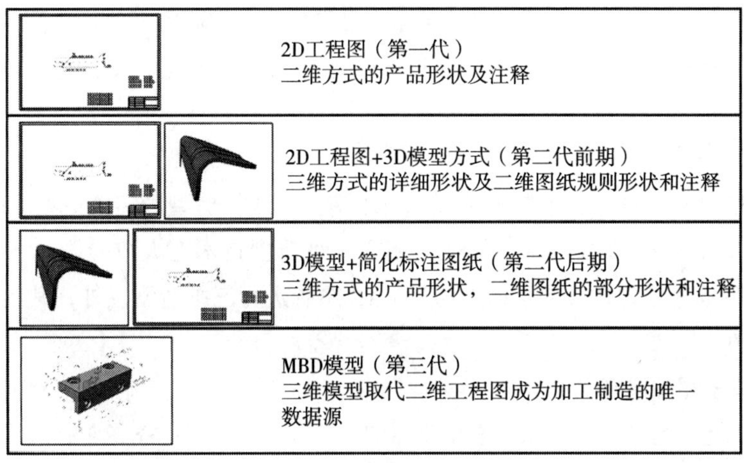

图 1　工程图样的发展

MBD 的核心思想是：全三维基于特征的表述方法，基于文档的过程驱动；融入知识工程、过程模拟和产品标准规范等。它用一个集成的三维实体模型完整地表达产品定义信息。即将制造信息和设计信息（三维尺寸标注及各种制造信息和产品结构信息）共同定义到产品的三维数字化模型中，保证设计数据的唯一性。MBD 不是简单的三维标注 + 三维模型，它不仅描述设计几何信息而且定义了三维产品制造信息和非几何的管理信息（产品结构、产品管理信息物料清单……），使用人员仅需一个数模即可获取全部信息，减少了对其他信息系统的过度依赖，使设计 / 制造厂之间的信息交换可不完全依赖信息系统的集成而保持有效连接。它通过一系列规范的方法能够更好地表达设计思想，具有更强的表现力，同时打破了设计制造的壁垒，其设计、制造特征能够方便地被计算机和工程人员解读，而不像传统的定义方法只能被工程人员解读，可以有效地解决设计 / 制造一体化的问题。

数字化技术的出现加快了产品设计的流程，相关的三维建模技术可以给工程技术人员提供关于产品实体的直观信息。目前，大部分的制造业企业仍然只将三维实体模型作为辅助的制造依据，主要还是参照产品的二维图纸来作为研发设计和制造的依据，产品设计的重要工作之一依然是产品二维工程图的绘制。工程图的绘制工作中，产品的尺寸、几何公差、表面粗糙度等工程信息的表达是整个工作中最重要的部分，它们给零件的生产制造过程提供有效的依据，通常能够在总工作量中占 2/5 ~ 3/5。MBD 技术不仅给制造行业的相关标准和规范的制订提供了优秀的参照，还改进了产品的开发流程，全三维设计制造流程逐渐成为行业的发展方向。作为连接产品设计与加工制造之间信息传递的重要纽带，MBD 技术将产品设计制造过程中的尺寸描述、基准信息、几何公差、表面粗糙度、产品零件的属性、加工制造等信息有效地集成到产品的三维实体模型上，推动了数字化设计制造的发展。近年来，国内一些高校、研究所以及航空航天、交通运输、军工武器等方面的制造企业都开始尝试在三维数字化环境下进行关于产品信息定义的研究，并且合作探讨了相关研究规范和应用标准。

3.2 三维造型技术

三维造型技术本身经历了二维图纸、三维造型（线框造型、实体造型、曲面造型），以及目前逐步发展的 MBD 技术。特征造型在三维造型技术上大放异彩，成为目前主流 CAD 平台的基本造型方式。除了以上通过 CAD 系统进行三维造型以外，其他各类造型方式也风起云涌。

3.2.1 基于图像建模

基于图像建模是指利用图像恢复出物体的几何模型，这里的图像包括真实照片、绘制图像、视频图像以及深度图像等。而广义的基于图像建模技术还包括从图像中恢复出物体的视觉外观、光照条件以及运动学特性等多种属性，其中视觉外观包括表面纹理和反射属性等决定模型视觉效果的因素。在古文物数字化保存、影视制作、游戏娱乐、工业设计、医疗康复等领域具有非常广泛的应用前景。

基于图像建模的核心问题是基于图像的几何建模（shape from image）问题。它研究如何从图像中恢复出物体或场景的三维几何信息，并构建其几何模型表示，以进行三维渲染与编辑。根据计算机视觉理论，图像是真实物体或场景在一定的光照环境作用下，通过相机镜头的光学投射变换得到的结果。图像中包含了大量的视觉线索信息，如轮廓、亮度、明暗度、纹理、特征点、清晰度等，而基于图像的几何建模研究如何运用上述视觉线索信息，并结合估计得到的相机镜头与光照环境参数，进行光学投射变换的逆变换运算，恢复出物体或场景的三维几何信息，并得到其三维几何模型的表示过程。

由于真实的二维图像中蕴含着物体丰富的线索信息，从中恢复三维模型信息并进行可视化具有效果逼真、建模和高效的优点。因此，国内外研究者提出了基于图像的渲染、基于图像的混合建模与渲染和基于图像的建模等多种方法。前两种方法的目的只是产生逼真的三维漫游效果，并不生成真正的三维模型。而基于图像的建模则能够生成物体精确的三维几何模型，根据图像采集时对光源是否进行主动控制，基于图像的几何建模可以分为主动法与被动法两种。

主动法通过主动控制光源的光照方式，分析光线投射在物体表面上所形成的不同模式，得到物体的三维模型，如激光扫描法、结构光法、阴影法等。这种方法的优势是可以得到物体精确的表面细节特征。但其成本很高，操作不便，还需要进行复杂的后期处理（如面片拼接、删除散乱点、模型补洞等）。并且，由于这种方式通常需要使用较强的光源，对于被重建物体可能会造成一定损害，限制了其应用范围。被动法并不直接控制光源，而通过被动地分析图像中各种特征信息，逆向地重建出物体的三维模型，这种方法对光照要求不高，成本较低，操作简单。主动法技术比较成熟，近期国际上的研究工作主要集中在被动法。

3.2.2 基于图像绘制

与基于图像建模技术密切相关的是基于图像的绘制技术。由于基于图像的绘制技术可以在没有任何三维几何信息或少量几何信息的情况下，仅基于若干幅原始图像绘制出三维场景的新视点图像。因此，基于图像绘制技术可以表现用传统方法尚无法建模的高度复杂场景。但它通常需要对场景做大量的采样，而且无法实现对场景的编辑。

3.2.3 图形图像融合

随着信息获取和计算机技术的快速发展，利用计算机技术高效逼真地交互模拟真实世界已成为现实。一些高新技术，如虚拟现实、增强现实和混合现实等被相继提出，并得到了快速发展。这些技术通过强大的计算和显示能力将虚拟世界和真实世界结合起来，实现了真实世界与虚拟世界的高度互动和融合，因而在娱乐、军事、医学、教育、建设等领域中有着广泛的应用前景。

对于如何利用计算机技术高效逼真地表达虚拟和真实的世界，计算机图形学和计算机视觉这两个互逆互补的研究方向，分别采用几何图形和图像 / 视频来解决此问题。三维几何的表达为用户提供了虚拟空间直观交互的体验，但真实性和处理效率严重依赖几何及其相关信息（纹理、光照、运动等）的建模与绘制技术。随着研究对象复杂程度的日益提高，现有的图形处理技术在真实性、计算效率和交互的自然性等方面遇到了巨大的挑战。而图像 / 视频则以十分高效的方式，动态、多视角地向用户直接再现客观世界，有效地弥补了基于理想数学物理模型的传统图形处理技术的缺陷，为实现更加真实和高效的交互图形处理系统提供了新的研究方法和手段。一个有效的解决方案是从密集视频信息中恢复出真实场景的几何结构，实现对复杂实际场景的描述和交互改造，从而实现基于视频的虚实世界的高度互动和融合，并且可以从根本上解决视频的时空一致性问题，大大丰富了视频编辑的多样性和实用性。

3.3 面向 CAD 的三维造型库

近年来三维 CAD 系统得到了长足的发展，从单纯的 2D/3D 建模到完整产品生命周期管理（Product Lifecycle Management，PLM），从桌面版本到服务于局域网、云端以及移动等各类终端。尽管其功能不断发展深化，商用三维 CAD 的建模内核依然以 ACIS、Parasolid 为主，另外在学术研究领域，开源的 OpenCascade 近年来也快速发展，占据了一席之地。

3.3.1 ACIS

ACIS 由美国 Spatial Technology 公司推出。Spatial Technology 公司成立于 1986 年，并于 1990 年首次推出 ACIS。ACIS 是用 C++ 构造的图形系统开发平台，它包括一系列的 C++ 函数和类（包括数据成员和方法）。开发者可以利用这些功能开发面向终端用户的三维造型系统。ACIS 是一个实体造型器，但是线框和曲面模型也可以在 ACIS 中表示。ACIS 通过一个统一的数据结构来同时描述线框、曲面和实体模型，这个数据结构用分层的 C++ 类实现。ACIS 利用 C++ 的特点构造了标准的、可维护的接口。API 函数在不同 ACIS 版本之间保持一致性，而类及其接口函数则可能改变。ACIS 中应用到的主要 C++ 概念包括：数据封装、类构造重载、构造拷贝、类方法和操作符重载以及函数重载等。C++ 没有提供描述几何体的数学基本类，ACIS 提供了一些 C++ 基类实现这个功能，并且利用 C++ 的特性对它进行了扩充，因此 ACIS 就可以支持任意几何体的定义和构造功能。

目前 ACIS 版本已经升级到 R26，另外其与 PHL V5 以及 InterOP 等无缝结合，可以实现目前主流 CAD 格式的互相转换，从而使各 CAD 平台之间的数据交互更加便利。

3.3.2 Parasolid

Parasolid 最初由 Shape Data Limited 开发，现在由 Siemens PLM Software（前身为 UGS Corp.）部门拥有，可以被其他公司许可用于其 3D 计算机图形软件产品。Parasolid 的功能包括模型创建和编辑实用程序，如布尔建模操作、特征建模支持、高级曲面设计、加厚和挖空、混合和切片以及图纸建模。Parasolid 还包括用于直接模型编辑的工具，包括逐渐变细、偏移、几何替换以及通过自动再生周围数据来移除特征细节。Parasolid 还提供广泛的图形和渲染支持，包括隐藏线、线框和绘图、曲面细分和模型数据查询。

Parasolid 是目前主流 PLM 软件 NX 的造型内核。

3.3.3 Open CASCADE

Open CASCADE（简称 OCC）平台是由法国 MatraDatavision 公司开发的开源 CAD/CAE/CAM 软件平台，OCC 对象库是一个面向对象 C++ 类库，用于快速开发设计领域的专业应用程序。OCC 主要用于开发二维和三维几何建模应用程序，包括通用的或专业的计算机辅助设计系统、制造或分析领域的应用程序、仿真应用程序或图形演示工具。OCC 通过有机组织的 C++ 库文件提供了 6 个模块。可视化模块作为 OCC 的核心部分，是可视化技术的具体体现。

目前基于 OCC 开发的 CAD 系统有 FreeCAD、AnyCAD 和 OpenSCAD 等，另外，PythonOCC 是对 OCC 的 Python 语言封装，将 OCC 的 C++ 函数转化为 Python 函数，因此极大地降低了开发难度。由于 OCC 免费开源，在学术界受到了广泛的欢迎。

3.4 3D 资源库

随着网络和云服务的快速发展，目前已经有大量的 3D 资源库出现，为用户提供了大量有用的资源，从而节省了开发者大量人力物力。以下是目前国内外几个知名的资源库平台。

3.4.1 3DSource

3DSource 零件库由新迪数字工程系统有限公司开发，是当前国内支持各大主流 CAD 软件、支持标准新、包含零部件种类非常丰富的零件库平台。同时也是国内第一批起步、发展速度很快、用户规模庞大零件库平台。它提供了 3300 多万种规格的标准件、通用件和厂商件的三维 CAD 模型，集产品展示、数据搜索、三维预览、BOM 数据修改、CAD 数据下载等多种功能于一体，帮助中国制造业工程师提高产品设计品质和效率，助力中国制造。

3.4.2 Mold EX-Press

Mold EX-Press 是跨平台的模具用零部件智能 CAD 系统，包括冲模和塑模，管理近 3 万类模具用零件。可以在 Pro/E、NX、AutoCAD、SolidWorks 和 Catia 等平台下运行，也可在 WEB 协同、云端或独立环境下运行。通过图文并茂的“产品类别—型号—规格参数”三级选择界面，以及收藏夹、历史记录、按图索骥、分类结构图、高级检索等多种途径快速、方便地选择、检索所需型号与规格参数的零部件，并动态地进行参数合法性校核，自动创建包括 ACIS 在内的多种 CAD 模型。该系统还实现了自动装配和创建装配孔，生成产品 BOM 表和订单等功能，可实现基于标准零部件重用的模具智能设计。

3.4.3 PARTsolutions

PARTsolutions，中文名称“智能化零部件管理系统”或“零部件数据资源管理系统”，由德国 CADENAS 公司推出，是该公司面向制造业信息化系列解决方案的重要组成部分。PARTsolutions 零部件数据资源管理系统旨在面向各类三维、二维机械和电气 CAD 系统使用者，为其提供庞大、准确而富有时效性的零部件数据资源用于后续产品的研发环节，并通过与 PDM/ERP 系统的数据交互，融入现有 PLM 环节，从而实现与现有信息化系统的嵌入式集成和并行工作。已服务于全球汽车制造、轨道交通、航空航天、机械制造、造船、防务军工等诸多工业领域，在众多信息化解决方案中居于独特的优势地位。供应商序列包含超过 600 家国内外零部件供应商的产品模型，产品数据的类别涉及连接、电气、自动化、管路、型材、气动、液压、操作、工装等众多门类。

3.4.4 中国 BIM 构件网

中国 BIM 构件网是 BIM 领域的资源库，提供了工民建、轨道交通、装配式、装修式、市政桥梁五大领域构件，涉及建筑、结构、给排水、电气、暖通、市政、景观、装饰等方面。支持众多 BIM 平台，绝大多数采用参数定义，可以根据实际用途进行参数化驱动。

3.5 图学应用基础研究与开发概况

图学基础软件开发类型包括类型：① 三维建模研究与开发；② 点云研究与开发；③ 网格数据研究与开发；④ 图像视频相关研究与开发；⑤ 计算几何算法研究与开发；⑥ 体数据可视化研究与开发；⑦ VR/AR/MR 相关研究与开发；⑧ 3D 打印相关研究与开发；⑨ 数据可视化相关研究与开发；⑩ 场景建模相关研究与开发；⑪ 地图及 GIS 相关研究与开发。

随着互联网的飞速发展，浏览器、移动应用等在很大程度上取代了桌面系统。网络三维资源的丰富和人们对视觉要求的提高，使移动图形学成为一种必然。近些年，各类浏览器的功能越来越强大，渐渐成为复杂应用和图形的主要平台之一。Adobe Flash 采用矢量动画格式，使网络变得丰富多彩。另外其他若干图形引擎也纷纷将功能移植到网上，如 WebGL。

WebGL（Web Graphics Library）是一种 3D 绘图协议，这种绘图技术标准允许把 JavaScript 和 OpenGL ES 2.0 结合在一起，通过增加 OpenGL ES 2.0 的一个 JavaScript 绑定，WebGL 可以为 HTML5 Canvas 提供硬件 3D 加速渲染，这样 Web 开发人员就可以借助系统显卡在浏览器里更流畅地展示 3D 场景和模型了，还能创建复杂的导航和数据视觉化。WebGL 技术标准免去了开发网页专用渲染插件的麻烦，可被用于创建具有复杂 3D 结构的网站页面，甚至可以用来设计 3D 网页游戏等。

同时，现有大多数浏览器实现了对 WebGL 的支持，而直接使用 WebGL 相关接口进行开发，则需要学习复杂的着色器语言，且开发周期长，不利于项目的快速开发。面对这种情况，开源开发库 Three.js 应运而生，以简单、直观的方式封装了 3D 图形编程中常用的对象，将复杂的接口简单化，而且基于面向对象思维，将数据结构对象化。Three.js 在开发中使用了很多图形引擎的高级技巧，极大地提高了性能。另外，由于内置了很多常用对象和极易上手的工具，Three.js 极大地提高了开发效率。

在 Three.js 的基础上，免费开源库 Ar.js 实现了 Web 对 AR 功能的封装。Ar.js 速度非常快，即使在手机上也能高效运行，支持的操作系统平台包括 Android、iOS 和 Windows Phone，适用于任何带有 WebGL 和 WebRTC 的移动终端。

4. 图学应用基础研究中的难点和存在的问题

图学理论和应用基础快速发展，行业需求强劲，图学应用在各个行业都呈现出繁荣的势态。除了传统的阵地机械和建筑行业，图学在医学图像分析、艺术文化、动画仿真、视频游戏、可视化等领域都有蓬勃的发展。然而图学领域依然存在很多难点和问题，亟待分析和解决。

从理论与现实上看，图学应该与文学、数学同属基础学科，共同支撑科学与工程的发展，然而在学科设置中，图学并未成体系，其研究内容和研究方法分散在诸多不同学科领域，为图学人员的培养以及图学研究与发展带来困难。

4.1 图学应用基础研究中存在难点

首先，图学应用涉及的领域很多，分散在不同的学科领域，即使两大传统的应用学科：机械与建筑，除了基础工程图学中的画法几何，也互不隶属。图学应用研究没有形成一个完整的学科闭包，其基础与应用基础研究严重依赖数学、计算机、信号处理等其他学科理论，交叉性非常强，这既说明了图学应用的广泛性，也在一定程度上限制了其内涵式发展。因此即使针对某一专业应用，也需要有不同背景的专业人员协同处理，从而带来了一定的研究困难。

其次，图学对其实现框架功能和性能都具有较高的要求，因此图学类基础开发都比较底层，程序语言以 C/C++ 居多，开发难度比其他应用要高很多。降低开发难度的一种办法是建立大量的库，以库的形式提供图学功能服务。随着网络与移动端的急速发展，如何在其上部署图学项目也是亟待考虑和解决的问题。

另外，受到学科口径扩大、工科各专业合并等因素的影响，工程图学在整个教学体系中的基础地位日渐尴尬，学时不断减少，甚至课程名称都出现变化，为后续学生的图学素质培养带来一定的困境。

4.2 国内图学应用基础研究中存在的问题

如前文所描述，目前在图形理论和图学应用基础领域有了大量的程序库算法包，包括大量开源类型。总的来说，国内图学应用层面蓬勃发展，各类成果纷纷涌现，不过图学应用基础研究国内成果有待进一步提高。图学应用基础类教材的出版与发行也相对滞后，大量参考文献需要从原始帮助文档获取。

参考文献

[1] 何援军，童秉枢，丁宇明，等. 图与图学［J］. 图学学报，2013，34（4）：1-10.

[2] 曾坚阳. 基于功能语义的尺寸模型生成研究及其应用［D］. 杭州：浙江大学，2002.

[3] Suzuki H, Kimura F, Moser B, et al. Modeling Information in Design Background for Product Development Support[J]. CIRP Annals - Manufacturing Technology，1996，45（1）：141-144.

[4] Quintana V，Rivest L，Pellerin R，et al. Will Model-based Definition replace engineering drawings throughout the product lifecycle? A global perspective from aerospace industry［J］. Computers in Industry，2010，61（5）：497-508.

[5] 中国图学学会. 2012—2013 图学学科发展报告［M］. 北京：中国科学技术出版社，2014.

撰稿人：柳 伟

图学软件研究

1. 引言

随着计算机的图形处理技术和人们对于此项技术需求的持续提升，图学软件迅猛发展。图学软件的发展，一方面受到图形硬件技术发展的驱动，另一方面受到日益丰富的图形应用需求的牵引。图学的基本任务涉及建模、绘制、动画、显示和交互等，硬件从最初简单的支持点线面的图形硬件，到支持高真实感画面的图形硬件流水线，再到支持全沉浸感的虚拟现实硬件；应用从传统 CAD 到影视、动画、游戏、医疗、教育等领域扩展。这些硬件和应用的升级都在不断地将图学软件推向新的发展方向。

图学软件非常丰富，基本要素是图形和软件，可以看作是处理各类图学对象的计算机程序。在推陈出新的图形硬件和日新月异的图学应用需求的双轮驱动下，图学软件所处理的图学对象也在不断扩展其范畴，从传统图形硬件和图形应用所处理的图形图像数据，扩展到全景相机、虚拟现实、3D 打印等领域涉及的新兴数据对象，因此，从图学数据及其应用特征入手，可以对图学软件进行分类阐述，启发对未来图学发展方向的思考。

2. 国内外研究进展

根据不同图学数据及其应用特征，我们将从几何数据处理、图像视频类数据处理、VR/AR 数据处理、3D 打印数据处理软件、CAD 软件等方面分别阐述。其中，几何数据处理软件主要刻画与操作所表达物体的几何特征，图像视频数据处理软件主要通过规则的离散化的空间采样数据来描述与操作物体的空间采样点属性，VR/AR 数据处理软件是主要针对近年来兴起的虚拟现实与增强现实，混合现实的处理软件，3D 打印软件针对近年来兴起的 3D 打印应用需求，CAD 软件针对计算机辅助设计应用。

2.1 几何数据处理

几何数据处理的前沿研究工作，主要集中在几何数据的获取、处理、编辑、检索和自动生成上。在获取、处理和编辑等传统问题方面，有的工作从 RGB（D）图像中实时重建高质量三维面片模型，有的工作对海量几何数据进行压缩和简化，以及进行快速高效的曲面细分，还有工作支持三维数据格式的自动转换等。

网格化是图学理论与实践中的重要基础问题，目前仍是几何数据处理中的研究热点。纽约大学的 Yixin Hu 等人提出了一个二维的网格化算法 TriWild，可以生成曲边三角形，以更好地逼近光滑的曲线特征或边界，从而克服图形算法中由于线性网格所引起的几何误差，可用于改进对物理模拟、几何建模、非真实感渲染等应用中的偏微分方程和优化问题求解，其算法通过大量真实条件下的几何数据输入进行了验证。

亚琛工业大学的 Max Lyon 等人对基于参数化的四边形网格生成方法进行研究改进，所提出的新方法可根据应用需求，灵活自由地处理不同边界情况，稳定地生成规整的四边形网格，提升了网格的质量、美观度和灵活性，有助于在纹理生成、建模、制造和建筑等方面的应用。

柏林工业大学的 Marc Alexa 提出了和谐三角化（harmonic triangulation）的概念，即具有对所有分段线性函数的 Dirichlet 能量同时最小化的性质，指出 Delauny 三角化是在平面点集上的和谐三角化，通过反例证明三维情况下一般没有和谐三角化，同时提出局部和谐三角化的概念及其算法，提升了三角化质量。

几何网格在图学中很常用，但有时网格质量很差，不利于计算几何算法与科学计算算法对其进行处理。卡内基·梅隆大学和加州理工学院的 Nicholas Sharp 等人提出一种路标式数据结构，支持几何网格的内在三角化，通过存储其方向及与相邻顶点的距离，对其隐式编码，可以将现有的几何处理算法转换到内在三角化上，使大批已有几何算法能够处理严重退化的几何输入。

中国科学技术大学的 Haoyu Liu 等人提出一种算法以优化输入的参数化图，提高打包效率，主要思想是使用轴对齐的结构，将一般的多边形打包问题转换为矩形打包问题，从而更容易实现高打包效率，该方法尝试在限制打包效率和保留双射的同时减少失真，在包含 5000 多个复杂模型的数据集上证明了其方法的有效性，方法速度更快且打包效率更高。

随着机器学习和深度学习等人工智能技术的发展，人工智能也越来越多地应用在图学领域中，促进了几何数据的检索、分解组合、自动生成、语义匹配和语义分析等研究。例如，几何数据的人工建模工作量繁重，可以借助深度学习中的对抗式网络等来自动生成大量的语义合理的几何模型（例如家具、建筑等），也可以通过语音驱动交互地生成复杂的场景。还有，利用深度神经网络结构来支持几何形状的自动匹配和形变，及利用深度卷积网络来预测几何物体的功能。

有些工作致力于解决将神经网络应用在几何网格过程中带来的问题。例如，多边形网格是三维形状的有效表达方法，既可以描述形状中平坦的大区域，又可以描述尖锐和细致的特征，但多边形网格的非均匀和不规则特点，也阻碍了利用神经网络来进行网格分析，以色列特拉维夫大学的 Hanocka 等人提出可处理三角形网格的 MeshCNN，与经典卷积神经网络（CNN）方法类似，MeshCNN 通过利用其内在测地线连接，将专门的卷积和池化层组合，在网格的边上进行操作。卷积应用于边及其入射三角形的四个边上，通过可保留曲面拓扑的边折叠操作，来进行池化，从而为后续卷积生成新的网格连通性。MeshCNN 通过学习哪些边要折叠，从而形成一个任务驱动的过程，其中网络在揭示和扩展其重要特征的同时，丢弃冗余功能。

2.2 图像视频数据处理

图像视频类数据处理的大多数研究工作和深度学习等人工智能技术相结合，主要集中在高质量的图像分割、图像着色、图像处理、纹理合成、图像拍摄等。

普林斯顿大学的 Tseng 等提出了一种可微分的、利用神经网络自动优化相机图像的方法，该方法能根据场景调整相机的图像信号处理器参数，使其画面质量达到专家水准，调整后的图像还可以更好地用于后续图像识别。谷歌在其 Pixel 相机算法中，利用了人手部抖动产生的多帧 Bayer 次像素图像，通过各向异性的高斯核采样，结合提出的噪声评估和动态模糊移除方法，合成出了高分辨率高质量的手机照片，即使在低光照条件下也能拍摄出清晰、白平衡准确的相片。类似的还有加州大学圣地亚哥分校的 Kalantari 等对不同曝光的多帧图像合成一张高动态范围（HDR）的照片。这些方法通过对相机硬件条件的适应，极大地改善了便携相机设备，尤其是智能手机的影像质量。

另外也有一些后处理方法被用来改善图像质量。苏黎世联邦理工的 Cornillère 等使用神经网络预测卷积核，从而实现将低分辨率的图像“无损”放大。香港大学的李小雨等使用基于 patch 的 CNN 修正低质量的文档照片，改善了扭曲和光照不一致的问题，对于相机拍摄的有折痕的文档照片，也能做到较好的复原。

图像和视频类数据处理技术还被利用在动态抠图、黑白图像着色和生成艺术性图像等工作中。希伯来大学的 Halperin 等利用深度神经网络分割图像，动态替换视频中的天空。筑波大学的 Lizuka 等创建了一个利用参考照片重新着色黑白视频帧的注意力模型，模型会自动选取最适合的一系列参考照片为当前帧着色，并维持颜色的时序一致性，有助于老旧视频的修复。苏黎世联邦理工学院的 Lancelle 等通过检测视频目标并对齐，利用补间插帧合成超长曝光下的运动模糊图像，该方法的运动模糊时长可以随意调整，也支持产生风格独特的视频。加州大学伯克利分校的 Matzen 等人利用学习算法模拟相机虚化和自动对焦，并应用于手机拍摄的视频，取得了较为真实且稳定的效果。

有些工作结合主流的图像采集设备来进行图像计算，例如针对手机相机获取的图像，利用神经网络来合成景深图像，以及针对手机上的立体相机合成新视点图像。筑波大学的 Endo 等提出了自监督学习的单图像视频生成模型，该模型能对单张风景照片做动态扩充，并生成不同时间、气候下的景象，同时能够自然过渡，还支持手工指定光流方向和颜色。韩国科学技术院的 Lee 等人对视频多帧进行三维场景的拼接合成，并拓展为超广角视频。

还有一部分工作致力于从图像中获取更高质量的几何、光照和材质属性，以用于新图像的渲染合成。加州大学圣地亚哥分校的 Kuznetsov 等利用 GAN 学习物体表面照片生成模型的微表面分布函数（NDF），适用于布料、金属和划痕物体，学习到的 NDF 可以被用于基于光谱的渲染，表现出较为真实的物理表面。浙江大学的 Kang 等人将深度神经网络应用于三维几何模型和材质的获取，通过样品放置于曝光箱内得到的图像，神经网络可以分离出各个视角下的物理光照贴图（辐照度、法线、粗糙度等），以此为依据重建出精细的，可以直接用于双向反射分布函数（BRDF）渲染的三维模型，该方法能分离环境光的反射和散射，因此对材料表面特性有较好的还原。

此外，还有图像数据的空间维度扩展，例如光场图像数据，可以通过光场相机技术来获取空间中各方向光线构成的场，围绕光场图像和光场视频的获取、处理、显示也是相关研究热点。加州大学伯克利分校的 Mildenhall 和 Srinivasan 等利用手机拍摄的多张图像合成局部光场图，他们利用深度学习生成的多平面图像场景表示方法，改善了现有方法的高频噪声和伪影问题。瑞典林雪平大学的 Miandji 等则致力于光场视频的压缩，提出的字典学习框架方法提供了更高的压缩比和更好的视频质量。阿卜杜拉国王科技大学的 Li 等利用光场视频的特性分割图像，达到了比单张图像更好的鲁棒性。光场视频技术将是 3D 视频之后更好的替代，相关研究解决了其应用方面的某些问题。

2.3 VR/AR 数据处理

VR/AR 软件是近年来随着 VR/AR 眼镜等硬件技术的突破而兴起的。围绕 VR/AR 的前沿研究热点，主要涉及解决 VR/AR 的近眼显示、VR 场景的重导向漫游、人眼观察点控制、被遮挡区域的人脸重建、VR 视频实时流媒体、多通道感知、场景内容生成等方面。

VR/AR 提供的沉浸式体验针对人眼的感知，需要很低延迟的实时渲染，因此针对 VR/AR 数据的实时渲染方法是一个研究热点，趋势是利用人眼感知特点，减少所需要的计算量，例如观察点渲染技术、单目与立体混合渲染技术、前后帧时分复用渲染技术等来减少计算量。

为了提高整个系统的相应速度，低延迟的 VR/AR 实时追踪技术是研究热点，这部分工作集中在如何快速地获取更多的人体运动数据，包括人眼追踪、头部追踪、手的追踪、人体追踪等，例如利用深度学习方法实时追踪人体运动，利用人眼感知特点，在较小物理空间里实现大范围虚拟漫游是近年来的研究热点之一。

由于 VR/AR 是一个多感知通道体验的系统，除了视觉体验之外，如何提供实时逼真的听觉和触觉体验也是近年的研究内容。针对交互数据，分析 VR/AR 用户交互特点，设计直观有效的 VR/AR 交互方式与可视化方式，是 VR/AR 研究热点之一，如何快速为 VR/AR 生成场景内容，也是一个重要研究方向。

VR/AR 显示不同于传统显示器系统，对渲染有更高的要求。VR/AR 显示因呈现更大的图像需要更高的渲染像素，所以受限于图形渲染管线的渲染能力以及 GPU 显存带宽。同时，传统图形渲染管线以单张图片为渲染粒度，因此单帧渲染完成后数据传输到头戴显示器会产生一定的延迟。伦敦大学 Friston 等人在 OpenGL 框架基础上提出了基于人眼感知的光栅渲染管线，能够在渲染管线层面支持非均匀的渲染像素密度，从而实现注视点渲染。同时，他们通过滚动渲染，细化了渲染粒度以补偿渲染延时。在注视点渲染方面，MPI 研究所的 Tursun 等人分析了光亮程度、对比度等渲染内容对注视点渲染的影响，并以此为基础提出了新的注视点渲染算法。该算法利用当前帧低精度的图像内容预测、捕捉渲染参数，然后将渲染参数应用于最终高精度渲染中，以减少渲染计算量。在 AR 显示方面，Nvidia 的 Kim 等人提出了基于视点追踪的动态高精度、视点深度渲染，在单眼 85°×78° FOV 下支持 30、40、60 cpd 的分辨率。除了提升渲染基础的工作外，还有利用软件后处理层面的渲染质量以支持用户体验。如剑桥大学 Zhong 等人通过合并双眼的两份渲染结果提升视觉效果，延世大学 Lee 等人巧妙地利用渲染延时为用户提供水下移动的体验。

实时追踪技术是 VR/AR 提供可靠、鲁棒输出的基础技术。在注视点渲染中，需要对用户的人眼进行追踪。Nvidia 团队 Kim 等人提供了近眼红外渲染的视点数据集，包含不同脸型、不同皮肤颜色、各类瞳孔虹膜特征以及多样的外部环境下的样本。同时，他们还给出了深度学习模型，实现了 30° × 40° FOV 下 2.06（± 0.44）° 的精度。在手部追踪方面，研究重点集中在如何降低设备成本的同时，寻找更精简的高精度实时追踪方案。苏黎世联邦理工学院的 Glauser 等人提出了基于拉伸感知器的手套方案以支持无额外硬件支持的手部实时追踪。该手套内嵌了软性电容传感器，利用神经网络以及电容空间分布特点，实现对手部的识别。该团队还利用类似的方案，发表了手腕实时追踪算法。这两套方法具备成本低、佩戴舒适、校准过程简单、识别精度高、运行效率高等特点。在大范围虚拟漫游方面，中国科学技术大 Zhichao Dong 等人基于重定向平滑映射实现了多人虚拟漫游，同时为防止多人虚拟场景重叠，提供了利用动态虚拟人物的防碰撞方案。虚拟漫游算法分为预测型和反应型，在反应型虚拟漫游算法中，之前的研究有较强的约束（如要求凸包场地等），明尼苏达大学的 Jerald Thomas 等人提出了 P2R 算法，利用人工势能函数指引用户规避潜在障碍物，且能够适应非凸包场景以及内部障碍物。

为了提供真实的应用环境，除视觉外，VR/AR 还应提供听觉、触觉多种真实的感觉刺激。而在计算资源有限的情况下，就需要算法有效平衡各个感官的输出以达到最优的用户体验。华威大学 Doukakis 等人通过用户调研研究了包含听觉、嗅觉、视觉的感官刺激资源平衡，提出了资源衡量模型。在触觉方面，雷恩大学 Tinguy 等人提出了统一可触摸物体以优化三维交互中的“捏”操作，该方案不会受限于虚拟交互的模型，利用若干实体物件提供统一的交互体验。日本日立公司的 Ujutoko 等人则利用震动来提供精细的用户触觉体验，在有限的硬件下通过调整震动信号来提高用户感知。VR/AR 交互特点和人们日常行为相近，其提供的深度显示能直观地为用户展现内容的三维信息。不列颠哥伦比亚大学 Rosales 等人提出了基于表面的 VR 交互建模，用户通过使用手柄在三维空间中绘制各种宽度的绷带型表面，利用提供的算法将离散的表面合并成完整的模型以实现建模。

2.4　3D 打印数据处理软件

3D 打印是一种快速成型技术，它以模型数据为基础，运用塑料等可黏合材料，通过逐层打印、层层累积的方式来制造 3D 物体，常用于模具制造、零部件制造、工业设计、艺术设计、医疗、建筑内等各种领域。围绕 3D 打印数据的前沿研究工作，目前主要集中在如何突破现有 3D 打印设备的局限性，通过图学算法来节省打印材质、扩大打印体积、提高打印物体的力学强度、支持打印上色、支持打印物体变形和运动等方面，设计出优化的 3D 打印模型和打印方案。

元材料（metamaterial）是指由大量相似微结构（microstructure）按规则排序拼接而成的特殊材料。借助工程和优化方法，元材料能够具备不同于本身材料的物理特性（一般优于本身材料物理特性），如不同的泊松系数、不同的力学强度等，以适应不同的应用场景和用户需求。元材料方面的研究主要侧重设计最优化算法和逆向设计算法，但因为 3D 打印技术非常适用于元材料的制作（对打印使用材料无高要求、无打印目标体积约束等），对元材料的研究一定程度上延伸了 3D 打印的应用前景。哈索普拉特约研究所的 Alexandra Ion 等人建立了对元材料物理性能设计的基本研究方法，通过研究微结构之间的拓扑约束以及约束对物理特性的影响，提出了自动化的优化设计方案，用于元材料物理特性的逆向设计。类似的研究还有荷兰代尔夫特理工大学的 Eric Garner 等人提出了优化方案，可得到元材料空间连续变化的物理性质，方案适用于 3D 打印。这些自动化优化方案的提出，整合进 3D 打印软件后，在极大增强其三维建模水平和打印质量的同时，也能够降低软件的使用门槛。

不论 3D 打印采用怎样的算法与技术进行打印，打印质量最终取决于产出模型的质量，而视觉效果是模型质量中一个很重要的考量。多颜色 3D 打印是一个近年来受关注较多的领域，如弗劳恩霍夫研究所 Brunton 等人在 2018 年提出了完整的全颜色、可变透明度的多材料 3D 打印流水线。由于双向表面散射分布函数（BSSRDF）描述的颜色域大，3D 打印成本过高，Brunton 等人专注于重现人眼可观测的模型高层次透明度，提出了支持半透明和全透明的模型打印。马克斯·普朗克研究所 Sumin 等人进一步将模型几何信息融合到多颜色 3D 打印中，支持任意几何模型的多颜色打印。他们的方案考虑了透明模型内部光散射，使得打印模型还原的颜色信息更可靠、还原度更高。在三维模型打印的模型描述方面，弗劳恩霍夫研究所 Urban 等人重新定义了用于图像表示的 RGBA 格式中的 A（透明度）变量。A 变量可用于图像表示中对透明度简单、有效、可靠地插值，但其并不是一个现实可测量的变量，难以用于描述真实物体的透明度。Urban 等人重新定义了 A 变量使其符合 BSSRDF 中透明度的描述，并且将其应用于 3D 打印中。在模型描述方面，为了实现更高精度的模型打印，需要对层进行高分辨率栅格化，从而产生大量点阵数据。浙江大学的徐敬华等人提出了基于非规则分块压缩和重构方法，将相邻行连通块进行组合，构建互连通的非规则块进行无损压缩，有效降低了空间复杂度。

在 3D 打印中，由于按层打印的约束，使得一些模型需要额外打印支撑结构方可使模型在打印过程中保持稳定。虽然增加额外支撑结构对 3D 打印来说是必要的，但会产生增加打印时间、浪费打印材料以及需要后处理移除等问题。为了减少支撑结构带来的负面影响，需要对不同模型生成最优的支撑结构。威斯康辛·麦迪逊大学 Francesco Mezzadri 等人将支撑结构生成问题用拓扑优化问题来描述，发现借助拓扑优化得到的支撑结构不仅满足支撑的功能性，而且不需要指定额外的支撑约束。法国国家科学研究中心 Thibault Tricard 等人则对空心模型的内部支持结构提出了新的方案。受人肋骨结构的启发，他们的算法能够产生层次结构紧凑的内部墙，使得模型中的每一个点，都被下面一定距离范围内的其他点所支撑。支撑结构的生成和 3D 打印中所使用的材料也紧密相关。如使用热塑料材料打印中，从打印机喷嘴出来的材料能够快速凝固，从而使得喷嘴移动时喷嘴处的材料和模型分离。而在陶瓷材料打印中，不管是喷嘴处的还是已经打印出来的模型，其在打印过程中都相对较软，使得喷嘴路径规划和支撑结构的打印需要重新设计。蒙特利尔大学 Jean Hergel 等人为陶瓷材料打印提出了一套路径规划和支撑结构方案，能够生成一个连续的打印路线从而避免了喷嘴转移带来的问题。

用户对 3D 打印软件的需求已不仅是支持打印，而且还包含最优化打印方案和能够打印具备各式各样特点的模型，这需要打印软件对算法的深根和研究。大部分 3D 打印厂商主要重心仍集中在硬件，如国内厂商创想三维、捷泰在宣传和介绍方面只展示呈现其设备的硬件能力和 3D 打印材料，对软件几乎一笔带过甚至没有介绍。但国内也有像太尔时代科技这样的公司，开发了名为 UPStudio 3D 打印软件，提供自动智能支撑生成算法。国外厂商 Ultimaker 则提供了一套 3D 打印软件，分别有 Cura 提供基础模型打印功能、Connect 提供多打印机协同、监控、分析功能，firmware 提供 CAD 集成和插件功能，并且这套软件免费供所有用户使用。目前的 3D 打印软件主要强调其易用性和上手便捷性，用户仅需几个按钮，便能将一个普通的模型文件转换成可打印的模型文件。

2.5 CAD 软件

CAD 软件应用行业集中在航空航天与国防、制造、汽车、建筑设计与建造、媒体娱乐、医疗保健、造船、服装、消费品、室内设计等行业。其中制造和汽车占有很大的市场份额，在航空航天领域发展迅速。

随着机器学习和最优化算法研究的推进，CAD 软件的第一个主要趋势为自动化和个性化。自动化不仅指通过软件辅助用户自动完成冗杂、重复性的操作，而且能够利用最优化算法帮助用户实现逆向设计，以达到手工设计所不能实现的设计目标（如模型总质量约束、稳定性约束等）。个性化指软件能够根据用户自定义的需求，借助机器学习技术，利用用户给定的基础信息自主地生成定制化的结果。

从 2D CAD 过渡到 3D CAD 软件是近年 CAD 软件市场的第二个主要趋势，与此同时 CAD 软件商收购与被收购情况频繁发生，通用设计软件通常收购一些特定设计软件，以扩大其在某些专业市场的竞争力和客户群，大型 CAD 软件公司收购一些中低端产品以扩展自己的产品线。先进的分析软件已经成为 CAD 软件不可缺少的一部分，以全面地分析和模拟数字产品在真实应用场景中的各项指标。同时，VR 技术在 CAD 软件中的应用也得到了一定的探究，不少主流 CAD 软件已经支持 VR 环境下的 3D 交互建模。

云部署是 3D CAD 软件的第三个重要发展趋势。CAD 软件逐渐强大，伴随着的是其自身复杂化。一台普通个人计算机较难满足 CAD 软件的计算资源需求。基于云的 CAD 服务将成为未来 CAD 软件的一个重要增长点。通过云端提供计算和存储服务，客户端只运行轻量的前端交互界面，即使是便携设备，如智能手机平板电脑，也可以全方面地使用 CAD 软件。通过云部署，也可以增强团队协作和设计沟通。同一个团队的不同设计师可以共享同一云端环境，借助前端界面的提示，实现相互交流，提升设计效率。

奥地利科学技术研究院 Christian Hafner 等人提出了扩展有限元方法，用于 CAD 模型中物理质量分布优化、弹性逆向设计等。该方法可将模型直接与模拟网格直接耦合，避免了优化方法对模型的几何质量的依赖，实现了高于模型几何精度的模拟精度。同时，方法支持用户给定一定的约束，如维持几何形状、制造难度等。爱荷华州立大学 Onur Rauf Bingol 等人提出了能够按层复制建模的自动化框架，并能够自动对模型进行结构分析。电子艺界公司的 Yiwei Zhao 等人提出了数据驱动的多主题地形生成对抗模型，实现了大场景细节地形的自动生成。法国里昂大学 Oscar Argudo 等人也提出了针对大场景细节地面的生成与分析，他们的方法基于传统山地测量法，主要针对山地场景的生成。针对地形建模的工作还有里昂大学 Axel Paris 等人提出的基于隐式特征来描述地形细节特点，克服了传统高度图描述无法表达特殊地形和体积法表示存储消耗过大的问题。

VR 在 3D CAD 软件中应用的一大难点在于其特殊的人机交互界面。在 VR 环境下，用户虽然能够更加直接地观察模型，但其操作空间远低于显示器加键鼠的方案。ETH 大学

Floor Verhoeven等人提出了一种基于双手操纵可形变棒进行快速建模的方案。在该方案中，用户首先拉伸、弯曲符合物理规律形变的棒使其吻合模型的大致轮廓，方案再使用自动膨胀算法生成3D模型。方案还提供了对模型的删除、扩张、压缩等操作。

各个厂家对于云CAD软件的支持各有不同，如Autodesk的AutoCAD已开始支持如网页、移动应用等平台，并支持共享窗口和云存储。CAD云部署的推广与支持，不仅依赖于数据同步、计算任务分割等研究型问题，也依赖于厂商在软件工程、应用级别上的投入。如专注于云CAD的Grabert支持所有主流浏览器，而AutoCAD则仅支持Chrome与Firefox。同样由于软件工程方面的困难，在移动平台上云CAD可能暂只支持部分操作。

南京航空航天大学Remil等人提出了非刚体模型之间的稀疏对应点映射算法。通过同时借助局部和全局势能来描述模型相似性，他们给出的优化算法不仅全自动，而且适用于不同种类的模型。大连大学Bin Liu等人提出了用于骨折康复的定制支架板自动化生成算法。算法由若干子算法构成，通过分析提取患者受伤骨头的信息，自动生成对患者二次伤害最小的支架板模型方案。类似的研究如波士顿大学Xiaoting Zhang等人提出了依据温度场建模骨科石膏模型，借助优化理论调整模型表面的模式和疏密程度，自动地实现温度场的均匀化。利用该技术并结合3D打印技术，就可以在CAD软件中快速为骨科患者定制石膏，最优化患者体验。即使是经验丰富的设计师，其建模过程中，往往也会出现一些操作失误导致模型存在一定的缺陷，如重复面片、不连续区域等问题。香港大学Lei Chu等人提出了基于视觉驱动全局优化的模型修复算法，在尽可能保证模型视觉不变的前提下，同时使用局部优化和全局调整进行模型修复，得到一个和原模型具备相同视觉效果的有效模型。在个性化方面，深圳大学Zhijie Wu等人提出了SAGNet，该网络通过自动编码器，学习得到模型部件几何结构以及该部件与其他不同部件之间的配对关系在隐层的表示，再进一步利用隐层的差值和便利，从而实现自动生成各式各样的带结构语义的3D模型。

在国产CAD软件方面，目前仍主要强调自主知识产权、安全可控的特点。其在功能特点上主要以特性产品设计为主。在云部署CAD方面，目前国内CAD软件中暂没有支持。仅浩辰CAD推出了协同设计模式，主要支持多人协作和版本跟踪，其跨平台功能仅支持查看不支持修改操作。

3. 发展趋势与展望

随着图学相关技术和应用的发展，图学数据的来源和种类在不断扩展和延伸。图学数据一方面是来自各种传感器，例如普通相机、深度相机、全景相机、红外相机、光场相机、雷达、激光雷达（LiDAR），还有交互传感器、人体运动追踪器、运动相机等等，另一方面是人们利用各种图学设计软件和处理软件交互生成的，例如CAD软件、建模软件、动画软件、渲染软件、科学计算与大数据可视化软件等。可以预见，随着图学传感技术和图学交互软件的不断扩展，图学数据将越来越丰富，图学算法的前沿工作也在不断扩展着图学前沿研究的疆域。

对比图学软件的国内外应用现状，在比较成熟的应用领域如 CAD 和建模、动画等三维数字内容制作方面，国外有较全面的软件工具支撑，在工业界的应用也比较成熟；在新兴的图学领域，如 VR/AR 软件中，国外 VR/AR 内容制作软件工具如 Unity 和 Unreal，以及 Vuforia、ARKit、ARcore 等也占据了主导应用市场。究其原因，国际上图学应用领域发展较领先，对图学数据和图学软件的需求丰富，对工业界图学软件的开发力度和支持力度也很强，上下游产业链布局比较完整，加上社会环境对软件开发和正版软件有完善的保护和鼓励措施，在市场和政策方面对工具类软件开发商较有利，因此其图学软件能够发展壮大，并形成产业链供需良性循环的优势。而由于国内市场需求、产业链成熟度、政策支持、对正版软件的保护等方面的不足，国内的图学工具类软件和国际上相比还有较大差距，需要大力追赶。

随着图学数据的不断丰富，新的图学软件也将不断涌现，促进新的图学应用需求发展。图学软件的应用范畴从图像处理、影视和动画特效、工程制造设计、科学计算可视化等经典应用领域起步，不断扩展其应用的外延，渗透到自动驾驶、创意设计、沉浸体验、3D 打印等新领域，可以预见，图学软件将越来越多地渗透到人类生活和工作的方方面面，不断扩展和提升人类对世界的感知、认知、创造和改造能力。

参考文献

［1］ Sharp, Nicholas, Yousuf Soliman, et al. Navigating intrinsic triangulations［J］. ACM Transactions on Graphics（TOG）, 2019, 38（4）: 55.

［2］ Hu Yixin, Teseo Schneider, Xifeng Gao, et al. TriWild: robust triangulation with curve constraints［J］. ACM Transactions on Graphics（TOG）, 2019, 38（4）: 52.

［3］ Liu HaoYu, XiaoMing Fu, Chunyang Ye, et al. Atlas refinement with bounded packing efficiency［J］. ACM Transactions on Graphics（TOG）, 2019, 38（4）: 33.

［4］ Hanocka, Rana, Amir Hertz, Noa Fish, et al. MeshCNN: a network with an edge［J］. ACM Transactions on Graphics（TOG）, 2019, 38（4）: 90.

［5］ Wang, Pengshuai, Chunyu Sun, Yang Liu, et al. Adaptive o-cnn: A patch-based deep representation of 3D shapes［J］. ACM Transactions on Graphics（TOG）, 2019, 37（6）: 217.

［6］ Carra, Edoardo, Fabio Pellacini. SceneGit: a practical system for diffing and merging 3D environments［J］. ACM Transactions on Graphics（TOG）, 2019, 38（6）: 159.

［7］ Pérard-Gayot Arsène, Richard Membarth, Roland Leißa, et al. Rodent: generating renderers without writing a generator［J］. ACM Transactions on Graphics（TOG）, 2019, 38（4）: 40.

［8］ Tseng E, Yu F, Yang Y, et al. Hyperparameter optimization in black-box image processing using differentiable proxies［J］. ACM Transactions on Graphics（TOG）, 2019, 38（4）: 27.

[9] Wronski B, Garcia-Dorado I, Ernst M, et al. Handheld Multi-Frame Super-Resolution [J/OL]. arXiv preprint arXiv: 1905.03277, 2019.

[10] Liba O, Murthy K, Tsai Y T, et al. Handheld mobile photography in very low light [J]. ACM Transactions on Graphics(TOG), 2019, 38 (6): 164.

[11] Kalantari N K, Ramamoorthi R. Deep HDR Video from Sequences with Alternating Exposures [C] //Computer Graphics Forum, 2019, 38 (2): 193-205.

[12] Cornillère V, Djelouah A, Yifan W, et al. Blind image super-resolution with spatially variant degradations [J]. ACM Transactions on Graphics(TOG), 2019, 38 (6): 166.

[13] Li X, Zhang B, Liao J, et al. Document rectification and illumination correction using a patch-based CNN [J]. ACM Transactions on Graphics(TOG), 2019, 38 (6): 168.

[14] Halperin T, Cain H, Bibi O, et al. Clear Skies Ahead: Towards Real-Time Automatic Sky Replacement in Video [C] // Computer Graphics Forum, 2019, 38 (2): 207-218.

[15] Iizuka S, Simo-Serra E. DeepRemaster: temporal source-reference attention networks for comprehensive video enhancement [J]. ACM Transactions on Graphics(TOG), 2019, 38 (6): 176.

[16] Lancelle M, Dogan P, Gross M. Controlling Motion Blur in Synthetic Long Time Exposures [C] //Computer Graphics Forum, 2019, 38 (2): 393-403.

[17] Matzen K, Nguyen V, Yao D, et al. Synthetic Defocus and Look-Ahead Autofocus for Casual Videography [J]. ACM Transactions on Graphics(TOG), 2019, 38 (4): 30.

[18] Endo Y, Kanamori Y, Kuriyama S. Animating landscape: self-supervised learning of decoupled motion and appearance for single-image video synthesis [J]. ACM Transactions on Graphics(TOG), 2019, 38 (6): 175.

[19] Lee S, Lee J, Kim B, et al. Video Extrapolation Using Neighboring Frames[J]. ACM Transactions on Graphics(TOG), 2019, 38 (3): 20.

[20] Kuznetsov A, Hasan M, Xu Z, et al. Learning generative models for rendering specular microgeometry [J]. ACM Transactions on Graphics(TOG), 2019, 38 (6): 225.

[21] Kang K, Xie C, He C, et al. Learning efficient illumination multiplexing for joint capture of reflectance and shape[J]. ACM Transactions on Graphics(TOG), 2019, 38 (6): 165.

[22] Mildenhall B, Srinivasan P P, Ortiz-Cayon R, et al. Local Light Field Fusion: Practical View Synthesis with Prescriptive Sampling Guidelines [J]. ACM Transactions on Graphics(TOG), 2019, 38 (4): 29.

[23] Miandji E, Hajisharif S, Unger J. A Unified Framework for Compression and Compressed Sensing of Light Fields and Light Field Videos [J]. ACM Transactions on Graphics(TOG), 2019, 38 (3): 23.

[24] Li R, Heidrich W. Hierarchical and view-invariant light field segmentation by maximizing entropy rate on 4D ray graphs [J]. ACM Transactions on Graphics(TOG), 2019, 38 (6): 167.

[25] Mezzadri F, Bouriakov V, Qian X. Topology optimization of self-supporting support structures for additive manufacturing [J]. Additive Manufacturing, 2018, 21 (4): 666-682.

[26] Tricard T, Claux F, Lefebvre S. Ribbed Support Vaults for 3D Printing of Hollowed Objects [J]. Computer Graphics Forum, 2019: 1-13.

[27] Brunton A, Arikan C A, Tanksale T M, et al. 3D printing spatially varying color and translucency [J]. ACM Transactions on Graphics, 2018, 37 (4): 1-13.

[28] Ion A, Lindlbauer D, Herholz P, et al. Understanding metamaterial mechanisms [J]. Conference on Human Factors in Computing Systems-Proceedings, 2019.

[29] Garner E, Kolken H M A, Wang C C L, et al. Compatibility in microstructural optimization for additive manufacturing [J]. Additive Manufacturing, 2018, 26 (11): 65-75.

[30] Urban P, Tanksale T M, Brunton A, et al. Redefining A in RGBA[J]. ACM Transactions on Graphics, 2019, 38(3):

1–14.

［31］Hergel J，Hinz K，Lefebvre S，et al. Extrusion–based ceramics printing with strictly–continuous deposition［J］. ACM Transactions on Graphics，2019，38（6）：1–11.

［32］Sumin D，Rittig T，Babaei V，et al. Geometry–aware scattering compensation for 3D printing［J］. ACM Transactions on Graphics，2019，38（4）.

［33］徐敬华，高铭宇，苟华伟，等 . 基于非规则分块压缩的 3D 打印稀疏矩阵存储与重构方法［J/OL］. 计算机学报，2019:1–12［2019–12–25］. http: //kns.cnki.net/kcms/detail/11.1826.TP.20191218.0953.002.html.

［34］Remil O，Xie Q，Wu Q，et al. Intrinsic shape matching via tensor–based optimization［J］. CAD Computer Aided Design，2018，107：64–76.

［35］Liu B，Liu W，Zhang S，et al. An automatic personalized internal fixation plate modeling framework for minimally invasive long bone fracture surgery based on pre–registration with maximum common subgraph strategy［J］. CAD Computer Aided Design，2019，107：1–11.

［36］Paris A，Galin E，Peytavie A，et al. Terrain amplification with implicit 3D features［J］. ACM Transactions on Graphics，2019，38（5）.

［37］Argudo O，Galin E，Peytavie A，et al. Orometry–based terrain analysis and synthesis［J］. ACM Transactions on Graphics，2019，38（6）：1–12.

［38］Zhao Y，Liu H，Borovikov I，et al. Multi–theme generative adversarial terrain amplification［J］. ACM Transactions on Graphics，2019，38（6）：1–14.

［39］Hafner C，Schumacher C，Knoop E，et al. X–CAD［J］. ACM Transactions on Graphics，2019，38（6）：1–15.

［40］Verhoeven F，Sorkine–hornung O. RodMesh：Two–handed 3D Surface Modeling in Virtual Reality. Proceedings of the Symposium on Vision，Modeling and Visualization（VMV）［J］. Eurographics Association，2019.

［41］Wu Z，Wang X，Lin D，et al. SagNet: Structure–aware generative network for 3D–shape modeling［J］. ACM Transactions on Graphics，2019，38（4）.

［42］Bingol O R，Schiefelbein B，Grandin R J，et al. An integrated framework for solid modeling and structural analysis of layered composites with defects［J］. CAD Computer Aided Design，2019，106：1–12.

撰稿人：杨旭波　马艳聪

数字图像处理研究

1. 引言

在人类认知和理解周围环境的过程中，视觉是人类感知外部世界的最重要手段。据统计，在人类获取的信息中，视觉信息占60%。图像是视觉上一种最直观、最容易的获取方式，是人类获取信息的主要途径。因此，和视觉紧密相关的数字图像处理技术的潜在应用范围十分广阔。

如何从图像中获取重要信息是对图像分析和理解的关键。图像处理是研究各种与图像相关技术总称的一门学科。随着数字图像处理的载体——计算机技术的迅速发展，需要大数据量运算的数据图像处理由专业的图像处理设备、中小型计算机迅速过渡到个人计算机，图像处理变得触手可及，这使得图像处理在各个领域的应用成为可能。

数字图像处理作为新兴的热门研究领域，新的词汇层出不穷，与相关学科交织密切，界限混淆，对学科内涵定位进行梳理，成为有必要性的研究。

1.1 图像的几个关键定义

图像是物体投射或反射光的分布以及视觉系统对其的呈现。前者是客观存在，而后者是人的感知，图像是两者结合。

数字图像是二维图像用有限数字数值像素的表示，是由模拟图像经过采样和量化使其在空间上和数值上都离散化，形成一个数字点阵得到的。数字图像是以像素为基本元素，可以用数字计算机或数字电路存储和处理的图像。

图像包含的信息分为像素信息和几何信息。

（1）像素信息：图像中每一个像素所包含的基本信息。例如灰度图像每个像素的信息由一个量化的灰度级表示；彩色图像每个像素的信息由 RGB 三原色构成；通过 3D 扫描仪获取的点云数据，每一点则包含三维坐标信息。

（2）几何信息：在不同的成像方式中，图像蕴含不同的几何信息。例如三维场景重建利用图像中小孔成像几何模型恢复图像中所包含的三维信息。

图像处理：客观世界是三维空间，但一般图像是二维的，二维图像在反映三维世界的过程中必然丢失部分信息。即使是记录下来的信息也可能有失真，甚至难以识别物体。通过恢复、重建、分析、提取图像的数学模型，使人们对于图像记录下的事物有正确和深刻的认识，这个过程称为图像处理过程。广义上的图像处理是指利用计算机对数字图像进行各种目的的处理。各种目的主要包含：提高图像的视感质量，为后续的处理提供输出，如去除图像的噪声、改变图像的亮度和颜色、增强图像中的某些成分与抑制某些成分、对图像进行集合变换等；提取图像中所包含的某些特征或特殊信息以便计算机进行分析，常用做模式识别和计算机视觉的预处理等。这些特征包含很多方面，如频域特性、灰度 / 颜色特性、边界 / 区域特性、纹理特性、形状 / 拓扑特性以及关系结构等。狭义上的图像处理仅指对图像信息进行处理。本文后续所提的数字图像处理均指广义上的图像处理。广义上的图像处理根据处理目的不同如图 1 所示分为三类。

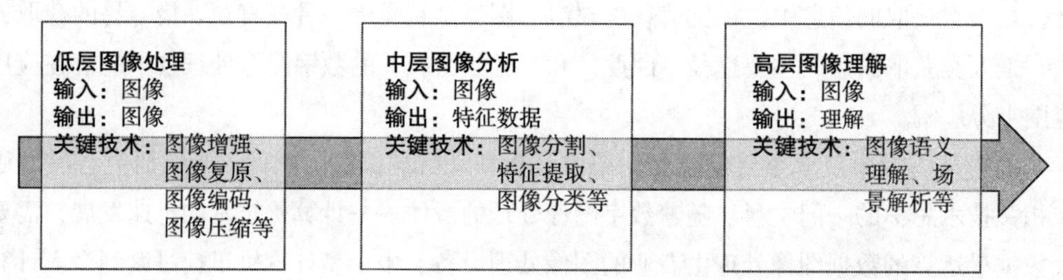

图 1　图像处理的分类

低层图像处理：将一幅图像变为另一幅经过加工的图像，输入和输出皆为数字图像，也是狭义上的图像处理。低层图像处理的目的是改善图像的质量，它以人为对象，以改善人的视觉效果为目的。输入的是质量较差的图像，输出的是改善后质量好的图像，常用的图像处理方法有图像增强、图像复原、图像编码、图像压缩等。

中层图像分析：输入预处理后的图像，输出对图像中的目标物体识别或分类结果。中层处理和高层图像理解：是将一幅图像转换为一种非图像的表示，处理的目的是使机器或计算机能自动识别目标。

高层图像理解：研究如何用计算机系统解释图像，实现类似人类视觉系统理解外部世界，常用技术有图像语义理解、场景解析等。

图 2 给出了图像处理的研究框架，包含了图像信息、图像处理分类、研究内容和应用领域。在低层图像处理中是以人为目标，为了更好地理解图像；到高级图像理解中是以让计算机能更准确地理解图像为目标。

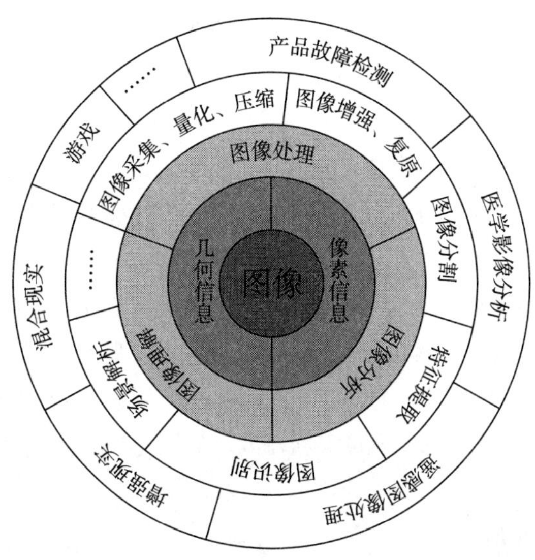

图 2　图像信息、图像处理分类、研究内容和应用

1.2　数字图像处理学科定位

在我国 2009 年 5 月发布的《GB/T 13745—2009 学科分类与代码》中与图像有关的学科如表 1 所示。

表 1　与图像处理有关的学科分类与代码

一级学科	二级学科	三级学科
计算机科学技术（520）	计算机应用（52060）	计算机图像处理（5206040）
自然科学相关工程与技术（416）	生物医学工程学（41660）	医学成像技术（4166070）
电子、通信与自动控制技术（510）	信息处理技术（51040）	图像处理（5104050）
计算机科学技术（520）	人工智能（52020）	模式识别（5202040）
测绘科学技术（420）	地图制图技术（42030）	图形图像复制技术（4203030）

如表 1 所示，图像处理所涉及内容跨越学科目录中的多个一级学科。“图形图像复制技术”三级学科是在“测绘科学技术”一级学科下，“医学成像技术”三级学科是“自然科学相关工程与技术”一级学科下，均属图像在特定领域的工程应用。“图像处理”和“计算机图像处理”两个相近名字的三级学科分别隶属于一级学科“电子、通信与自动控制技术”和“计算机科学技术”。三级学科“模式识别”虽然名字中没有“图像”二字，但研究内容与图像处理中的图像识别、图像理解存在很多交叉点。由表 1 可见，图像处理

学科除了是基础性、工程性很强的学科，也是和多个学科领域紧密结合的学科。

与图像处理研究相关的国家重点实验室有两个，一个为浙江大学的计算机辅助设计与图形学国家重点实验室，实验室的一个主要研究方向为图形与视觉计算；另一个为中国科学院自动化研究所的模式识别国家重点实验室，实验室的一个主要研究方向为图像处理与计算机视觉。计算机辅助设计与图形学国家重点实验室中图像处理与计算机视觉是模式识别一个重要应用方向。

2019 年 4 月，中国计算机学会（CCF）发布《中国计算机学会推荐国际学术会议和期刊目录》第五版，分为 10 个领域。与图像处理相关的期刊被分到“计算机图形学与多媒体”和“人工智能”两个领域中，如 *IEEE Transactions on Image Processing* 在“计算机图形学与多媒体”领域，*Image and Vision Computing* 在“人工智能”领域。

2. 国内外研究进展

2.1 数字图像处理历史

数字图像处理最早应用之一是在报纸业。早在 20 世纪 20 年代初期，Bartlane 电缆图片传输系统（纽约和伦敦之间海底电缆，经过大西洋）传输一幅数字图像所需的时间由一周多减少到小于 3 个小时。为了用电缆传输图像，首先要进行编码，其次在接收端用特殊的打印设备重构该图片。

20 世纪 60 年代，伴随着第一台能够执行数字图像处理任务的计算机问世，在数字计算机发展到一定水平后，出现了一批数字图像处理的应用。1964 年，“旅行者 7 号”拍摄的图像通过计算机进行处理，并且提高了图像质量；此技术也在阿波罗载人登月飞行等空间探测器中得到应用。20 世纪 70 年代，离散数学的创立和完善为数字图像处理技术的发展提供了有力工具，数字图像处理开始应用于医学领域。1979 年，戈弗雷 · 豪恩斯菲尔德（Godfrey N. Hounsfield）先生以及艾伦 · 科马克（Allan M. Cormack）由于发明了“断层（CT）技术”共同获得了诺贝尔生理学或医学奖。20 世纪 80 年代至今，各个领域对数字图像处理提出了更高要求，特别是在模式识别、计算机视觉方面，图像处理由二维处理向三维理解方向发展。

在我国，计算机图形图像处理技术应用从 20 世纪 70 年代起步，1970 年我国研制成功了黑白光笔图形显示器（75-1 型），1976 年又研制成功了彩色光笔图形显示器（75-2 型）。1981 年，中国正式加入国际模式识别协会（IAPR），并成功召开了第一届全国模式识别与机器智能学术会议。1982 年 11 月在广西桂林召开“第一届全国图象图形学学术会议”，1990 年 1 月中国图象图形学学会成立。1996 年，《中国图象图形学报》创刊。1980 年成立中国工程图学学会。2010 年为适应图形图像学科发展的需要，更名为中国图学学会。这一系列的事件标志我国图像处理领域研究的起步。我国图像处理研究虽然起步较晚，国内研究与国际先进水平相比还有一定差距，但在图像处理研究方面也取得了一些标志性成果。浙江大学彭群生在1988年与研究生邵敏之合作撰写的有关光能辐射度新方法的论文被美国Siggraph’1988录用，从而实现了中国学者在这一国际最权威的图形图像学学术会议上“零”的突破。20世纪60年代，中科院自动化所胡启恒和她的同事研制出基于数字手写识别技术的第一个实用邮件分拣机。中国虹膜识别研究开始于1998年年底，中科院自主建设的CASIA虹膜图像数据库是目前在国际上使用最广泛的虹膜图像数据库。清华大学丁小青和她的团队在1992年开发TH-OCR系统（TH是清华大学缩写），该系统实现了传统的中文字符99.8%的精度。此外，它还含有中文和英文文本文件，也是我国最早实用化的印刷汉字识别系统。

国内能够检索到最早研究图像理解的文献是浙江大学姚庆栋等于1993年在《通信学报》发表的《实时图像理解》，根据计算机理解图像内容目的不同，将整个过程划分为高、中、低三个层次，并阐述了各个层次中存在的问题及解决方案，为了解和掌握图像理解实时系统的总体结构奠定了基础。

2.2 研究进展

数字图像处理目标是使图像处理速度更“快”、图像处理更“聪明”。“算力”和“数据”是促进数字图像处理发展的两大动力。①“算力”，以GPU为代表的新一代处理器处理能力的飞速发展，以及可编程GPU的出现，使得深度学习在数字图像处理中应用得以实现。②“数据”，随着智能手机发展及深度相机等新硬件的出现，数据采集端出现了海量图像数据。在真实世界，图像处理在制造业故障诊断、遥感图像处理、医学图像处理等领域都取得了巨大应用价值。面向虚拟世界，虚拟现实、混合可视媒体将成为新兴应用场景，带给人们更好的娱乐体验，释放人类的想象力。在真实世界和虚拟世界之间，增强现实、混合现实将虚拟信息与真实世界融合，增强人类在真实世界的体验。

数字图像处理的发展有两个层次：一个是算法理论研究，以数学为基础，如偏微分方程（PDE）、各种空间变换（小波、曲波、剪切波等）；另一个是横向拓展，将图像处理与其他学科相结合，最常见的是与模式识别算法相结合。

2.2.1 深度学习

近年来，深度学习在图像领域取得了爆炸式的发展。自2012年Krizhecsky提出利用深度卷积神经网络（CNN）进行图像分类，赢得了当年的ImageNet竞赛，把分类错误记录从26%降到了15%，至今图像分类准确率逐年提高，直接逼近甚至超越了人类的分类准确率。而目标检测领域也从二维目标检测延伸到了三维目标检测和形状分析。目前，深度学习除了在图像分类、目标检测等图像分析领域取得较好效果，也逐渐应用到低层图像处理领域，如图像增强、去雾处理。

2.2.2 无监督学习

在图像处理、理解领域，由于识别精度较低，无监督方法发展较慢。特别是在工业界诉求是精度越高越好的背景下，监督预训练一直是主流方法。但近年因为不需要依赖大量标注资源，半监督、无监督的研究在学术界很受欢迎，在精度上也有了很大提高。何凯明等提出动量对比（MoCo）的无监督学习方法。在7个与检测和分割相关的下游任务中，MoCo无监督预训练在某些情况下的表现大大超越在ImageNet上的监督学习结果。作者在文章摘要中写道“无监督和监督表征学习之间的差距已经在很大程度上被消除了”。

2.2.3 评价标准

图像质量评价是评价图像视觉质量的客观评价标准，在图像增强、去噪、去雾等领域有着重要的应用。均值信噪比（PSNR）、结构相似度（SSIM）是图像处理领域目前应用最广的量化评价指标。2004年发表在*IEEE Transactions on Image Processing*的SSIM至今被引用14560次（数据来自Web of Science，截至2019年11月28日），成为图像处理领域引用量最高的论文之一。近年来，随着图像处理的发展，面对自然图像的应用增多，在超分辨率（Super Resolution）等领域有越来越多的研究工作发现，PSNR、SSIM评价标准与主观感知的视觉效果不再保持一致。为此一些数字图像处理国际比赛如图像去噪对于比赛结果的评价使用了主观评价指标和客观评价指标两种评测标准结合的评价方法。现有评价标准的不足，制约了一些图像处理领域发展。

2.2.4 遥感图像处理

《中国图象图形学报》2018年度11篇优秀论文中有4篇与遥感图像处理有关。遥感图像处理（processing of remote sensing image data）是对遥感图像进行辐射校正和几何纠正、图像增强、投影变换、镶嵌、特征提取、分类以及各种专题处理等一系列操作，以求达到预期目的的技术。近年来，数字图像处理技术的发展促进了遥感图像语义分割、场景分类、目标检测发展。遥感图像场景分类能够迅速地识别遥感图像上地物种类特征，为地面资源环境的动态监控提供信息，主要应用于土地规划、灾情监控、沙漠化等方面。遥感图像变化检测是对同一地区的多时相遥感图像进行分析，并给出地表变化信息，在地物地层分析、道路交通分析、森林采伐等领域得到广泛应用。将深度学习方法应用在遥感图像目标检测中，可以识别出诸如飞机、舰船、储油罐等目标，在大规模的遥感图像上将这些目标快速识别出来，有着比较重要的意义。

2.2.5 增强现实

增强现实（Augmented Reality，AR）技术是将虚拟的信息应用到真实世界，真实的环境和虚拟的物体实时地叠加到同一个画面或空间，同时存在。增强现实需要借助图像配准和图像处理技术感知和分析现实世界，建立真实世界的坐标系，同时借助计算机图形技术和可视化技术产生现实环境中不存在的虚拟对象，并通过传感技术将虚拟对象准确“放置”在真实环境中，借助显示设备将虚拟对象与真实环境叠加，呈现给使用者一个感官效果真实的新环境。近年来，AR 的发展得益于计算机软硬件的发展。手持设备计算能力的增强，让现实世界叠加的虚拟信息更加丰富，并且出现了更高级的头盔设备。基于图像的三维重建为计算机感知和分析现实世界提供了更多方法。AR 将真实世界信息和虚拟世界信息“无缝”集成，在游戏产业，教育、博物馆等领域有广泛的应用。

2.2.6 基于图像的三维重建

二维图像分析、理解问题被深度学习所统治，但在三维视觉领域，传统的三维几何视觉算法仍然占有主要地位。三维重建技术通过深度数据获取、预处理、点云配准与融合、生成表面等过程，把真实场景刻画成符合计算机逻辑表达的数学模型。三维重建系统根据不同应用领域需求不同有着不同的预设条件和技术要求，因此内核算法也有相应的差异。分为三类，第一类重建对象较简单，但精度要求较高，如医学和工业领域的重建。对于这一类重建可以通过控制光照等方法简化问题。第二类重建对象复杂，精度要求较低，但是实行性要求较高，如机器人导航、博物院的虚拟浏览等。GPU 和 FPGA 等硬件技术的发展可以大大缓解重建算法的技术难度。第三类重建对象复杂，精度要求较高，需要处理海量数据，如无人机拍摄的图像中国古代建筑三维数字化保护、三维数字化城市无人机实景三维地图构建。这类应用对于精度、效率、场景的语义化理解等都有要求，实景三维场景又比较复杂，所以重建难度很高。

3. 国内外研究进展比较

本研究以美国综合性在线文献数据库（Web of Science，简称 WOS）作为数据源，选取了《中国计算机学会推荐国际学术会议和期刊目录》（2019 年）中“计算机图形学与多媒体”类别中 A 类期刊 *IEEE Transactions on Image Processing* 2005—2020 年刊登的文章（截至 2019 年 12 月 10 日），获得相关文献题录数据 2327 条。以文献计量可视化分析软件 CiteSpace 作为分析工具。

3.1 研究力量分布

对开展图像处理研究的国家（地区）进行可视化分析，可以帮助明确该学科的研究力量分布以及现状。在 CiteSpace 中，网络节点确定为 Country，获得图 3 国家（地区）合作网络图谱。图 3 中有 46 个节点，224 个连线。节点代表国家（地区），节点大小代表发文的频次，节点之间的连线代表合作关系。图 3 显示了图像处理领域的研究力量来自多个国家（地区），由节点之间的连线可以看出各国家（地区）之间在图像处理领域有着紧密的联系。从各个节点的发文频次，中国和美国是该领域论文发表的主要国家。中国的文献贡献率最大，其次为美国。在表 2 中给出了发文量超过 50 篇的国家。其中，中国发文量以 1283 篇居首位，其次为美国 594 篇，随后澳大利亚、新加坡、法国、发文量分别为 222 篇、

160 篇、148 篇。由此可见，中国和美国的文献贡献率远高于其他国家和地区。

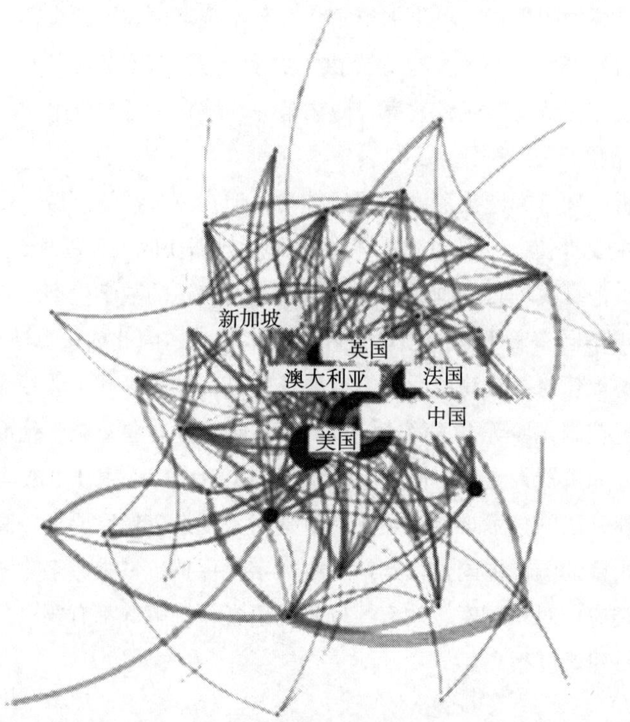

图 3　图像处理研究国家（地区）合作网络图谱

表 2　在图像处理领域发文量超过 50 篇的国家（地区）（2015—2020 年）

国家（地区）	篇数	中心性
中国	1283	0.29
美国	594	0.48
澳大利亚	222	0.10
新加坡	160	0.03
法国	148	0.21
英国	145	0.27
韩国	108	0.01
加拿大	89	0.02
日本	69	0.14
中国台湾	57	0.01
印度	56	0.01
意大利	55	0.04
西班牙	52	0.10

表 3 分析了中国在 2015—2020 年（数据截至 2019 年 12 月 10 日）文章发表情况。由表 3 可见中国科研人员发文量、发文比例保持逐年增长的趋势，表明中国在图像处理领域关注度和投入度均逐年增加。

其次，从中心性来看，在整个网络中美国和中国节点中心性都很大，分别为 0.48、0.29，这表明在整个共现网络中绝大部分国家（地区）都直接或间接地与它们有合作关系。图 3 中绝大多数国家（地区）节点与美国和中国节点之间都有连线，这一现象更加证明了这一点。同时，一定程度上表明中国研究者在开展图像处理领域研究时，与国际同行进行较多合作，但美国研究仍处于中心地位。

表 3　中国发文比例（2015—2020 年）

时间	全部（篇）	中国（篇）	比例
2015 年	451	212	47.0%
2016 年	446	217	48.7%
2017 年	450	244	54.2%
2018 年	455	274	60.2%
2019 年	446	285	63.9%
2020 年	79	51	64.6%

3.2　文献共被引分析比较

文献共被引分析（DCA）可以用来确定一个研究领域的关键文献和研究前沿。所谓文献共被引是指两篇文献被同一文献引用的现象。从知识生产的角度讲，一个学科或研究领域的关键文献是指那些提出原创性理论或对理论进行重要发展的文献。它们对一个学科或研究领域的形成和发展具有重要的奠基和推进作用。在 CiteSpace 生成的文献共被引网络中，关键文献节点指的是连接两个或两个以上聚类的节点。它们具有较高的中介中心性，占据着知识流动网络中的关键位置，是一个研究方向向另一个研究方向转变过程中的转折点。因此，研究以中介中心性和共被引频次两个标准确定的关键文献。利用 CiteSpace 软件提供的生成描述功能获得共被引频次和中介中心性各居前 10 位的文献，筛除重复文献获得表 4 所示关键文献信息列表。

关键文献中以美国居多，没有出现中国研究机构的文献。其中作者里出现一些熟悉的华人学者名字如贾扬清、何恺明等，但这些华人学者较多高被引文献是在美国研究机构完成。中国作为图像处理领域论文产量最大国家，这里一个显见疑问是，为什么中国研究者未获得与其文献发表量相协调的学术影响力？

表 4 图像处理研究关键文献信息列表（2015—2020 年）

文献	被引频次	中心性	发表时间
Krizhevsky A，DOI 10.1145/3065386	241	0.19	2017 年
Simonyan K，DOI 10.1016/J.INFSOF.2008.09.005	201	0.15	2014 年
He KM，DOI 10.1109/CVPR.2016.90	174	0.13	2016 年
Jia YQ，DOI 10.1145/2647868.2654889	108	0.04	2014 年
Achanta R，DOI 10.1109/TPAMI.2012.120	106	0.08	2012 年
Long J，DOI 10.1109/CVPR.2015.7298965	99	0.11	2015 年
Girshick R，DOI 10.1109/CVPR.2014.81	96	0.17	2014 年
Szegedy C，DOI 10.1109/CVPR.2015.7298594	96	0.02	2015 年
Wright J，DOI 10.1109/TPAMI.2008.79	91	0.14	2009 年
Yang JC，DOI 10.1109/TIP.2010.2050625	87	0.07	2010 年
Girshick R，DOI 10.1109/ICCV.2015.169	59	0.13	2015 年
Dong C，DOI 10.1007/978-3-319-10593-2_13	56	0.13	2014 年
Everingham M，DOI 10.1007/s11263-009-0275-4	54	0.13	2010 年
Yang JC，DOI 10.1109/CVPRW.2009.5206757	39	0.12	2009 年
Dong WS，DOI 10.1109/TIP.2011.2108306	31	0.19	2011 年

共被引文献引用量第一名研究机构是谷歌公司，共被引文献引用量靠前的作者贾扬清、何恺明现在分别任职于阿里巴巴和 Facebook 人工智能实验室。也表明在图像处理领域除了活跃大量的学术研究团体外，也因其巨大的应用价值而吸引众多商业机构参与。

此外在高共被引文献中，有很大比例是深度学习在各图像处理领域中的应用。其中，引用大于 100 的 5 篇文献中，有 3 篇与深度学习相关。这也表明，近年来深度学习在图像处理领域爆炸式发展。

4. 发展趋势及展望

随着计算机技术和图像处理技术自身的发展，图像处理目前已广泛应用于科学研究、工农业生产、生物医学工程、航空航天、军事、公安司法、文化艺术等领域，成为一门引人注目、前景远大的新型学科，发挥着越来越大的作用。但数字图像处理作为一门新兴的学科，仍存在有待解决的问题。

（1）学科理论基础不明确，不像其他学科等具有相对比较严谨和普适性的理论。目前图像处理研究主要是算法，甚至有人提到图像处理，就是指具体操作。

（2）图像认知水平决定了相应的图像处理算法研究，而图像认知水平离不开对人类视觉系统的理解，但现在生物学、神经学等领域对于人类视觉系统研究还有不确定性，这限制了图像认知水平的发展。

（3）数字图像处理后的图像一般是给人观察和评价，因此人为因素影响较大。由于人的主观性和视觉系统的复杂性，评价结果受环境条件、视觉性能、人的情绪爱好以及知识状况影响很大，图像质量的评价标准还有待进一步深入研究。

（4）由于图像是三维景物的二维投影，在投影过程中三维景物的部分景深信息在二维图像中必然存在丢失。一幅图像本身不具备复现三维景物全部几何信息的能力。因此，要分析和理解三维景物必须作合适的假定或附加新的测量，以图像为基础理解三维景物需要知识引导。

随着科学技术的发展，数字图像处理技术正在向处理算法更优化、处理速度更快、处理后的图像清晰度更高的方向发展，实现图像的智能生成、处理、识别和理解是数字图像处理的最终目标。小至个人生活、工作，大到宇宙探测和遥感技术应用，“一图胜千言”，数字图像处理技术是其他任何技术都无法替代的，它将独立占有一席天地。

参考文献

[1] 中华人民共和国国家质量监督检验检疫总局，中国国家标准化管理委员会. 中华人民共和国学科分类与代码国家标准：GB/T 13745—2009 [S/OL]. [2019-10-9]. http://www.zwbk.org/MyLemmaShow.aspx?lid=117222.

[2] 国家重点实验室 [EB/OL]. [2019-10-10]. https://baike.baidu.com/item/%E5%9B%BD%E5%AE%B6%E9%87%8D%E7%82%B9%E5%AE%9E%E9%AA%8C%E5%AE%A4/8638970?fr=aladdin.

[3] Rafael C Gonzalez，Richard E Woods. Digital Image Processing [M]. 4th. London：Pearson Education Inc，2018.

[4] 姚庆栋，荆仁杰，顾伟康. 实时图像理解 [J]. 通信学报，1993，14（2）：90-99.

[5] A Krizhevsky，I Sutskever，G E Hinton. ImageNet Classification with Deep Convolutional Neural Networks [J]. Adv. Neural Inf. Process. Syst.，2012：1097-1105.

[6] Kaiming He，Haoqi Fan，Yuxin Wu，et al. Momentum Contrast for Unsupervised Visual Representation Learning [J/OL]. [2019-11-14]. https://arxiv.org/pdf/1911.05722.pdf.

[7] Wang Z，Bovik AC，Sheikh HR. et al. Image quality assessment：From error visibility to structural similarity [J]. IEEE TRANSACTIONS ON IMAGE PROCESSING, 2004, 13：600-612.

[8] 李青，李玉，王玉，等. 利用格式塔的高分辨率遥感影像建筑物提取 [J]. 中国图象图形学报，2017，22（8）：1162-1174.

[9] 夏梦，曹国，汪光亚，等. 结合深度学习与条件随机场的遥感图像分类 [J]. 中国图象图形学报，2017，22（9）：119-131.

[10] 周敏，史振威，丁火平. 遥感图像飞机目标分类的卷积神经网络方法 [J]. 中国图象图形学报，2017，

22（5）：144-150.

[11] 吴喆，曾接贤，高琪琪. 显著图和多特征结合的遥感图像飞机目标识别［J］. 中国图象图形学报，2017，22（4）：122-131.

[12] Chen C，Song M. Visualizing a field of research: A methodology of systematic scientometric reviews［J］. PLoS ONE，2019，14（10）：e0223994.

撰稿人：胡志萍

图学国际交流

1. 图学国际交流近况

我国图学学科的国际化交流与合作，可以追溯到 1978 年，中国图学界代表赴加拿大不列颠哥伦比亚省温哥华不列颠哥伦比亚大学参加国际画法几何会议（International Conference on Descriptive Geometry，ICDG）。随着走出国门的脚步，如今图学学科的交流已经步入常态化。但我国作为国际图学交流与合作的重要推动者之一，需简单介绍国际几何与图学学会和国际几何与图学会议的前世今生。

1.1 国际几何与图学学会

国际几何与图学学会（International Society for Geometry and Graphics，ISGG）成立于 1990 年，是在美国和欧洲注册的非营利性的国际学术组织。国际几何与图学学会是来自不同学术背景的图学界教授、学者等成员组成的世界性学会。学会关注几何、工程图学和相关理论研究的可持续性发展，其研究领域涉及设计、创造、教育、建筑、艺术和工业应用等。其范围从基础研究到几何在科学技术中的实际应用，包括几何和图学以及工业设计教育的诸多方面。这是与图学学科发展定位、理论研究、应用研究最紧密、最贴切的国际学术组织。我国是该国际组织的发起国家之一。

国际几何与图学学会第一届理事会成员名单有：美国克莱姆森大学维尔·阿南德（Vera Anand），美国普渡大学加里·贝托林（Gary Bertoline），中国北京航空学院（今北京航空航天大学）陈剑南（Chen Jiannan），埃及艾因·夏姆斯大学瓦吉·汉娜（Wagih Hanna），土耳其卡塞里（Kaseri）梅米特·帕拉穆托格鲁（Mehmet Palamutoglu），美国佐治亚理工学院沃尔特·罗德里格斯（Walter Rodriguez），美国普林斯顿大学史蒂夫·斯莱比（Steve M. Slaby），奥地利维也纳科技大学赫尔穆斯·斯塔赫尔（Hellmuth Stachel），日本东京大学铃木贤次郎（Kenjiro Suzuki），澳大利亚墨尔本皇家理工大学托马斯（V.O. Thomas）和中国浙江大学应道宁（Ying Daoning）。

1.2 国际几何与图学会议

国际几何与图学会议始于42年前，距今已经举办了18届。1978年6月14—18日，在加拿大不列颠哥伦比亚大学举行了国际画法几何会议（ICDG）（图1）。会议由美国工程教育协会（American Society for Engineering Education，ASEE）主办，这是第一次以图学为主题的国际会议，各国学者们以图为“纽带”、以图为“桥梁”，搭建了图学界学者相互交流与讨论的平台，这次会议后来被确定为第一届国际几何与图学会议（The 1st International Conference on Geometry and Graphics，ICGG）。中国是最早活跃在国际图学界的国家之一。

图1 第一届国际图学会议论文集封面

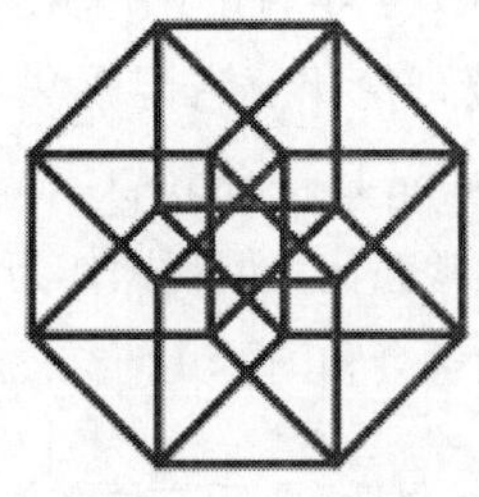

图2 国际几何与图学学会徽标

是ICGG会议将志同道合的图学界专家学者联系到一起。会议使得各国图学学者们需要一个自发的、稳定的学术组织。是ICGG如同一条无限延伸的纽带，将国际图学界学者们紧紧留在ISGG大家庭中。如同ISGG的徽标所表达的内涵（图2）。

第一届国际几何与图学会议的成功归功于具有国际声誉演讲者的出色演讲。这些演讲者包括：日本的小高司郎（Shiro Odaka）报告题目“透视投影基本方程及其应用”，罗得岛的戴维·布里森（David Brisson）报告题目“超空间曲面”，加拿大的马克·索瓦若（Marc Sauvageau）报告题目“一种直接从多视角投影的精确轴测投影系统”，以色列的耶胡达·沙里泰（Yehuda Charit）报告题目“回转面交线平衡线的计算机辅助跟踪”，以及澳大利亚的阿贝·罗滕贝格（Abe Rotenberg）报告题目“反射几何画法与画法几何的思考”。从大会演讲者的报告可以看出，之所以国际图学界专家学者们共同认可这次会议，并将其确定为几何与图学方面的首创学术会议，是这次会议上演讲者们的关于几何与图学的学术贡献，推动了国际学者之间对于几何与图学学术交流的期盼。

国际几何与图学会议的主题始终紧扣“几何”与“图”，正如英国哲学家和自然科学家罗杰·培根（Roger Bacon）所说“没有几何学的力量，就无法认识世界上的事物”。俄国著名现实主义作家伊凡·谢尔盖耶维奇·屠格涅夫（Ivan Sergeyevich Turgenev）在《父与子》这样描述图的作用，“一张图片让我一眼就能看出一本书要花几十页来阐述的内容”。可见，几何与图在人类发展进程中的作用和地位。会议已形成了在世界各大洲轮流举办、为图学界公认的图学领域高水平学术会议（表1），成为国际图学界专家学者高度认可的最高级别的图学国际会议，有力地推动着国际图学领域和中国图学学科研究的发展与进步。

表1　各届国际几何与图学会议举办情况

届次	会议名称缩写	国家	城市	年份	时间
1	ICDG	加拿大	温哥华	1978年	6月14—18日
2	ICECGDG	中国	北京	1984年	8月27日—9月1日
3	ICECGDG	奥地利	维也纳	1988年	7月11—16日
4	ICECGDG	美国	迈阿密	1990年	6月11—15日
5	ICECGDG	澳大利亚	墨尔本	1992年	8月17—21日
6	ICECGDG	日本	东京	1994年	8月19—23日
7	ICECGDG	波兰	克拉柯	1996年	7月18—22日
8	ICECGDG	美国	奥斯汀	1998年	7月31日—8月3日
9	ICGG	南非	约翰内斯堡	2000年	7月28—31日
10	ICGG	乌克兰	基辅	2002年	7月28日—8月2日
11	ICGG	中国	广州	2004年	8月1—5日
12	ICGG	巴西	萨尔瓦多	2006年	8月6—10日
13	ICGG	德国	德累斯顿	2008年	8月4—9日
14	ICGG	日本	京都	2010年	8月5—9日
15	ICGG	加拿大	蒙特利尔	2012年	8月1—5日
16	ICGG	奥地利	因斯布鲁克	2014年	8月4—8日
17	ICGG	中国	北京	2016年	8月4—8日
18	ICGG	意大利	米兰	2018年	8月3—7日
19	ICGG	巴西	圣保罗	2020年	8月9—13日

注：ICDG——International Conference on Descriptive Geometry

ICECGDG——International Conference on Engineering Computer Graphics and Descriptive Geometry

ICGG——International Conference on Geometry and Graphics

1.3 近年来图学国际交流情况

1.3.1 主办第十七届国际几何与图学会议

2016 年 8 月 4—8 日，第十七届国际几何与图学会议（The 17th International Conference on Geometry and Graphics，ICGG 2016）在中国北京成功举行（图 3）。会议由国际几何与图学学会主办，中国图学学会、北京理工大学共同承办，会议得到了中国科协的大力支持。来自美国、德国、俄罗斯、奥地利、日本、意大利、巴西、澳大利亚和中国等 29 个国家的近 200 名图学界专家学者参加了会议。

图 3　会议全体代表合影

国际几何与图学学会主席、奥地利格拉茨技术大学奥托（Otto Röschel），中国图学学会理事长、中国工程院院士、清华大学孙家广，时任北京理工大学副校长、现任同济大学校长、中国工程院院士陈杰出席开幕式并发表了热情洋溢的致辞（图 4）。中国科协国际联络部副部长王庆林，国际几何与图学学会前主席、日本东京大学铃木贤次郎（Kenjiro Suzuki）出席了会议。会议由中国图学学会秘书长赵罡主持。

图 4 开幕式致辞及主持

在此次会议上：来自世界各国的专家学者围绕“图学与发展 · 图学与设计 · 图学与制造 · 图学与生活”的主题，就图学学科研究的前沿热点与最新成果进行了精彩纷呈的展示与交流。来自美国俄亥俄州立大学弗兰克 · 麦克斯菲尔德（Frank Maxfield）（图 5）做了题为“一位学者眼中的 ICGG 历史”特邀报告；日本神户大学铃木広隆（Hirotaka Suzuki）做了题为“光通量控制的曲面设计”特邀报告；克罗地亚萨格勒布大学法哈德（Željka Šipuš）做了题为“三种几何形状 CMC 表面性质的比较”特邀报告；上海交通大学何援军做了题为“图形与几何”特邀报告；北京理工大学牛振东做了题为“在线电子学习系统评价实践与面临的挑战”特邀报告。大会共有 144 篇论文和 19 篇海报进行了学术交流。中国共有 52 位图学界的专家学者参加了会议，宣读论文 40 篇。

图 5 大会特邀报告

会议期间各国学者讨论交流非常活跃（图 6），与会代表纷纷表示 ICGG 2016 会议收获颇丰。会议的成功举办，不仅为国际几何与图学的参会学者们提供了学习交流的平台，也向来自世界各国的图学学者介绍了中国最新学科研究进展与成果，展现了中国学者们的智慧与才华，本次会议有力地推动着国际图学领域和中国图学学科研究的发展与进步。

图 6　各国图学学者会议期间交流

1.3.2　参加第十八届国际几何与图学会议

2018 年 8 月 3—7 日，第十八届国际几何与图学会议（The 18th International Conference on Geometry and Graphics，ICGG 2018）在意大利米兰举行（图 7），会议由国际几何与图学学会主办，米兰理工大学承办。来自美国、德国、英国、法国、俄罗斯、奥地利、日本、中国、巴西、加拿大、澳大利亚和意大利等 35 个国家的 250 余名图学界专家学者参加了会议。中国图学学会代表团一行 28 人参加了会议，发表论文 14 篇。中国图学学会副理事长、国际几何与图学学会副主席韩宝玲受邀担任了主会场特邀报告的主席，有 4 人担任分会场主席。

图7　会议开幕式会场

会议期间，来自英国牛津大学马修·兰德鲁斯（Matthew Landrus）做了题为“非理性问题的理性估计：达·芬奇作品中的比例几何”的特邀报告；意大利米兰理工大学吉多·拉奥斯（Guido Raos）做了题为“分子几何与图像”的特邀报告；加拿大麦吉尔大学保罗·佐姆博尔－默里（Paul Zsombor-Murray）做了题为“几何思维与高次几何曲线”的特邀报告；维也纳应用艺术大学鲍里斯·奥德纳尔（Boris Odehnal）做了题为“高维几何益处所在”的特邀报告；日本芝浦工业大学佩雷亚·斯里皮安（Peeraya Sripian）做了题为“计算视觉错觉及其应用”的特邀报告；意大利威尼斯大学阿戈斯蒂诺·德·罗萨（Agostino De Rosa）做了题为“关于图像的起源”的特邀报告。

第十八届国际几何与图学会议交流发表的论文，其范围从理论研究到多学科、技术和艺术领域的应用研究，学科涉及面广，论文水平高，代表当今图学学科科学研究的主流方向。这些报告，主要集中在理论图形和几何（曲线和表面的几何、运动学和画法几何）、应用几何和图形（几何与实体建模、几何在工程、艺术和建筑中的应用，城市与地域研究中的图形仿真）、工程计算机图学（计算几何、图像合成、模式识别、虚拟现实技术）等领域，其覆盖面较广。通过会议交流，中国图学学者们深度了解国际图学学科领域的最新进展。在交流过程中，中国学者在数字图像处理、机器人建模与运动分析仿真，以及城市与地域研究中的图形仿真等方面的研究成果得到国际同行的关注，具有较高水平。国际同行中牛津大学、威尼斯大学和维也纳应用艺术大学的教授的研究报告在非理性几何比例、高维几何、计算视觉等方面代表了当今图学界的较高水平。

学会参会代表们通过主旨报告和分会报告讨论，对现代图学的理论研究新进展、图学在各个研究领域的应用研究、计算机图学的理论及其应用新进展以及现代图学教育中的新的教学方法研究等进行了深入的交流和讨论（图 8、图 9）。通过会议，了解到国际先进的图学理论研究、应用图学研究及图学教育理念和教学方法研究经验，为图学理论研究新的方向以及图学教育的拓展提供了可借鉴思路。

图 8　中国代表团部分成员与大会主席合影

图 9　大会特邀报告

此次会议恰逢国际几何与图学会议的 40 周年庆典，在米兰理工大学举行了国际几何与图学会议 40 周年展回顾，展出了从第一届大会到第十八届大会的珍贵历史材料（图 10）。

图 10 国际几何与图学会议 40 周年展

通过参与会议，中国图学学会增进了与国际学术组织 ISGG 及国际一流科学家的交流，实现学会和 ISGG 的良好互动，不断展示中国图学学会在 ISGG 中的活跃度和影响力。为我国科学家在国家组织发挥更大作用打下基础，为将来更多参与国际组织工作打下基础，

提升中国在国际学术组织中的地位和影响力。

2. 我国图学学科在国际交流中的作用

2.1 图学国际交流在中国

中国图学界专家学者们在推动国际几何与图学学科的发展与进步方面做出了积极努力与贡献，中国图学学会承办了第二届（北京，1984 年，图 11）、第十一届（广州，2004 年，图 12）、第十七届（北京，2016 年，图 13）3 届国际图学会议，位列举办国之首。

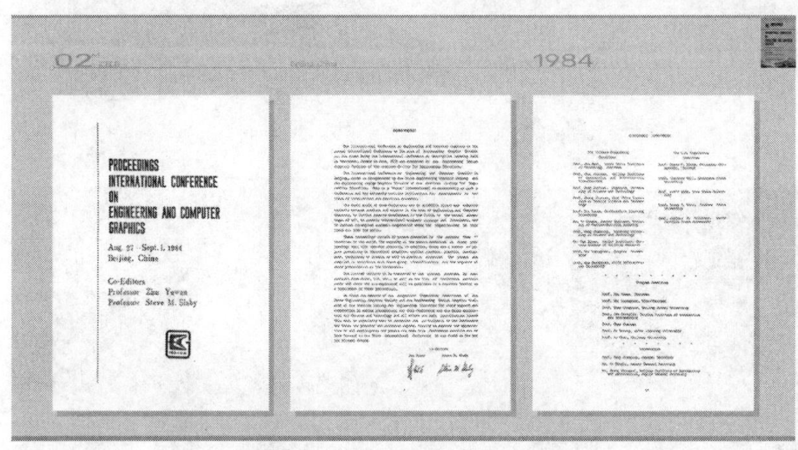

图 11　第二届（北京）国际几何与图学会议论文集之致辞等

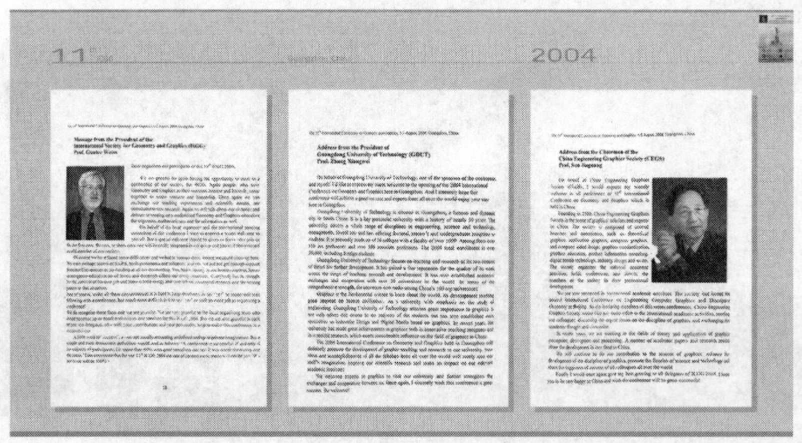

图 12　第十一届（广州）国际几何与图学会议论文集

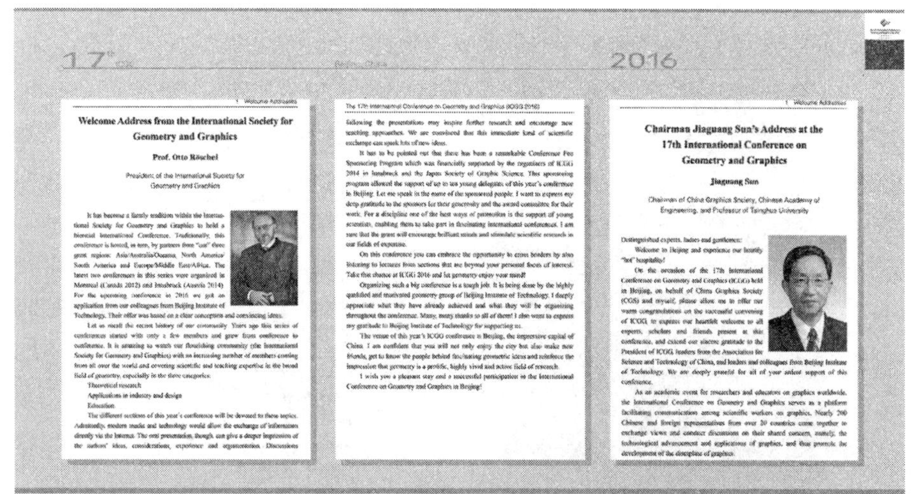

图 13　第十七届（北京）国际几何与图学会议论文集

2.2　中国图学交流在亚洲

基于中日两国特殊的地理位置等原因，两国图学界学者们充满着相互交流与联络的兴趣与愿望，同时也在国际图学领域发挥着重要作用。

2.2.1　载入亚洲图学史册的会议——中日图学教育研究会议

1993 年 3 月 31 日—4 月 3 日，在中日两国图学教育工作者的倡议和推动下，首届中日（或日中）图学教育研究会议在中国无锡召开。会议由中国工程图学学会（China Engineering Graphics Society，CEGS）和日本图学学会（Japan Society for Graphic Science，JSGS）共同主办。这是中日两国图学学会一次具有历史性意义的合作，开辟了两国图学教育界相互学习交流的先河。

组织委员会成员中方组委会主席是时任中国工程图学学会理事长、北京航空航天大学陈剑南，日方组委会主席是时任日本图学学会会长、神户大学竹山和彦（Kazuhiko Takeyama），组委会成员中熟悉的名字还有东京大学的铃木贤次郎（Kenjiro Suzuki），直至今天他仍然在致力于国际图学的交流与合作。

第一届会议论文集非常有特色，这是由中文全文（27 篇）、日文全文（21 篇）和英文全文（13 篇）组成的会议论文集，而所有论文摘要使用英文撰写（图 14）。

Design Training for Three-Phase Induction Motors Using Computer 203
Jiaichiro SATO
Education of CAD Engineering at the Department of Computer Science 208
Kunio KONDO, Shizuo SHIMADA, Hisashi SATO and Akihiko KURODA
明星大学におけるCAD教育 214
CAI
CAI在工程制图课中的应用 232
关于考试命题系统的探讨 240
工程图学课程的计算机辅助教学系统 260
画法几何的智能型CAI 265
CAI课件的开发应用与展望 275
ハイパーカードによる図学教育用スタック 279
C言語による図学教育用ソフトの開発 285
A Unified Computer Assisted Learning System for Reading a Multiview Drawing 292
Kiichiro KAJIYAMA and Kenji NAGATOMO

图 14　第一届中日图学教育研究会议论文集

两国图学教育界同仁达成共识：①中日图学教育研究会议每两年举行一次，在公历奇数年分别在中日两国召开；②会议在哪个国家举行就将该国放在之首。

2.2.2　会议更名为亚太图学论坛

2007 年 7 月，在第七届中日图学教育国际会议期间，中国工程图学学会和日本图学会商议，中日图学教育会议将不定期举行，会议内容不仅局限于图学教育的内容，还可以扩大到图学学科的其他方面研究成果交流。此后，两国图学专家交流采取多种形式的信息交流（双方的学报交流等），包括推进研究人员、教师的短期（或者长期）交流学习和研修培训等。

2010 年，在京都 ICGG 2010 会议期间，中国图学学会代表与日本图学会代表举行了协商会议。两国代表一致认为，适当时候考虑继续举行中日图学会议，会议内容由图学教育扩大到图学学科研究等方面。大家共识：已连续召开了 7 届的中日图学教育会议是我们共同的宝贵财产，是对亚太地区乃至国际图学界的贡献，会议继续召开对图学学科的发展和亚洲国家图学工作者都具有深远意义。

经商议，会议更名为亚太图学论坛（The Asian Forum on Graphic Science，AFGS），会议内容由“教育”扩大到图学学科各方面的研究，参加会议的成员扩大到亚太地区，会议在单数年召开，计划从 2013 年开始召开新的亚太图学论坛，两国图学专家就会议准备的细节进行了多次磋商。经过两国图学同事们的不懈努力，中断了 5 年的会议，终于在 2013 年 8 月 9—11 日中国大连举行。表 2 中列出了历次会议的会议情况及专题。

表 2 历次亚太地区图学论坛情况

届次	时间	地点	论文（篇）	专题					
1	1993/03/31—04/03	无锡	61	综述（5）	图学教育研究与改革（14）	图学教育（10）	设计制图（9）	CAI（13）	教学评价（10）
2	1995/09/03—09/06	成都	65	综述（12）	图学教育研究与改革（6）	教学评价（11）	CAI（14）	CAD/CAE/CG（13）	其他（9）
3	1997/07/28—08/01	昆明	72	综述（8）	图学教育研究与改革（27）	CAI（17）	教学评价（7）	CAD/CAM（13）	
4	1999/07/27—07/30	敦煌	75	特邀报告（5）	图学教育体系与发展（16）	图形教育思想与效果评价（21）	现代多媒体与网络教育（19）	教学体系、教材和方法（14）	
5	2001/07/31—08/03	大阪	67	特邀报告（4）	图形教育的研究与改革（22）	CAD/CAM（7）	CAI（20）	教学评价（10）	工业领域图学教育（4）
6	2003（出版论文集）	未举行	67	图学教育思想（10）	图形教育的研究与改革（24）	CG/CAD（16）	网络教育与课件开发（17）		
7	2005/07/24—07/27	西安	65	综述（4）	3D CAD（11）	图学课程内容与教学方法研究（23）	教学评价（7）	网络教育（12）	CG/CAD（8）
8	2007/07/28—07/30	苏州	58	综述（4）	3D CAD/CG/动画（8）	图学课程内容与教学方法研究（19）	网络教育与教学方法（10）	图学相关教育（17）	
9	2013/08/09—08/11	大连	41	特邀报告（4）	理论图学与画法几何（4）	应用几何和图学（8）	工程计算机图形学（19）	图学教育（6）	
10	2015/08/04—08/07	曼谷	46	特邀报告（2）	理论图学与画法几何（10）	应用几何和图学（7）	工程计算机图形学（6）	图学教育（9）	海报（12）
11	2017/08/06—08/10	东京	95	特邀报告（6）	理论图学与画法几何（14）	应用几何和图学（22）	工程计算机图形学（26）	图学教育（9）	海报（18）
12	2019/08/09—08/12	昆明	66	特邀报告（5）	理论图学与画法几何（2）	应用几何和图学（15）	工程计算机图形学（9）	图学教育（14）	海报（21）

2017年第十一届亚太图学论坛（AFGS 2017）在东京举行，会议共发表论文95篇，有分别来自13个国家和地区的代表出席会议。2019年8月，第十二届亚太图学论坛（AFGS 2019）在中国昆明落下了帷幕，会议发表论文、海报共66篇，分别来自12个国家和地区的代表进行了学术交流。我们希望AFGS如同春天一样，越来越兴旺。

3. 图学国际交流与展望

3.1 关于“几何与图学”的讨论

1998年8月，在第八届国际工程计算机图形学和画法几何会议上，各国图学专家就“几何和图学”的分类及其与国际几何图形学会的关系进行了深入、富有洞察力的讨论。此次讨论，没有刻意提出关于几何与图学关系的决定性定义。相反，讨论者们重申了对这两个领域相互关系开展深入研究的信念，以及国际几何与图学学会如何不断继续扩大相关领域学科研究和讨论，将对学会的发展和图学学科的发展至关重要。这也为我们当今开展“几何与图学”、图学学科的研究提供借鉴意义。今天，关于几何与图学学科的讨论仍然在继续着。

3.2 几何与图学国际交流共识及思考

几何是一种特定的思维方法，是数学的一个分支，它使用演绎方法来理解空间实体的属性、关系和度量。几何学是研究空间实体的属性、关系和度量的学科。几何学的分支有：欧几里得、非欧几里得、射影、双曲线、拓扑、分形、解析、微分等。几何学既被认为是一门独立的科学理论，又被认为是几个学科和绘图技能的基础知识之一。

图形是根据几何（数学）规则对三维对象进行二维视觉表示。图形是人类在不同或相同活动领域之间的一种交流技巧，是一种相互理解和沟通的工具如同是一种交流的语言。图形作为一种工具而不是演绎方法或思维方式。

尽管几何学的根源在于对空间实体的研究，但并不意味着这些实体都必须用图形来表示，如：基于n维空间和时间定义等。而在几何学中，由于画法几何学严格按照射影几何的规则被视为一种特殊理论，并被视为在几个领域中进行图形表示的一种特殊工具。因此，画法几何是一种图形形式。

几何学作为一门研究空间形态基础科学，正随着人们对空间认识的不断深入而继续发展着。在认识现实世界与联系实际、使现实数学化方面，几何的作用是无法被替代的。几何学的成就被广泛应用于图学，图学（图形与几何学）作为一门科学服务于包括几何学在内的各学科领域。对于几何来说积分和微分过程的结合是一个典型的例子，这就是为什么几何学是根据其科学趋势和众多科学流派来分类的：拓扑几何学、欧几里得几何学、解析几何学等。几何的重要性在于它的教育价值，几何有助于发展演绎推理，培养与发展学生的逻辑思维能力和空间想象能力，以及培养良好的思维习惯。

事实上，找到解决几何问题的方法，可以发展人的空间智能，形成一种抽象和自我完善心理的几何图像的方法。因此，几何是图形的理论基础，而图形有助于直观地理解空间中的几何关系。图形为几何的交流和理解提供了支持，为交流提供了一种（潜在的）通用语言。同时，图形是一种视觉表达和交流的形式。

几何和图形是辩证地相互联系在一起的，作为一个单一的呈现（成像）客观世界的各种例子。数和形都是对现实世界的反映，几何使周围的现实理想化，图形巧妙地使周围的现实成为理想化图像，几何和图形不能没有彼此存在。“图形”与文字和字母具有可比性，是“表象”。而“几何”则与文字的含义相对应，是“内核”。

图学是以图为对象，研究在将形演绎到图的过程中，关于图的表达、产生、处理与传播的理论、技术与应用的科学。图学研究形和图的表示、表现以及相互关系，其基本内容包括：造型、由形得到图、图的处理、由图得到形以及图的传输等。其目标是图、核心是形、本质是几何，基础是几何计算。图学的理论、方法和技术的主要基础是几何学及代数学，当然也借助于其他学科或交叉学科。可以这样理解，图学通过交流、认知可视化的功能实现了信息载体的几何思想。

每个领域都有自己的公理和定理作为其基础，这些领域之间会有不同程度的相互重叠或与数学的其他分支重叠。在同样的情况下，不同的领域将以不同的方式应用不同的几何分支。如：工程、机械、建筑等领域，通过融合工程、艺术、社会和政治需求，独特地利用了几何学相关分支。

随着科技的发展，为了更全面地研究“几何和图学”涉及的领域，国际几何与图学的学者们为促进几何与图学发展，将针对各个学科领域中所涉及的几何与图学的理论与应用等方面的新问题、新热点和新观点开展更加广泛的研究与讨论。

此外，国际几何与图学学会及其成员应该身体力行，形成广泛开展几何与图学教育的必要性公众舆论。尽可能地呼吁：现在各行各业都需要几何图学，忽视基本的几何与图学的方法是一种新的“文盲”表现形式，我们必须为之努力。生成和解释几何图形图像的能力与阅读和书写的能力一样，是天生的，但需要学习、培训和教育！

因此，现代计算机技术的发展，不仅为几何学和图形学教育提供了掌握现代知识和技术的能力，而且也为知识型和应用型人才的培养提供了条件。图形训练是揭示个体能力、揭示创造潜能的因素之一，在此基础上实现空间形象思维的高层次，其内容是一般与个体的矛盾统一。国际几何与图学会议是一个开放的理论和（或）应用几何论坛，它应该在各级教育中支持更现代化的几何与图学学科的发展，为全世界致力于图学学科研究的学者们提供更加广泛的交流与合作的平台。

参考文献

[1] Frank M Croft. The History of the International Conference on Geometry and Graphics-ONE PERSON'S REFLECTION [C] //The 17th International Conference on Geometry and Graphics，2016.

[2] Robert Belle Burke. The Opus Majus of Roger Bacon: A Translation of Robert Belle Burke [M]. London：Oxford University Press，1928.

[3] Ivan Sergeyevich Turgenev. Fathers and Sons [M]. 1862.

[4] Xiao Luo，Baoling Han. The Past，Present and Future of Asian Forum on Graphic Science [C] //Graphics and Application – The 12th Asian Forum on Graphic Science (AFGS 2019，Kunming，China)，2019.

[5] Eric N Wiebe. The Taxonomy of Geometry and Graphics [J]. Journal for Geometry and Graphics，1998，2 (2)：189–195.

[6] 何援军. 图学与几何 [J]. 图学学报，2016，37 (6)：741–753.

撰稿人：韩宝玲　罗　霄

图学教学体系研究

1. 引言

图学是一门以图形为研究对象，用图形来表达设计思维的学科，图学在人生中的作用源于它的思维与表达，是认识世界的基础。图学的发展与其本质和应用密不可分，图学教育是体现图学学科科学性和应用性的重要内容。在整个图学发展长河中，图学的研究和传授一直是图学教育的主体工作，广大图学教育工作者不遗余力地长期奋斗在教学一线，总结和提炼图学教学对人类思维发展的贡献，研究不同的应用、不同的层次人才培养体系中的目标和定位，围绕着目标的达成，不断探索和修正图学学科的教学体系，在理论和实践上进行提升，以期获得更好的教学质量和教学效果。

追溯图学教育的发展，古希腊的几何学发展到巅峰期，欧基里德将前人对数学的研究结果整理成 *Elements*（中文译为《几何原本》）。这本书是有史以来第一本数学教科书。光和影的学说有悠久的历史，西方的绘画艺术注重形似，因此非常重视透视法，15 世纪前后著名的艺术家阿尔布雷希特 · 丢勒、达 · 芬奇等都研究了绘画的数学基础，论述了透视的重要性，这门学科得到了理论上的发展。18 世纪法国科学家加斯帕尔 · 蒙日的贡献在于建立了一套严密完整的理论体系，精确地对空间物体进行图示和图解，他所著的《画法几何学》一书于 1798 年公开出版，为现代工程图样的发展奠定了坚实的基础，他的贡献是图学史上的里程碑。蒙日不仅是科学家，也是一位教育家，他的《画法几何学》一书被广泛用于课程教学中。在之后的发展中，图学教育从思维训练和工程应用两个方面深入展开，在第一次工业革命中工程图得到飞速发展，到 19 世纪末，有关图学的教材种类繁多，有单纯几何作图的，也有包含行业制图的，如机械制图等。

中国的图学历史悠久。图学起源于绘画艺术，中国绘画艺术注重神似，盛用线条，而这种手法更有利于清晰地描绘物体。至隋唐时期，类似于投影、多视图的绘画、图形中的数学基础已经出现并得到应用。宋代是我国古代工程制图发展的全盛时期，涉及包括兵器、机械、建筑等诸多工程领域，留下了包含大量精细绘制的工程图样的著作。宋代图学的科学成就离不开当时的“画学”教育，宋代将“画学”和“算学”“医学”等学科并列，有一整套专门的教育制度和教学措施，例如严格的入学考试、系统完善的学习内容、定期的考核升降制度。由于绘图者众多，宋代的著作中有大量的图样用来记录科学成就，为宋代科学技术的繁荣创造了条件。可以看到当时中国图学的研究以及科学技术的发展在世界上是名列前茅的。

从图学教育的发展可以看出，图学教育在普及图学思维的训练、推进生产力发展的过程中起到了举足轻重的作用。图学教育工作者非常重视思维能力的养成，思维—教育—创新是不可分割的。正如数学思维具有高度的逻辑性和抽象性，文学思维具有创造性、审美性和超前性，图学思维有其独特的协同性和兼容性，综合了形象思维和逻辑思维的特点。图学思维的训练可以同时开发人类的左右脑以及之间的协同工作，对提高人类的智力、提升创造力有极其重大的意义。

随着人工智能新时代的到来，学科交叉融合日益明显，同时依赖基础性学科的深入研究和应用也越来越重要。图学学科作为基础学科对人们思维发展的丰富与促进、对工程学科的基础支撑，以及新兴学科的发展都起到了重要作用。

本专题旨在从图学教学体系的发展历史出发，分析图学学科发展及人才培养对社会进步做出的贡献，介绍在工程教育理念更新及数字化技术推进下图学教学体系的发展状况。进一步构建面向新工科的未来图学人才需求的图学教学新体系，为培养社会未来需要的图学人才作出有益的探索。

2. 图学教学体系的国内外研究进展与比较

2.1 图学教学体系的国内现状

近年来，围绕新工科人才培养的新要求以及信息技术的飞速发展，广大图学教育工作者针对传统教学体系中存在的一系列问题进行反思，在教学理论和实践中进行大量的研究和探索，形成了一系列图学教育的新体系，收到了很好的教学效果，在同行中形成了图学教育变革的新热潮。

“金课”已经成为课程教学的努力目标，在已经认定的国家级线上金课、虚拟仿真金课的评选中，图学课程取得佳绩。在 2018 年的国家教学成果奖评选中，以图学课程为主的成果获得两项国家奖，见表 1。图学教学的改革以先进的工程教育理念为引导，强化学生中心、产出导向、持续改进的质量保障目标。教育“共享”的模式使课程的内容设计、呈现方式等都朝着更精准、更精细的方向深化发展。

表 1 图学课程建设成果（2014—2019 年）

	课程名称	所属学校	获批年份
国家精品在线开放课程	工程制图	清华大学	2017
	机械制图及数字化表达	北京理工大学	
	画法几何与技术制图基础	中国农业大学	
	计算机图形学	中国农业大学	
	工程图学	天津大学	2018
	现代工程制图	大连理工大学	
	画法几何及土木工程制图	大连理工大学	
	工程图学	吉林大学	
	工程图学	上海交通大学	
	机械制图	江苏大学	
	3D 工程图学	华中科技大学	
	建筑装饰施工图绘制	江苏建筑职业技术学院	
	工程制图	黄河水利职业技术学院	
	机械制图与 AutoCAD（一）	济源职业技术学院	
国家虚拟仿真实验教学项目	面向机械结构创意设计的工程图学虚拟仿真实验	天津大学	2018
国家教学成果奖	时空融合、知行耦合、师生多维互动的机械大类课程教学新范式（一等奖）	浙江大学，工程图学课程教学指导委员会，上海交通大学，中国石油大学（华东），华南理工大学，华南农业大学，浙江工业大学	2018
	构建“六个融合”的工程图学教学模式探索与实践（二等奖）	华南理工大学	

2.1.1 强化工程实践重塑课程体系

以新工科人才培养为契机，加大实践环节，在教学中引入工程教育的理念重塑课程体系。

工程教育的发展对人才培养的要求从单一的知识获取转变为多能力、多素质全面发展的新模式。为此，众多高校在工程图学的教学内容中加强实践，以产出为导向，提供具有设计性、综合性、创造性并与实际生活紧密相关的实践环节，在实践教学中完成理论知识的学习和应用，以实践教学引导课堂教学，激发学生的学习自主性与创造性。

主要的实践环节体现在以下几个方面：

（1）开放式的构型设计。实践题目不再是教师指定的有标准答案的题目，而是以工程目标为导向，例如以功能要求、审美要求、工艺要求等工程目标设计构型，以此来提高学生的工程意识和创新能力。

（2）问题导入式的测绘实践。对设计的问题进行分析，综合运用所学知识解决问题，

设计的问题体现工程实际，尽可能来自企业的实际问题。采用小组的形式，强调团队协作的重要性，充分调动学习积极性，为培养学生的团队协作能力和创新意识打下基础。

（3）引入管理的理念。在实践中强调过程管理，并提出经济性原则，在实践中建立适合企业需求的项目运作意识。

2.1.2 三维设计融入式教学体系

将设计软件，尤其是三维设计软件有机融合到工程图学的教学中，作为工具，在图学思维培养、创新构型设计以及工程图样的表达教学中起到重要的辅助作用。

目前我国高校在工程图学课程和计算机软件的教学中采用了“外挂式”和“融合式”等方式，“外挂式”教学多是将工程制图传统教学、计算机二维绘图（AutoCAD 等）和三维设计软件（Inventor、Solidworks、UG 等）课程分别在不同学期进行，学生在学习各课程的知识点及应用时常常独立展开。“融合式”引入的思想是将三维建模的原理、方法和技能融入、渗透到工程图学课程中，形成新的教学体系、教学内容和过程，课程之间相关知识点的教学是相互补充、相互支撑的关系。

（1）对图学思维培养的作用。在空间思维的培养过程中融合三维造型技术能够有效提高学生的学习效果，提升学生空间想象能力不足的缺陷，对于提高学习效率，养成正确思维的方法有重要的作用。

（2）对工程图样正确表达的作用。对同一零件不同表达方案的比较，可以通过三维设计软件快速投影，学生可以直观地看到结果，讨论交流，掌握对辅助视图、剖视图等的正确表达和灵活应用，加深对所学知识的理解。

（3）对机械专业制图训练的作用。机械制图教学中从实际应用角度出发增加题目的复杂度和工程性，涉及的零件数量增加，结构复杂。三维设计软件适用于团队合作、协同工作的方式，能提高综合能力，也培养学生认真负责的态度和团队合作意识。

2.1.3 项目式教学的课程体系改革

结合课程开展项目式教学，以产出为导向的工程教育理念指导课程体系改革，培养新时代人才。

项目式教学的特点是以学生作为学习的主体，课程项目贯穿整个教学过程，教师作为引导，知识传授的节点配合课程项目的进展，使知识的吸收和应用通过项目这个载体更好地实现。目的是提高学生的学习的自觉性和主动性，开放式的设计题目充分提升学生创新设计能力，培养学生的工程素质。

（1）团队协作和技术交流的体现。课程一开始就形成 4 ~ 6 人一组的团队，在讲授设计方法的同时布置课程项目设计的题目，完成课程设计要以团队递交设计报告、答辩演讲、项目展示，锻炼了学生清晰思考和用语言文字准确表达的能力，以及与各类型的人合作共事的能力。

（2）强化工程与社会需求密切关系的意识。开放的设计课题或是取之于企业需求或是来源于生活实际，在调研阶段需要接触社会、接近企业，课程项目增强了学生发现、分析和解决问题的能力，创新思维的能力，强烈的责任感以及在失败中继续探索的精神。

（3）课程的设计和表达相辅相成，图学思维在创新设计中充分体现。课程以零件级产品全生命周期的理念组织项目的开展，学生对设计和表达在概念设计、详细设计到加工制作阶段都需要掌握和应用，加深对课程核心内容的理解，课程项目的创新设计得以保证。

2.1.4 基于在线开放课程的教学体系改革

在线开放课程和虚拟实验的兴起，在优质共享的前提下，结合线上线下翻转，形成课程教学新形式。

慕课和虚拟实验开始的时间并不长，但由于其特殊的传播方式，使课程教学延伸至课堂之外，学生个性化成长成为可能，对图学教育来讲学生形象思维的个体化差异就可以通过更为直观有效的教学资源加以弥补。

（1）丰富课堂教学形式。教师“满堂灌”的教学方式催生了一大批低头族，慕课翻转，在课堂上采用讨论、答疑、答辩等形式，使传统课堂鲜活起来。

（2）精美的课程呈现。慕课视频的媒体传播方式优于教师自制的 PPT 效果，在线课程平台模拟课堂的各项功能，且师生、生生可随时随地展开互动，与传统课堂结合，形成立体化教学空间。

2.1.5 夯实第一课堂，拓展第二课堂

以赛促建、以赛促学。大学生先进成图技术和产品信息建模创新大赛已成为图学教学领域的品牌项目，吸引了 420 所高校、4000 多名学生参加。通过尺规绘图、计算机建模和 3D 打印三个环节，强化学生的图学思维、工程应用和综合实践能力，成为图学课程教学的延伸、检验、交流的大平台。同时，教师教学能力的大赛也促进了教师重教、善教和乐教，形成了图学教学改革和推广的良性氛围。

通过一系列建设，图学课程的教学目标紧扣新工科人才培养，形成了多元化的价值、知识、能力、素质四位一体的新要求。融入课程思政，通过教学内容的设计、教学模式的创新、评价机制的引导、实践环节的增加，使课程的教学效果更好地支撑了新工科人才的培养目标，建成一大批优质教学资源，教学方法体现了学生为中心的理念，图学课程在专业人才的培养中起到了极其重要的作用。图 1 是目前图学课程教学的体系简图。

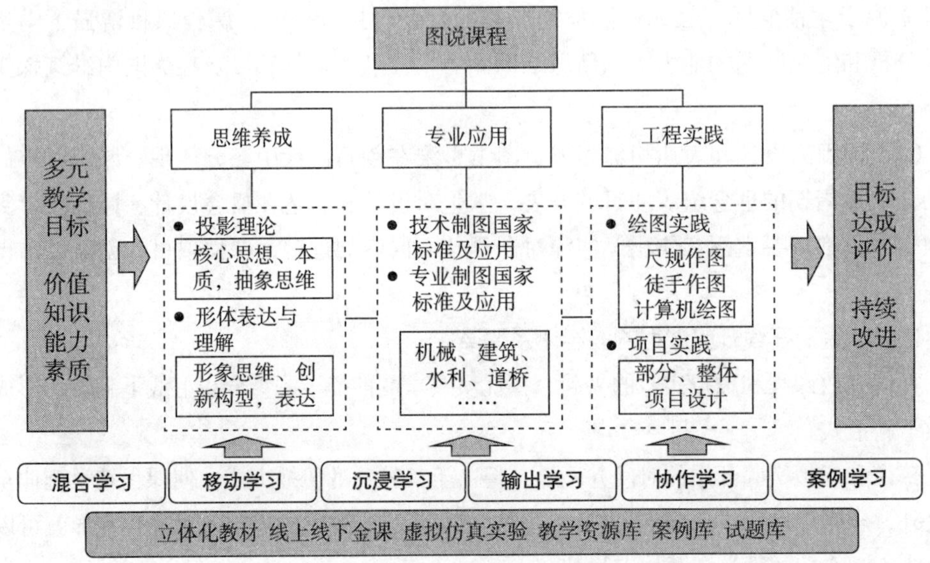

图 1 图学课程体系的构建

在一系列图学教学改革中，由于对形式及内涵理解上的偏差，也产生了一些误区，需要在进一步开展研究中引起重视。主要问题在于：

（1）过于强调工程实践，认为课程就是以工程表达为目标，忽视了图学思维的训练，导致产生了可以全部取消画法几何内容的偏见。

（2）二维绘图软件尤其是三维设计软件的引入，使课程教学中的大量时间用于软件操作的教学，学生也自以为三维建模是更为高级的能力，忽视了二维图样在生成和想象中的思维训练以及在工业生产中的实际需要。

（3）有些新名词简单堆砌，产生歧义，导致理解上的混乱。

（4）图学教学资源的充分提供使学生可以即时得到三维形体，减弱了思维过程的训练。

（5）慕课课程的制作简单理解为课堂搬家，没有在教学体系上进行合理的混合教学设计。

（6）教学学时的压缩使得简单削减课程难点，导致学生图学应用能力降低。

2.2 图学教学体系的国外现状

国外许多著名高校，例如美国的麻省理工学院、密歇根大学等，他们的工程教育强调工程背景和工程实践，工程图学课程往往不是单独开设，其课程体系是将工程图学、设计学、计算机图学融为一体。以机械工程专业为例，图学课程的内容定位为设计表达的工具，围绕着产品设计过程展开，其设计的课题往往较为关注社会使用者，更注重用户体验及创新设计。

欧洲一些高校对工程表达较为关注，也通过实践加以提高。而其侧重点在于机械结构本身，以精心设计的课题，从大一到大四不断增大机械的复杂性和功能性，在表达方面也不断提升难度，从简单装配到复杂装配，学生在反复训练中得到提高。

欧林工学院（Olin College）的工程教育被认为具有全球最先进的教学理念，该校成立于1997年，每年只招收80多名学生。其特点是课程的综合性很高，充分体现高度跨学科的特质。同时以项目为基础的教学让学生将基本概念和理论与真实世界联系起来，通过自己分析、设计、制造工程系统来建立和发展解决实际问题的思想和技能。

由此可以分析归纳出如下特性：

（1）真实性。其实践环节是以实际需求为导向，不是教师设计好操作步骤的简单重复式。而是开放式，需要学生充分发挥其智慧，创造性地主导实践过程。

（2）融合性。学科融合、团队融合、管理融合等充分体现在学生学习的过程中，这一特质是新工科人才培养非常重要的组成部分。

（3）连续性。人才培养的模式不是一个年级一门课能解决的，需要延续到四年的学习中，反复训练，螺旋式上升，达到能力和素质的综合提升。

反观我国的课程教学，图学课程、学科分界非常明显，学生仍以学习课程知识为主，对知识的综合应用能力不够。因此需要进一步深化，以产出为导向，设计课程的教学方式，培养学生的工程素质和实践能力。

3. 图学教学体系的发展趋势及展望

学科的教学体系应有明确的教学目标，完善的教学内容（包含理论和实践），以学生学习为中心的教学设计，可以进行持续改进的评价体系，并有丰富的教学资源加以支撑。在新工科背景下，学科交叉融合日益明显，同时依赖基础性学科的应用研究也越来越重要。人工智能时代的到来，更需要大批图学大学科领域的优秀人才，为推动社会发展、解决我国重大的图学发展问题做贡献。

为此，图学教学体系的构建需要面向未来图学人才需求（如图2所示），形成面向高年级中学生和非工科专业学生群体的图学思维培养层，面向工科专业本科生的工程图学学习层，面向专业、掌握本领域工程表达规范标准的专业制图学习层，面向新兴的人工智能、机器人工程等复合交叉专业的图学计算基础共性问题的学习层，以及图学专门研究型高端人才的培养层。这一培养体系形成了图学人才金字塔，以图学大学科课程群贯通本硕博人才培养通道，使优秀人才脱颖而出，成为研究图学重大问题的科学家，图学相关的国家重大战略问题的思想领袖和战略领袖。

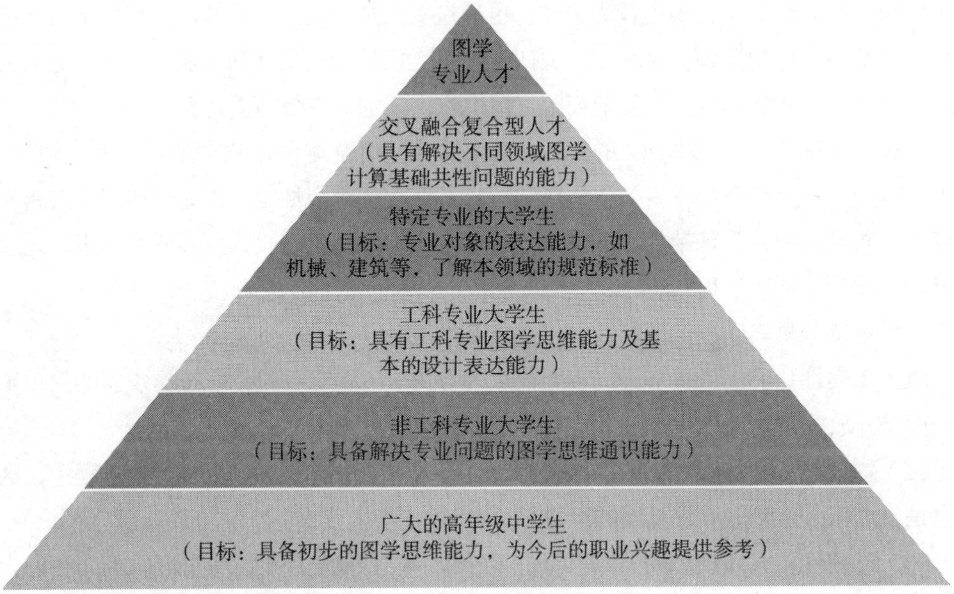

图学
专业人才

交叉融合复合型人才
（具有解决不同领域图学
计算基础共性问题的能力）

特定专业的大学生
（目标：专业对象的表达能力，如
机械、建筑等，了解本领域的规范标准）

工科专业大学生
（目标：具有工科专业图学思维能力及基
本的设计表达能力）

非工科专业大学生
（目标：具备解决专业问题的图学思维通识能力）

广大的高年级中学生
（目标：具备初步的图学思维能力，为今后的职业兴趣提供参考）

图 2　图学人才培养体系

3.1　图学思维的培养

图学学科是一门基础性学科，图学思维是它的核心组成。图学思维以形象思维为主、逻辑（抽象）思维为辅，其思维过程包含了人脑对图形信息的输入、存储、加工和输出的整个活动。在人类的认知过程中，视觉是最重要的信息接收渠道。图形信息呈现的情景、关系和过程的整体性，能更好地帮助人们认识世界、改造世界。新的时代更需要培养专业人才，建立起对复杂信息的洞察力，去发现并呈现未知世界的规律和发展趋势。

因此，图学思维的培养应在早期教育中普及推广，这种智力发展可养成宏观整体和精确细致的思考习惯，对自然社会的理解和今后工业的发展都是有益的。如果能在高年级中学生中开展教育，一方面使学生初步具备图学思维的能力，另一方面通过学习，可以使学生对自身的能力有较为清晰的定位，强化对工科相关专业的认知，为国家培养工程专家具有十分重要的意义。

对于专业人才的培养，图学思维对专业培养中的思维形成也起到了非常重要的积极作用。2017 年，美国麻省理工学院启动实施“新工程教育转型”（NEET）计划，强调了 12 项思维能力的养成，其中包含了学习型思维、工程思维、科学思维、协作性思维、个人技能与态度的提升、创造性思维、系统性思维、批判性思维、分析性思维、计算性思维、实验性思维、人本主义思维。而在图学教育中对图学思维的训练可以促进其中大多数思维的发展。

工科专业的学生，以及从事图学专业发展的专门人才更需要从图学思维的角度进一步探索图学教育的意义及方法，构建切实有效的教学体系，充分体现交叉融合，更符合新时代对人才培养的需要。

3.2　项目式教学在图学教学中的应用

“项目式教学”是在以产出为导向，从认知思维出发构建的新型教学体系，通过主动学习、团队合作、问题导向等学习形式为工科学生认知思维和工程专业能力培养提供更大的提升空间。在图学课程中，可以零件级项目设计过程为引导，从产品的市场定位、客户需求到解决方案的产生，从概念设计到详细设计的表达方法，通过经济核算和项目管理，最终完成原型的制作，进行项目成果的答辩和展示，如图 3 所示。通过课程教学，不仅可以使学生了解产品设计与制造过程中的基本知识，掌握产品设计表达和工程制图方法，还能培养学生对设计到制造全过程的认识能力和工程产品设计的实践能力，在项目引导的教学过程中培养学生的综合应用能力和工程素质。

项目式教学的主要流程为：以项目设计带动知识的掌握，从最初就形成小组，在讲授设计方法的同时布置项目设计的题目，选择一具体产品设计要求，课题是开放式的，掌握基本方法后充分运用创新设计，体现了设计学科的本质。在学习制造基础的同时，根据加工条件进行设计修改，通过三维建模、图样生成和数控加工，最终完成开放的设计课题。

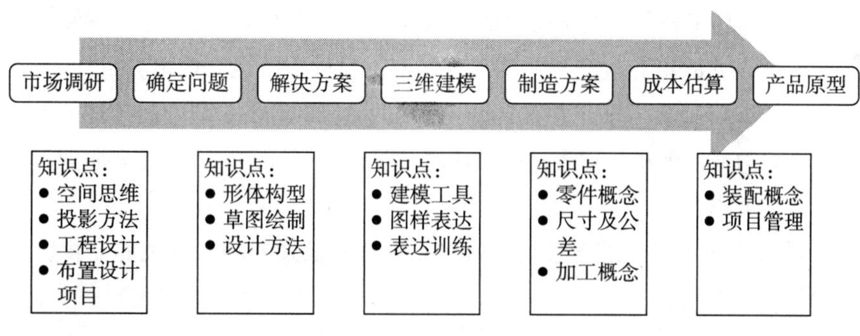

图 3　图学课程项目式教学实践流程

在课堂教学和项目设计的实施中，采用多种教学形式，包括团队合作、讨论、演讲、动手实践、原型制作等，培养学生技术交流和表达的能力、团队合作精神、动手实践的能力。学习评价建立了一套完善的考核体系。改变了平时作业 + 考试的常规方法，项目设计的考核包括设计报告、答辩演讲、制作原型三部分。每个团队还有队员间的互评。这套方案对学生技术交流和表达的能力、团队合作精神、动手实践的能力有了较为全面的评估。以项目设计贯穿整个教学过程，对知识的吸收和应用有了一个载体。知识传授的节点配合项目设计的进展，提高了学生的学习自觉性和主动学习、自主学习的能力。开放式的设计题目充分提升学生创新设计能力，培养了学生的工程素质。

未来“项目中心”的教学体系，将是以项目作为教学的核心，自主选择相关的学科课程，个性化地定制能支撑项目完成的知识体系。大学将更注重完成真实任务的思维方式、创新能力、工作模式。图学课程也需要积极应变，体现以下特性：① 目标的多元化；② 对象的层次化；③ 结果的可量化；④ 获取的柔性化。课程的教学过程并非一成不变，而是由目标引导，形成不同的过程走向。通过关联图谱的组织，构建自主和创新型学习的新体系。

3.3 未来图学人才的培养规划

图学学科发展及人才培养对社会的进步做出了巨大贡献。我国正处在从“制造大国”向“制造强国”转变的重大历史时期，基础性学科越来越重要，图学学科重大问题和图学领域的重大战略问题亟须有专门的人才从事研究，并能引领未来的发展。目前，从事图学教育的教师中绝大多数一直从事图学学科的科学问题研究和科研项目攻关。因此，培养图学专业人才的条件已经成熟。

新的工科专业大部分和图形计算相关，例如数据科学与大数据技术、机器人工程、智能科学与技术等。这些专业都需要图学计算系列课程模块加以支撑。图 4 为图学学科交叉复合型人才的培养体系。因此，以计算机图形学、科学可视化、系统仿真与虚拟现实、数字图像处理、多媒体技术、实时动画技术等课程组成的课程模块可以作为学校层面的交叉模块课程系列，为新工科专业交叉融合的新型人才培养做强有力的支撑。

对专业图学人才的培养应充分明确人才培养的目标，既能支撑培养目标的毕业要求，包含相关的图学基础知识、图形系统及系统应用的分析、开发、研究的工程能力，又具有团结协作、交流沟通、项目管理等技能，使之具有能担当社会责任、遵守职业道德规范和终生学习的良好工作态度。

图学学科人才的培养是综合性的，其体系的构建及发展随着环境的变化以及人们的

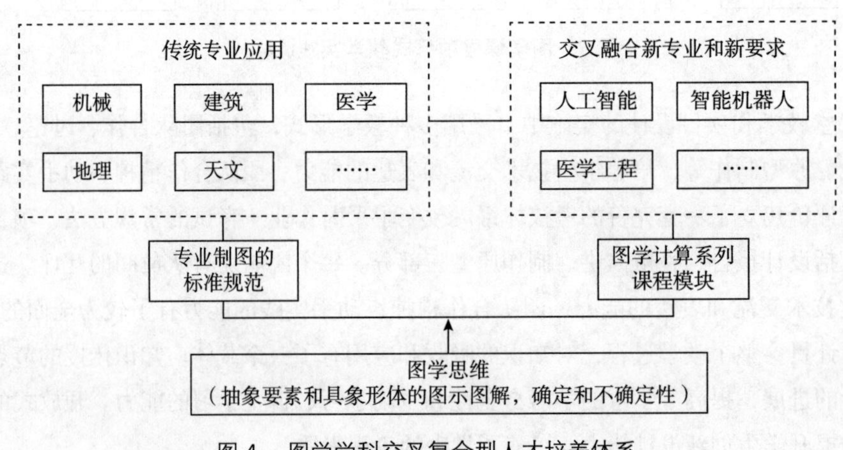

图 4　图学学科交叉复合型人才培养体系

认识提高呈现出新的内容和组织关系。围绕新时代人才的培养，构建更完善的图学教育体系，是未来需要继续探索和实践的。

参考文献

[1] 何援军，于海燕，柳伟，等. 图学学科蓝图构想［J］. 图学学报，2018（10）：976-983.

[2] Frederick E Giesecke，etc，Technical Drawing with Engineering Graphics［J］. Prentice Hall.

[3] Peter Jeffrey Booker. A history of Engineering drawing［M］. London：Northgate Publishing Co. Ltd，1979.

[4] 蒙日. 画法几何学［M］. 廖先庚，译. 长沙：湖南科学技术出版社，1984.

[5] 洪仁纛. 图学教育纵横谈［J］. 重庆交通学院学报，1983（4）：100-103.

[6] 刘克明，张子清. 画法几何学的创立及其教育［J］. 武钢大学学报，1997（4）：72-74.

[7] 刘克明. 中国工程图学史［M］. 武汉：华中科技大学出版社，2002.

[8] 郭长虹，马筱聪，李大龙，等. 构建基于"卓越工程师教育培养计划"和 CDIO 的工程图学教学体系［J］. 图学学报，2014（2）：121-126.

[9] 庄宏，陈忠，唐文献，等. CDIO 项目式教学研究与设计［J］. 大学教育，2019（3）：18-21.

[10] 李雨桐，王玉新. 强化工程意识与工程图样绘制能力的工程图学教学探讨［J］. 图学学报，2014（5）：791-797.

[11] 张宗波，王珉，刘衍聪，等. 以创新能力培养为导向的机械工程测绘实训课程改革研究［J］. 图学学报，2018（3）：594-598.

[12] 张京英，杨薇，佟献英，等. 构建基于 OBE 的立体化制图教学新体系［J］. 图学学报，2019（1）：201-206.

[13] 张宗波，王珉，牛文杰，等. 与三维造型技术相融合的工程图学教学探索［J］. 高教学刊，2018（21）：76-78.

[14] 于海燕，彭正洪，何援军，等. 工程图学内涵的变化与发展［J］. 图学学报，2018（5）：990-995.

[15] 童秉枢. 图学思维的研究与训练［J］. 工程图学学报，2010（1）：1-5.

[16] 李伯聪. 工程思维的性质和认识史及其对工程教育改革的启示［J］. 高等工程教育研究，2018（4）：45-54.

[17] 陆国栋，孙毅，费少梅，等. 面向思维力、表达力、工程力培养的图学教学改革［J］. 高等工程教育研究，2015（5）：1-7，58.

[18] 肖凤翔，覃丽君. 麻省理工学院新工程教育改革的形成、内容及内在逻辑［J］. 高等工程教育研究，2018（2）：45-51.

[19] 朱伟文，李亚东. MIT"项目中心课程"人才培养模式解析及启示［J］. 高等工程教育研究，2019（1）：158-164.

[20] 远方. 工程制图——空间想象训练［M］. 北京：高等教育出版社，2018.

撰稿人：蒋　丹　刘衍聪

图学教学模式研究

1. 引言

教学模式是图学课程教学改革中需要研究的一项重要内容。所谓教学模式，是在一定教学思想或教学理论指导下建立起来的较为稳定的教学活动结构框架和活动程序，这种程序突出了教学模式从宏观上把握教学活动整体及各要素之间内部的关系和功能，作为活动程序则突出了教学模式的有序性和可操作性。

图学课程是高等院校一门重要的工程技术课程，在工程科学人才培养体系中占有重要地位，为后续课程提供必要的制图基础知识和基本技能。该课程有助于培养学生空间思维能力、形象思维能力、设计表达能力和创新构形能力，是其他课程无法替代的。因此，随着工业建设的信息化、产品设计数字化等先进技术手段的应用，图学学科研究领域在不断扩大，研究内容在不断深入，图学课程的改革都是与时俱进，把探索新的教学模式作为改革主要目标。图学类课程教学模式的改革是图学学科发展方向的内在要求。

本报告首先论述教育与教学的基本概念，只有明晰教育的根本所在，知道教育是一种教书育人的过程，教学是教师的教和学生的学所组成的一种人类特有的人才培养活动，才能知道任何教育的一个手段或者一种方式都是为其服务的。本报告阐述了因材施教的理念，并将其扩展，明确了教学模式的选择是因材施教多维因素下的一种选择。

本报告分析了图学课程教学模式所经过的不同发展阶段及不同阶段的研究特点。以知网、期刊论文库、万方论文库等的期刊为信息源，查阅大量文献，归纳了 2013—2018 年图学课程运用的各种典型教学模式，包括以课堂教学为代表的传统教学模式和以在线课程为代表的新兴教学模式，叙述了各模式的特征，预测了教学模式的发展趋势。

2. 教育与教学

2.1 基本认知

子思在《中庸·第二十章》有一句治学名句“博学之，审问之，慎思之，明辨之，笃行之”，这是教育的本质。教育，在于育，育人。教学，在于学，学知识学技能，同时也渗透育人。教学是教育的一个手段和方式，用教学来实现教育。

教育的目的是什么？到底什么才是真正的教育？获得知识？掌握技能？取得成功？赢得尊重？还是，享受乐趣？理查德·莱文是享誉全球的教育家，曾在1993—2013年任耶鲁大学校长，他曾说过：“真正的教育不传授任何知识和技能，却能令人胜任任何学科和职业，这才是真正的教育。”他还说过：“如果一个学生从耶鲁大学毕业后，居然拥有了某种很专业的知识和技能，这是耶鲁教育最大的失败。”是的，专业的知识和技能，那应该是学生们根据自己的意愿，在大学毕业后才需要去学习和掌握的东西，那不是大学教育的任务。

美国已故小说家大卫·福斯特·华莱士是在西方有卓越影响力的作家，被誉为“近20年来最有创造力的作家”。Wallace在演讲中也说到：教育的目的不是学会知识，而是学习一种思维方式——在烦琐无聊的生活中，时刻保持清醒的自我意识，不是“我”被杂乱、无意识的生活拖着走，而是生活由“我”掌控。真正的教育，应该是批判性的独立思考、时时刻刻的自我觉知、终身学习的基础。学会思考、选择，拥有信念、自由，教育，是一种提高人的综合素质的实践活动。

所以，思维培养才是教育的目标，《大学的理念》的作者约翰·亨利·纽曼说过：“只有教育，才能使一个人对自己的观点和判断有清醒和自觉的认识，只有教育，才能令他阐明观点时有道理，表达时有说服力，鼓动时有力量。”教育令人看世界的本来面目，切中要害，解开思绪的乱麻，识破似是而非的诡辩，撇开无关的细节。教育能让人信服地胜任任何职位，驾轻就熟地精通任何学科。

人因为其自身的意识形态，又有着别样的思维走势，所以，教育当以最客观、最公正的意识思维教化于人。如此，人的思维才不至于过于偏差，并因思维的丰富而逐渐成熟、理性，并由此，走向最理性的自我和拥有最正确的思维认知，又有着其自我的感官维度，所以，任何教育性的意识思维都未必能够绝对正确，而应该感性式的理解其思维的方向，只要他不偏差事物的内在。

教学是教师的教和学生的学所组成的一种人类特有的人才培养活动。通过这种活动，教师有目的、有计划、有组织地引导学生学习和掌握文化科学知识和技能，促进学生素质提高，使他们成为社会所需要的人。

教学又是借助不同的形式实现的，例如教学的基本形式——课堂教学，教学的辅助形式——现场教学和个别指导，教学的特殊形式——复式教学，教学的电化形式——多媒体教学，等等。

教学的概念是从教学现象和教学实践抽象和概括出来的，教学的内涵也随着历史的发展而发展。因此对教学这一概念的厘定也不是一成不变的。但人类对教学的认识是有连续性的。回顾历史上对教学这一概念的解释对我们正确认识教学这一概念具有重要意义。

教学过程是一个互动过程，是一个理解与思考，实践与探究，纠错与完善的过程。这个过程本身需要时间，更需要时间进一步反刍消化、体验内化这些知识的内涵，而不是形式。所以教学过程不是高效课堂，也就不能用知识考察来评价！

2.2 因材施教

2.2.1 因材施教的基本含义

因材施教，出于我们的教育先祖孔夫子。因材施教是教学中一项重要的教学方法，也是一种教育理念和教学原则。在教学中根据不同学生的认知水平、学习能力以及自身素质，教师选择适合每个学生特点的学习方法来有针对性的教学，发挥学生的长处，弥补学生的不足，激发学生学习的兴趣，树立学生学习的信心，使每个学生都能扬长避短，获得最佳发展，从而促进学生全面发展。

因材施教具有丰富的现代内涵。在不同的学习场合之中，不同类型、不同能力水平学生的学习表现是极为复杂的，需要教师凭着自己的经验和智慧灵活地设计因材施教的方法；因材施教策略的设计和施行，要留意观察分析学生学习的特点，对待学习成绩差的学生，要做具体分析，区别对待；教师要根据对学生学习风格的了解，在教学中有针对性地提供风格相配的教学方式；教师不仅仅自己要分析把握学生的学习风格，而且要引导学生认识自己的学习风格特点，促使学生把学习风格转化为学习策略。

因材施教并非是要（也不可能）减少学生的差异。实际上在有效的因材施教策略影响下，学生学习水平的发展差异可能会更大，因为能否更充分地得益于受教育条件，这本身就是潜能高低的一个表现。在较适宜的学习条件下，潜能低者能够开发出潜能，潜能高者会发展得更快。教师对于不同水平的学生应设计不同的发展蓝图，这样才能有意识地进行培养。

2.2.2 思维模式因人而异

因材施教，因人而异，基本上可以分成四种具有根本差异思维模式的人群。

（1）点性思维人群，给他一个条件 A，可能永远推不出结论 B。知识运用水平可能用上毕生所学也解决不了几个问题。

（2）线性思维人群，给他一个条件 A，他可能最多推出一个结论 B。知识运用水平只是举一反一，一个规律只能解决一个问题。

（3）平面思维人群，或说结构性思维人群，给他一个条件 A，他可以推出结论 B、结论 C 和结论 D。知识运用水平能够举一反三,一个规律可以解决 3 个问题。

（4）立体思维人群，或说系统性思维人群，给他一个条件 A，他可以推出结论 B、结论 C、结论 D，结论 BC、结论 BD、结论 CD 等。他们的思维是系统化的，看事物从宏观到微观，既懂运筹帷幄又懂探究底层规律。举一反十（或更多），用一些基本规律就能解决大多数问题。

大脑的学习记忆，靠的是将新知识与旧知识联系起来。如果大脑里两个神经细胞总是被同时激发，那他们之间的连接就会变得更强。而这个时候，如果再激发其中一个细胞，那么另外一个细胞，就会被同时激发。就像我们拿着锤子，就自然而然会去找钉子一样，因为在我们的脑袋里，记忆这两个物件的神经细胞是紧紧连接着的。

所以，教育就是根据不同人群固有的思维模式向立体思维，或说系统性思维训练。教学不仅是教知识，更重要的是教知识的连接，这种连接不仅结构清晰，而且尽可能地将一个神经细胞和多个底层规律相同的神经细胞连接。

2.2.3　因材施教的扩展

因材施教的本意是因人而教。因为人的思维模式是不同的，所以因材施教是因人而异的。其实，教学方法与教学方式以及教学模式的选择不仅仅是因人而异，而是与教学对象、教学目标、教学内容，以及学校类型、专业类型、学生类型、课程性质等多维因素下的一种教学模式的选择。每一种教学模式都要指向一定的教学目标，这个目标是教学模式构成的核心要素，它影响着教学模式的操作执行和师生的组合方式，也是教学评价的标准和尺度。

传统教育通过课堂讲授、倾听、观察、朗读、练习实地与学生进行言语与形体的交流，教与学之间的直接交往自有它的好处。例如，钢琴课、手提琴教学，需要手把手地教，近距离的即时纠正；课堂教学，教师有即时发挥，与学生有互动，教师可以根据课堂的气氛修正教学内容，显然不宜采用远程教学方式。通识课、思政课以及更需要学生的独立性学习和课后练习的外语课，网上教学与课堂教学的区别不大。这是一些比较极端的例子。

通常认为，数学训练人的逻辑思维，图学训练人的空间思维、形象思维。两者的教学模式也因此而有所区别。

3. 图学教学模式的最新研究进展

进入 21 世纪后，随着科学技术的不断发展和现代教育技术的广泛应用，高校对人才培养的要求进一步提高了，培养创新型人才成为高校课堂教学改革的终极目标，以教师为中心、以教材为中心、以课堂为中心的传统教学模式已经跟不上时代发展的需要。因此，国内外高校图学教学开启了新一轮课堂教学模式的创新。

文献［1，2］概述了21世纪以来国内图学课程教学模式中较为重要的4种教学模式：系列课程融合模式、分块协调模式、基础平台与综合提高相结合的模式、以三维为主线的模式。这4种教学模式的特征不同，一是课程整合，培养工程设计能力和创新能力；二是内容重组分块，贯穿在大学四年教学中；三是搭建公共平台，培养图学素质；四是将三维建模引入工程图学教学中，加强教学实践，增设课程设计。这4种教学模式在国内各大专院校图学课程教学中得到了广泛的运用，至今仍处在运用之中且占主导地位。

目前，随着互联网技术的快速发展，教学手段和教学方式发生了一些变化，教学模式也从传统方式到更多利用互联网技术的方式。从2014年以来，图学课程在原有教学模式以及国外流行的教学模式的基础上继承和创新，发展了一些新的教学模式，目前比较受关注的教学模式有两类：一类是"基于项目化的教学模式"，另一类是"互联网＋为背景的教学模式"。

3.1 基于项目化的教学模式

项目化教学模式是基于构建主义学习理论、杜威的实用主义教育理论和情景教学理论而形成的一种教学模式。这种教学模式实质上是以实践活动为主导的理论与实践有机结合的"做中学"教学模式，这一模式在教学过程中的主要特征是突出以学生为主体，以典型工作任务（项目）为载体，通过理论与实践的有机结合来组织教学。其目的是把学习者融入任务的完成过程中，让其积极地进行探索与发现，培养学生独立解决问题、合作探究的能力。

2014年及以后，正值我国卓越工程师培养计划执行到中后期，为提高工程教育质量，加速我国从工程教育大国向工程教育强国迈进，各高校努力完善创新型、应用型、复合型高素质人才的培养模式，推动创新创业教育融入人才培养全过程。图学课程从设计理念上按通用标准和行业标准培养工程人才，强化培养学生的工程能力和创新能力。在课程的教学模式上主要围绕项目化教学模式开展研究，学者们就项目化课堂教学模式内涵、建设思路、方案实施等从不同角度进行了模式的创新与改革。作为一种新的教学模式，近几年来在我国图学教育领域中得到了一定的应用，取得了一些研究成果，发表了一些以该模式为理念的图学课堂教学模式构建的文章。

文献［3~6］阐述了在该理念下构建的较为重要的几种模式。

3.1.1 机械制图三结合实践教学模式

该模式从机械制图课程的培养目标出发，结合卓越工程师"面向工程、宽基础、强能力、重应用"的培养方针，基于以学生为主体、以教师为主导的理念构建的一种教学模式。其核心内容包括：教师示范实践和多媒体课件相结合；CAD软件与课程内容相结合；综合测绘与专业及数字化相结合。达到了学生制图实践能力和学习能力的明显提升，对于教学质量和培养实践创新人才起到事半功倍的效果。

3.1.2 教学效果导向型的图学教学模式

该模式的基本思想是以图学能力内化为中心，以工程意识培养为导向，形成以图感为中心的图学意识理论架构，对图学知识与技能进行重新定位和设计，构建了“构型－表达－设计”一体化的图学创新实践模式。引导学生在工程环境中运用图学知识和技能进行设计与表达，对于认知活动中的关键环节形成持续有效的激励，进一步促进图学能力的内化和强化，提高学生的实践能力与创新素质，实现对教学运行的有效认同和全局把控。

3.1.3 工程制图课程“做中学”教学模式

该模式的基本思想是“项目化教学”理念与工程制图课程教学实践相结合，强调从“做”中培养学生的学习方法、思维方法。通过“做中学”的工程模型制作实验和在工程制图课中进行创新设计实践，从根本上转变教育思想，真正地从过去以传授知识为主的教学转变到今天指导学生创造性地学习和运用知识解决实际问题的能力，变学生被动学习为主动学习，调动了学生学习的积极性，发展了学生们的空间思维能力、工程设计的图示能力和创新思维能力，团队合作精神得到明显提高，在教学质量上产生了质的飞跃。

这几种有代表性的课堂教学模式，经实践证明都是卓有成效的，其主要特征如下：

（1）模式构建方式具有理论和实践相结合的特点，让学生完成集知识、理论、实践于一体的教学任务，整个学习的过程是在做中学。

（2）改变了传统的教师与学生之间的关系，把学生置于主体地位，重在培养学生的实践能力、自学能力和创新能力。

（3）在教学方式、教学内容、学生学习方式和评价方面，是对传统教学模式进行了变革和扩充，呈现出探究式教学特征。

3.2 新兴的教学模式

随着《教育信息化十年发展规划（2011—2020）》的深入和互联网技术的发展，教育部于2015年印发了《关于加强高等学校在线开放课程建设应用与管理的意见》，提出要构建具有中国特色的在线开放课程体系和课程平台；2017年开始认定“国家精品在线开放课程”，目的是进一步促进信息技术与教育教学的深度融合。所以，这一阶段，对教学模式开始产生深远影响，教学形态在不断演变，信息技术、网络、远程技术环境下的教学模式的建构成为研究热点。其研究MOOC、重构课程体系、课程内容和教学模式的文章呈上升态势，先学后辅（教）类的教学模式受到关注。先后涌现一批在线学习新型模式，例如混合式教学模式、翻转课堂教学模式、SPOC教学模式。这些教学模式在国内各大学得到了运用。在图学课程教学中，有些学校正在尝试使用这些新兴的教学模式。

我国图学课程运用新兴教学模式主要有以下几类。

3.2.1 基于MOOC的混合式教学模式

MOOC是一种大规模网络开放课程，现已经演变为世界范围内高等教育教学的一种全新模式。

MOOC 的发展，赋予了混合式教学新的含义。混合式教学是将网络在线教学和传统面授教学的优势结合起来的一种“线上 + 线下”的新型教学模式，充分发挥出 MOOC 的学习优势和传统课堂的教学的学习优势。也就是说既要发挥教师引导、启发、监控教学过程的主导作用，又要充分体现学生的主动性、积极性与创造性，从而使教学效果达到最优化。随着 MOOC 的兴起，越来越多的图学教师对混合课堂教学做了一些相关的实践研究：如文献《高校工程制图课程混合式教学模式探索与实践》、文献《基于慕课的机械制图课程混合式教学模式探究》、文献《以学生为中心的机械制图混合式教学模式研究与实践》、文献《线上 + 线下融合式工程图学课程建设与教学实践》等。他们以不同的在线教育综合平台为依托，基于布鲁姆教学目标分类理论，将教学内容以知识点类型重新梳理和归类，根据各知识点的类型和认知维度，从教学目标设计、信息化教学环境创建、教学内容设计、教学活动设计、考评方式设计 5 个方面进行了探索，形成了适合课程特点和学生发展的混合式教学模式。实践表明，混合式教学能有效激发学生的主观能动性，提升教学效果，优于单一的教学模式。

3.2.2 翻转课堂的教学模式

翻转课堂也称“反转课堂”“颠倒课堂”，即颠覆传统课堂的教学模式。其特征是颠倒了学习内容传递与内化的顺序，将学习的决定权从教师转移给学生，教师不再占用课堂的时间来讲授知识，这些知识需要学生自己安排时间，在家或课外通过观看授课视频学习（线上学习），整理学习内容，再回到课堂上通过小组讨论、协作探究、问题解决以及课堂作业等完成知识的内化，教师则以协助指导的角色来帮助学生完成个性化学习。这种通过对教学结构颠倒的安排，可以实现真正的个性化教学。2011 年，加拿大《环球邮报》将翻转课堂评为影响课堂教学的重大技术革命。

目前，国内图学界对翻转课堂的教学研究和实践处于发展阶段。文献［11］在工程图学课中以翻转课堂为前提，以有效地工程图学课程学习的设计方案与组织为基础，以经过精细化制作的教学视频资源为保障，将第一学期 40 学时的基础理论内容采用翻转课堂模式教学，并对 2014、2015 级两个班的学生进行翻转课堂教学效果问卷调查，结果显示：学生普遍认为学习模式难度合适，一半以上的学生喜欢这种模式并认为该模式学习效率高。文献［12］将翻转课堂教学模式运用在化工制图课程中，课程设计包括 4 个环节：课程开发、课前学习、课堂活动、课后总结，并对翻转课堂在教学中的优势和局限性组织两个班的学生进行对比实验研究，辅以问卷调查和访谈进行三角互证，研究表明：① 翻转课堂这种新型教学模式在激发学生学习兴趣、提高学习效果、培养创新能力、团结协作以及沟通方面具有优势；② 翻转课堂在大学教学中的应用具有一定的局限性，表现为翻转课堂对于概念原理类知识的教学效果不佳，对低分学生不十分适用；③ 大学教学中应用翻转课堂教学模式要因课制宜、因人制宜，只有积极营造适合翻转课堂实施的有利条件，才能充分发挥翻转课堂的优势同时克服其局限性。

3.2.3 SPOC 教学模式

SPOC（Small Private Online Course）教学模式是小规模限制性在线开放课程，主要针对在校学生，根据专业及学习基础，将学生分成小班，每个班一般不超过 30 人。SPOC 的教学主要是打破传统的教学理念和结构，重新定义各个教学环节的功能和意义，重新定位教师在整个教学过程的作用，教学过程是以翻转课堂的形式进行在线教学，即“先学习，再练习”；学生自己安排时间，在课外通过观看授课视频学习（线上学习），整理学习内容，再回到课堂内完成作业解决问题，达到混合式教学的目的。

SPOC 教学理念打破传统课堂的单项讲授，教师从知识传授者转化为导师、合作者、课程设计者和开发者。SPOC 教学模式的提出和实施基于一定的理论基础，学者们立足教学设计和教学形式提出建构主义理论和翻转课堂理念。

围绕构建主义理论下的 SPOC 教学设计。在宏观模式上，许多学者结合教学形态，探索教学模式。文献［13］结合国内外在线教育的演变过程以及后 MOOC 时期在线学习的新形态，提出并构建了基于“自主学习 - 协作学习 - 混合学习”的 SCH-SPOC 教学模式。以工程图学课程教学实践为例，展示了资源共享的个性化自主学习模式、同时异地联合授课的协作式学习模式和翻转课堂的混合式学习模式。这一教学模式的开展对促进优质资源共享，推动学生个性化自主学习，提升多模式混合教学的优势互补具有很好的作用。文献［14］以学生为中心构建工程制图 SPOC 课程平台，打造线上线下相结合的混合式教学模式。课程平台的建设与使用中，始终把学生视为教育改革的主要参与者；为学生提供支持自主学习的资源；设计持续吸引学生参与的学习活动；采取鞭策学生线上学习的激励措施。文献［15］将 SPOC 模式与 MOOC 模式进行了对比剖析，认为 SPOC 可提升教学质量；SPOC 教师的作用更为重要；与 MOOC 相比，SPOC 的利润高、成本低，有利于 SPOC 长远可持续发展。

翻转课堂教学模式改变了传统的填鸭式教学方式，极大地提高了学生自主学习的能力，也使得教师提升了学科知识、教学设计能力。

经过梳理这几种新兴教学模式在图学课中的运用情况，包括线上与线下混合式教学模式、翻转课堂教学模式和 SPOC 教学模式的构建、模式的设计与实践效果，尽管在教学模式方式上有些区分，但无论是基于教学设计还是教学形式的理论基础，其本质是一致的，它们有其共同的模式特征：既强调实体课堂与在线学习的深度融合与对接，突出以学习者为中心，推进教学组织形式、学习方式和管理模式的变革创新，为不同层次、不同类型的受教育者提供个性化、多样化、高质量的教育服务，促进学习者主动学习、释放潜能、全面发展。这些教学模式给课堂教学带来了一场革命。

4. 国内外研究进展比较

4.1 美国图学教学模式

美国各所大学的图学课程有不同的教学模式，随着信息技术的发展，一些学校提出了与信息社会相适应的工程图学教学模式。比较典型的是课程整合模式，如文献［16］中介绍的美国加州理工学院、麻省理工学院等学校将工程图学课程整合到计算机辅助设计、设计与制造等课中。

文献［17］中介绍了美国普渡大学印第安纳波利斯分校工程图学系列课程的教学现状。该校的课程采用系列课程融合的教学模式。该模式的基本思想是系列课程的整合，即将先修课程（工程图样基础）、后续课程（产品设计）、高级课程（参数化建模）三门课整合成图学课程。先修课程，内容包括徒手绘图、正投影多面视图、尺寸标注、辅助视图、轴测图、工程图样、可视化、虚拟现实；后续课程，内容包括徒手绘图、尺寸标注、三维建模、几何尺寸公差、有限元分析；高级课程，内容包括徒手绘图、尺寸标注、数字化建模、数控技术。三门课程阶梯分明，融合了不同的 CAD/CAM 软件，教学目标清晰，教学内容层次递进，且与后续专业课程无缝连接。

美国图学教学模式有以下一些鲜明的特征。

（1）课程教学模式强调教学与实用性、设计性的结合。立足三维、“寓理于技”的内容设置是美国工程图学教学的精髓。

（2）教学方式多样，各种不同的教学方式融入课堂。全新的板式多媒体既保留了传统的课堂互动性，又充分发挥了多媒体的形象化和高效性；网络平台与传统课堂教学的结合成为工程图学教学不可缺的一部分，借助网络平台，使学生获得对技术层面、社会等的思考和探索；现场教学是课堂教学的继续和发展，使学生在实验室现场了解加工工序和机器，对开阔视野、扩大知识面、培养独立工作能力大有裨益。

（3）注重学生素质能力的培养。草图绘制贯穿整个图学教学课程；项目设计是美国工程图学课程不可缺少的一个环节，以开放的命题要求学生发挥主观能动性和创造性；通过案例教学提升学生的自主学习能力。学生需要精读教科书和参考文献，通过网络资源等方式寻找答案。这不仅突出了学生学习的主体地位，而且培养了良好的学习习惯和自主解决问题的能力。

4.2 英国图学教学模式

英国高校教学模式，一般以集中讲授（Lecture）、小型研讨会（Seminar）和小班辅导课（Tutorial）为主。

工程制图课程采取的教学模式灵活多样，在英国巴斯大学制定的课程大纲中，工程制图课程不是作为一门单独的课程开设的，而是与建筑设计课合起来开设。采取技术基础课与专业课相融合的教学模式，课程设置先修工程制图课，为学生进行专业课学习提供工程技术理论基础和基本技能训练。工程制图课程采取集中讲授（大班授课），小班研讨，同时聘请工业界的人士来参与辅导课的实践训练。

英国图学教学模式有以下一些鲜明的特征。

（1）集中授课＋小班研讨＋小班辅导，这种教学模式是以学生为主体、以教师团队合作为基础的一种合作式教学模式，这种模式有利于达到教育的目的，有利于培养具有健康个性的学生及其交往能力和创造才能。

（2）注重教学活动和教学任务多样化。英国课堂丰富多彩，课堂气氛活跃有序，寓教于乐的教学方式占主导。教师会根据教学内容，因时因地设计各种有利于增强教学效果的活动及任务，如巴斯大学在开课伊始就以项目为驱动，学生以小组为单位制作模型，培养学生的空间想象力、动手能力以及协助合作精神。

4.3　日本图学教学模式

日本的图学教学内容与方式比较多样，在教学大纲的制定内容上规定比较简洁，不存在统一的教学基本要求与基本相同的课程设置。

日本的图学课程一般都分为图学理论教育和专业图教育两部分。如文献［1，18］中介绍的日本东京大学无论是在建筑还是机械专业中，不管学科方向分支如何、教学体系差异多大，都在一二年级设置了图学和图学练习课，其中画法几何设为“图学Ⅰ”、工程制图设为“图学Ⅱ”，同时设有配套练习。而日本冈山大学则将课程设置为3个模块，即基本机械制图、计算机绘图（CAD基础、System基本制图）和机械设计与制图，并删除了画法几何内容，根据专业需要在不同的学期讲授不同的课程模块。

课程设置的不同，教学模式更是呈多样化。日本东京大学图学的教学采用以三维建模为主的教学模式。在计算机绘图课中，引入三维建模内容，以项目化教学法组织教学，项目任务是要求学生设计斯特林引擎模型和空气压缩机。流程是：零件三维造型设计—组装产品—运动仿真干涉检查—绘制二维零件加工图。经历学生讨论，明确分工，合作完成，学生自我评估和教师评价等几个环节。在实施项目时，学生能够自主地进行学习，提高了立体到平面、平面到立体的认识，培养了学生图学意识与创新思维能力，从而有效地促进了创造能力的发展。

日本图学教学模式有以下鲜明的特征。

（1）将三维实体设计表达贯穿在CAD教学中，探讨三维设计辅助二维投影的教学模式。

（2）精简了画法几何内容，增加了课程设计，加强教学实践。通过设计实例培养学生工程实践能力和科学思维方法，拓宽学生的知识面，使学生了解和掌握现代科学技术研究中所需的技术。

（3）通过设计建模的学习，能激发学生的创新意识，调动学生学习的积极性。该课堂教学模式有利于提高学生动手实践能力和课程的教学质量。

4.4 国内外比较研究

从上述国外现有教学模式可以看出，我国高校图学课程的教学模式与国外的教学模式有区别，也存在共同点。

（1）欧洲大部分大学中，工程图学已经不再是一门单独的课程，而是分散在多门课程中，与其他课程有机结合。教学内容强调实践，弱化理论，有的学校削减了画法几何的内容，有的删除了画法几何课程。而我国课程设置大都是画法几何、工程制图、计算机绘图等，画法几何在图解综合问题方面有削减，但仍保持一门课或融合在工程制图课中，是重要的图学理论课，指导工程制图的实践，在整体课程中具有举足轻重的地位。因为课程设置的不同，国内外的教学模式也不尽相同。教学重点也不同，中国是夯实基础理论，加强实践教学，国外则侧重于工程的应用。

（2）国内外都把形象思维能力、创新能力作为人才培养的目标。在培养模式上有相同又有区别。相同的是三维建模、项目化教学模式引入课程教学过程，强化形象思维能力的培养；不同的是国外大学通过不同的实践方法激发学生潜在的创造力，引导学生自主学习，调动学生的兴趣，发挥个性。在制图课中不拘于抄绘图样，而是根据学生个性的特点创造出独特的作品。如英国在制图课上，教师会给学生一张抽象画（如火焰），让学生根据自己的理解创造性地想象相似的工程建筑物，然后绘制二维图样，再制作成模型。这种教学模式使学生在感受绘图的同时，发挥其自身所有的想象，充分利用生活中的各种经验，激发了学生的观察能力和探索能力。

（3）随着计算机技术的日新月异，网络教学模式成为教学中一种新兴教学模式。日本较早采用了网络化教学模式，目前东京大学基本不使用黑板板书教学，利用自制的演示文档课件教学，然后将这些资料放到学校指定的网站上。由于知识产权的保护，一般不发布到国家公共平台，仅作为课程辅助的教学资源在本校网站上共享。学生根据老师的教学进度自学相关内容，可以网上学习、下载习题资料，通过网上提交，教师通过网上辅导。

美国虽然网络课程教学起步较早，但在教学手段上针对不同的教学要求，使用不同的媒介，实物模型、黑板、演示文档仍然使用。此外有些学校建立了网站，网站上有内容丰富的辅助教学资料，如课件、视频片段、项目设计辅导、模拟考题等，学生可以利用网上资源自主学习，大大地提高了学习效率。

中国在网络教学方面异军突起，很多院校开发 CAI 课件，制作网络在线开放课程，不但在国家层面上有各大中型网络平台，学校也有各自的网络平台，新兴的混合式教学模式如雨后春笋，方兴未艾，国外一般不采用这种大规模方式。

5. 图学教学模式的发展趋势与对策

5.1 图学教学模式的发展趋势

随着“互联网 +”的到来，科技的创新，国家对“金课”的建设，图学教学模式将向多元并存方向发展，呈现出以下发展趋势。

（1）传统的教学模式与新兴的教学模式并存。本报告中指的传统的教学模式将面临新兴教学模式的挑战，但仍将大量存在，并且依然具有某些教学优势；新兴的教学模式（MOOC、SPOC 等）是有生命力、有前途、有未来的模式，将进一步在教学实践中尝试应用。

（2）以“回归课堂”为核心，以产出为导向的线下课堂教学模式将成为研究热点。这是一种以“教”为主的单维建构向“教、学”并重的双维构建发展的教学模式。其主要特征是：课内教学活动以传统课堂面授形式为主，以产出为导向，根据学生需要因材施教，重构课程知识体系，利用新型教学手段和信息技术对课程教学方法进行优化设计与实施，课程目标明确，可衡量、可评价，能有效支撑毕业要求达成。

（3）基于新技术的多自由度创新教学模式将得到运用。当代教学中，越来越重视科技的引进。以 VR、AR 为代表的虚拟现实技术正迅速发展，该项技术对图学的教学模式产生重要影响，但受硬件的局限及软件昂贵，发展不完善，使用得不多。未来，把虚拟现实技术与制图实践教学有机融合，虚实结合多自由度教学模式将得到普及运用。

（4）基于课程内容的分段、分型构建教学模式。教学模式其实更多的是教的模式，教就离不开教学内容，结合具体的课程内容进行模式的分类构建，将是未来教学模式发展的重要方向。

5.2 图学教学模式发展的对策

从教学模式的发展看，主要是传统教学模式与新兴教学模式两大类。每一种教学模式都有它的优势与局限性。传统教学模式大都是从教师如何去教这个角度来进行阐述，忽视学生如何学这个问题，忽视对学生学习特点与规律的研究。当前出现的新兴教学模式较传统教学模式有进步，重视教和学关系的讨论，通过模式中的教学流程和步骤保证了教师为辅学生为主导的地位。比如翻转课堂教学模式的实现，认为翻转课堂将传统的以“教师讲授为主”的模式向以“学生自主学习为主”的模式转变，提高学生自主学习的能力和兴趣，锻炼学生独立思考的能力，使其养成良好的学习习惯，从而取得最优化的学习效果。但实践表明其也有一定局限性，有些文献做过对比研究，认为“翻转课堂对于概念原理类知识的教学效果不佳；翻转课堂教学模式对低分学生并不十分适用”。事实说明不是新的就好，因为科技进入教育领域带来的正效应和负效应，二者同时并存。解决这些问题，建议从以下几个方面入手。

（1）遵循教育学和教育心理学规律。在运用新兴模式的同时，要坚持主体地位和教师指导地位的有机结合。做到因课制宜、因人制宜、因材施教。虽然是翻转课堂，但依然不能忘记教师的指导地位，教师在该模式下制定的教学设计必须遵循教学规律，要按“金课”标准建设，要具有“高阶性、创新性和挑战度”。

（2）教师信息技术应用能力提升。现代教育技术应用于教学中，使教学的内容与范围不断扩大，单靠传统教育的思维方式、技术水平远远跟不上教育发展的步伐。教师应做好知识更新和掌握现代教育媒体技术，努力成为拥有复合知识的新型教师，以适应现代教育技术发展的需要。

（3）坚持最佳选择原则。现代教育技术的应用必须坚持最佳选择原则，其内容包括：内容最佳、手段最佳、效果最佳、效率最佳及资源浪费最小。教学实践中应该遵循由低到高的顺序，凡是用传统教学方法或传统教学媒体能达到效果的就无须选择计算机多媒体教学手段。在学校不具备条件和学生缺乏计算机基础知识时，就不宜使用现代教育技术。

随着科学技术的发展，教学模式、教学方法和技术也会随之而有所改变。但是，任何新的教学模式、教学方法和技术都具有双重作用，切不可将它们理想化、绝对化。既不应片面夸大现代教育方法和技术的作用，盲目采用，在传授知识时不能过分依赖方法和技术，忽视传统教育和教育心理因素的作用；也不应片面贬低新的教学模式、教学方法和技术，过分顾虑其负面作用，抱着陈旧的教育技术不放，拒绝使用新的教学模式、教学方法和技术。

参考文献

［1］中国图学学会．2012—2013年图学学科学科报告［M］．北京：中国科学技术出版社，2014.

［2］童秉枢，田凌，冯涓．10年来我国工程图学教学改革中的问题、认识与成果［J］．工程图学学报，2008（4）：1-5.

［3］杨薇，张京英，张辉，等．机械制图三结合实践教学模式的探索［J］．图学学报，2014，35（1）：127-130.

［4］王珉，张宗波，伊鹏，等．以图学能力内化为中心的效果导向型教学模式探索与实践［J］．图学学报，2016，37（4）：567-572.

［5］Ziru Wang，Fan Zang，Bing Qiu.The Application and Practice of “Learning by Doing” for Engineering Drawing Course［C］. The 17th International Conference On Geometry and Graphics，Beijing Institute Of Technology Press，2016.

［6］王侠，王建平，张桂芬．项目教学模式下工程制图课程考核评价体系的构建［J］．教育与职业，2016（1）：115-117.

［7］史俊伟，董羽，陈章良．高校工程制图课程混合式教学模式探索与实践［J］．图学学报，2018，39（4）：

791–796.

[8] 王静，肖露，杨蔚华. 基于慕课的《机械制图》课程混合式教学模式探究［J］. 高教学刊，2017（7）：87–91.

[9] 丁乔，张孟玫，李茂盛，等. 以学生为中心的机械制图混合式教学模式研究与实践［J］. 图学学报，2018，39（2）：362–366.

[10] 张宗波，王珉，吴宝贵，等. “线上 + 线下融合式”工程图学课程建设与教学实践［J］. 图学学报，2016，37（5）：718–725.

[11] 阮春红，黄其柏，黄金国，等. 基于信息技术的工程图学课程混合式学习模式的设计与实践［J］. 图学学报，2016，37（6）：846–850.

[12] 居艳. 翻转课堂在大学教学中的优势和局限性研究——以化工制图课程为例［J］. 教育学术月刊，2016（12）：103–108.

[13] 费少梅，王进，陆国栋. 信息技术支持的 SCH–SPOC 在线教育新模式探索和实践［J］. 中国大学教学，2015（4）：57–60.

[14] 娄晖. 以学生为中心构建工程制图 SPOC 课程平台［J］. 图学学报，2017，38（5）：799–784.

[15] 石玲. SPOC 模式在高校教学中的应用——以工程图学课程为例［J］. 黑龙江高教研究，2016（11）：164–166.

[16] 梁瑛娜. 国外工程图学教育及 CDIO 理念对我国图学教育改革的启迪［J］. 教育教学论坛，2015（26）：65–66.

[17] 朱科钤，Acheson Douglas，袁惠新，等. 美国普渡大学印第安纳波利斯分校工程图学系列课程的深度观察［J］. 图学学报，2017，38（5）：767–771.

[18] 李平，于艳秋. 中日两国图学教育比较研究［J］. 教育教学论坛，2013（31）：245–246.

[19] 冯涓. 美国高校工程图学教育特色分析［J］. 工程图学学报，2008（3）：139–144.

撰稿人：王子茹

图学标准化研究

1. 引言

图学标准是图学学科共同遵循的准则和学术发展的导向，受到国际图学界的高度重视，多国均企图抢得“得图学标准者得图学天下”的美羹。多年来，我国图学工作者前赴后继地致力于图学及其标准化工作，从而筑就了颇具特色的中国图学标准体系。特别是，近年来积极参与了国际图学标准化的竞争，并取得了可喜的成绩，例如我国主持制定了多项国际图学标准；数个国际图学标准化分支机构的秘书处落户中国。

事实证明，要振兴图学学科，事半功倍的捷径就是首先搞好图学标准化，利用标准化促进图学学科的快速发展，这样也就抓住了图学学科持续发展的牛鼻子。因此，系统进行图学标准化的研究是图学工作者的神圣使命。

2. 图学标准是图学学科共同遵循的准则和学术发展的导向

2.1　图学标准化内涵及作用

2.1.1　图学标准化的内涵

通过图学标准化活动，按照规定的程序经协商一致制定，为各种图学活动或其结果提供规则、指南或特性，供共同使用和重复使用的文件称为图学标准。图学标准包括图形标准和图像标准等。

2.1.2　图学标准化的作用

（1）图学标准化是科技工程界共同的技术规范。

（2）图学标准化是图学学科的技术支撑。

（3）图学标准化支撑和服务产业发展。

2.2 图学标准化是国际标准化竞争的重要领域

由于图形和图像是工程技术等领域共同的技术语言和技术实现工具，故图学标准化被推在了国际标准化竞争的风口浪尖。

3. 图学标准化最新研究进展

3.1 国际图形标准化最新研究进展

1947 年，国际标准化组织（International Organization for Standardization，简称 ISO）成立；其下设的第 10 技术委员——技术产品文件标准化技术委员会（简称“ISO/TC10”）主管国际上技术产品文件标准化工作。技术产品文件包括产品的图样、说明书、合同和报告等，故国际上主要的制图标准化工作属于 ISO/TC10 管辖。其目前的技术框架结构如图 1 所示。

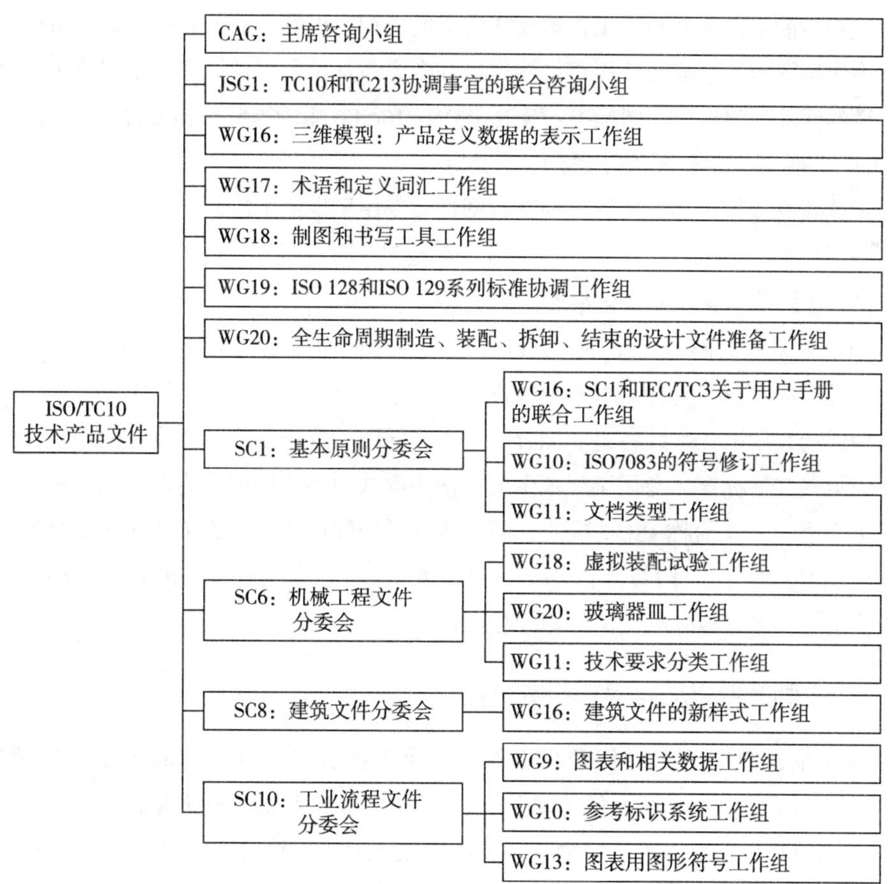

图 1 ISO/TC10 目前的技术框架结构

现在，国际上把制图标准宏观分为三大类：机械制图标准、工程建设制图标准和电气制图标准；另外，还有一批通用制图标准。当然，还可组合、派生、分支出其他制图标准。

3.1.1 通用制图标准化最新研究进展

所谓通用制图标准，即各类制图工作都可使用的制图标准。

（1）CAD 制图标准。1982 年，“AutoCAD R1.0”的问世，确定了 CAD 制图的大发展；2000 年前后至今，三维建模广泛应用于设计工作，并且制定了一些 CAD 制图标准等，例如 2006 年发布的 ISO16792—2006 *Technical product documentation-Digital product definition data practices*（第一版）等。

（2）CAD 文件管理标准。随着绘图的 CAD 化，催生了 CAD 文件管理标准化。ISO/TC10 等制定一些 CAD 文件管理标准。

（3）图形符号标准。图形符号是指以图形为主要特征，用以传递某种信息的视觉符号。相关机构制定了多项图形符号标准。

3.1.2 国际机械制图标准化最新研究进展

机械是指能帮助人们降低工作难度或省力的机构或机器产品的总称。表示机械机构的图样称为机械图样。生成及使用机械图样最基本原理是投影原理。专用于规范生成及使用机械图样的标准称为机械制图标准。现在 ISO/TC10/SC6 主管国际机械文件标准化工作。

3.1.3 国际建筑制图标准化最新研究进展

表示建筑物或构筑物的图样称为建筑图样。专用于规范生成及使用建筑图样的标准称为建筑制图标准。现在 ISO/TC10/SC8 主管国际建筑文件标准化工作。

3.1.4 国际电气文件标准化最新研究进展

指导电气系统的制造、使用、维修等的文档总成称为电气文件；其中，电气图样是电气文件的重要部分，是用电气符号（图形符号、文字符号等）、项目代号、说明文件及连线等构成的表示电气系统各组成部分之间关系的图。专用于规范生成及使用电气文件的标准称为电气文件标准。专用于规范生成及使用电气图样的标准称为电气制图标准。1906 年国际电工委员会（简称 IEC）成立；同年成立了国际电工委员会 / 电气图形符号技术委员会（简称 IEC/TC3）；1985 年改为国际电工委员会 / 信息结构文件编制和图形符号标准化技术委员会，主管国际电气文件标准化工作。

3.2 中国图形标准化最新研究进展

1989 年前，我国的图形标准化工作一直是多家分管，并且有时还变换管理机构。1989 年，我国成立了国家标准化管理委员会 / 全国技术产品文件标准化技术委员会（简称为“SAC/TC146”）主管中国的技术产品文件标准化工作，并代表中国参与 ISO/TC10 的工作 。近年来，SAC/TC146 与建设部和电气文件标委会（SAC/TC27）等共同努力，宏观构建出了现行中国技术制图标准体系（如图 2）。

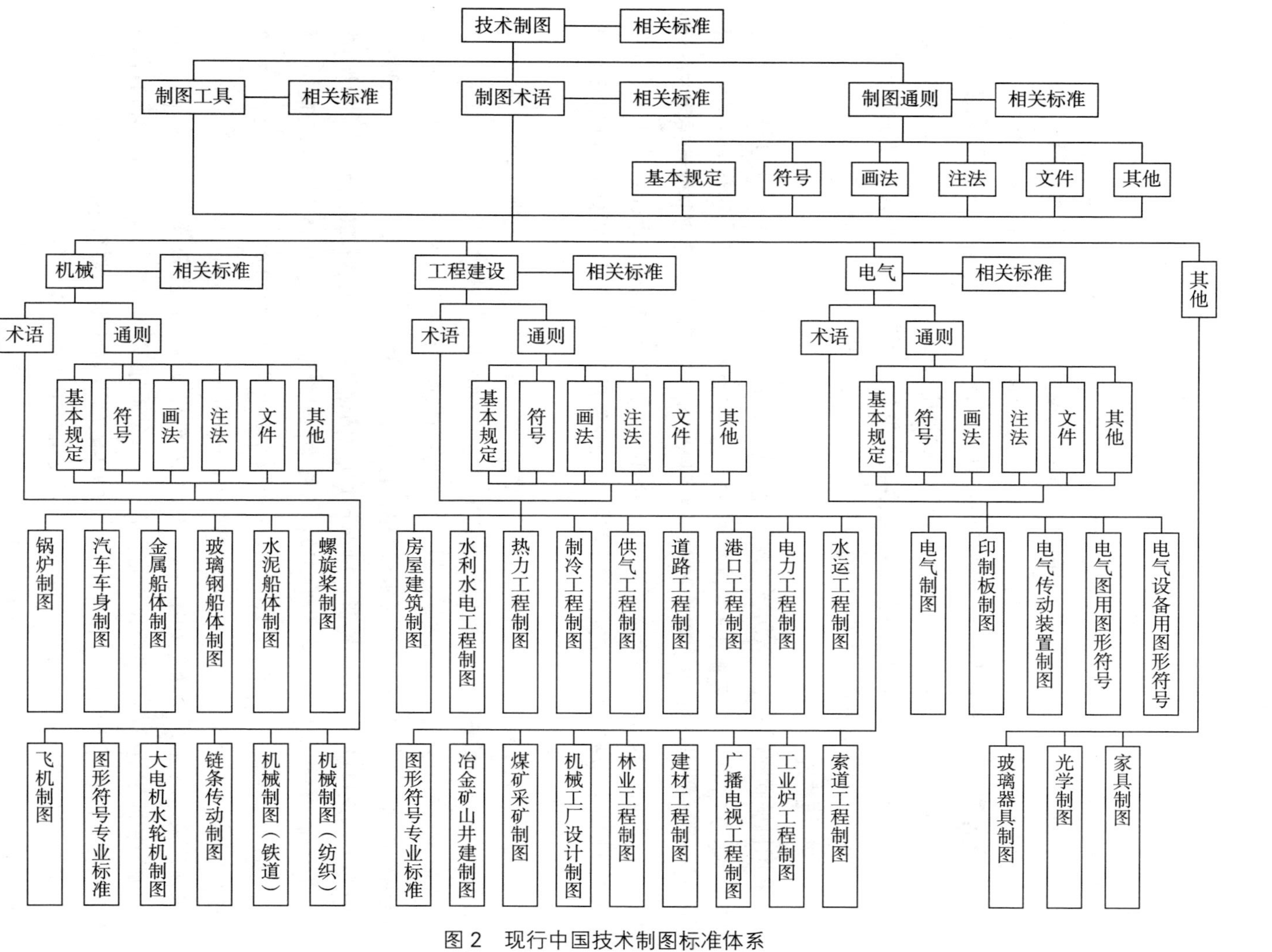

图 2　现行中国技术制图标准体系

由图 2 可见，我国现行的制图标准宏观分为三大类：机械制图标准、工程建设制图标准和电气制图标准。另外，也还有一批通用制图标准。

3.2.1 通用制图标准

通用制图标准包括：① 技术制图标准，技术制图标准是将各类制图中一些共性内容（例如投影法、图幅、比例、图线、字体等）统一起来制定的制图标准；② CAD 制图标准，我国的 CAD 制图及其标准化工作主要在 SAC/TC146/SC1 等主管，近年来制修订一批 CAD 制图标准，其集大成者是 2002 年集中出版的《技术产品文件标准汇编 CAD 制图卷》，现行是 2012 版，其增加的典型内容是 CAD 三维建模标准；③ CAD 文件管理标准，我国的 CAD 文件管理及其标准化工作主要在 SAC/TC146 等主管，近年来制修订了一系列 CAD 文件管理标准，其集大成者是 2002 年集中出版的《技术产品文件标准汇编 CAD 文件管理卷》，现行 2009 版；④ 图形符号标准，我国近年来制定了若干项图形符号的标准，另外许多图形符号规定也分布在各类标准中，与图形符号作用相近的还有缩略语等。

3.2.2 机械制图标准

我国机械制图标准化大致历程可划分为 3 个阶段：① 1949—1984 年，初期是借鉴苏联的标准，后来我国机械制图标准体系逐步完善；② 1985—2001 年，转化国际图学标准形成我国自主图学标准体系，在发布第三部《机械制图》标准后，积极转化和采用国际标准，提出了我国技术制图标准体系；③ 2002 年至今，我国的制图标准化在不断完善其自主体系之同时，也积极参与了国际图学标准化的竞争，主导制定了一批国际标准，创新过程实现了制图标准的由弱到强。

近几年，SAC/TC146 在制图标准化方面取得了可喜的成绩。例如：2006 年，ISO/TC10/SC6 秘书处转设在中国机械科学研究总院；2008 年，《技术制图国家标准应用指南》《机械制图国家标准应用指南》《CAD 制图及 CAD 文件管理国家标准应用指南》《机械制图国家标准应用图册》和《机械制图国家标准应用挂图》列入“十一五”（2006—2010 年）国家重点图书出版规划，2008 年 6 月由标准出版社出版；2014 年，SAC/TC146 建立了系统、科学的技术产品文件领域技术标准体系（如图 3）；2015 年，SAC/TC146 主导制定的国际标准 ISO 17599：2015 *Technical Product Documentation*（*TPD*）——*General requirements of digital mock-up for mechanical products*（技术产品文件 机械产品数字样机通用要求）正式发布；2016 年，SAC/TC146 入选国家智能制造标准化总体组并参与《国家智能制造标准体系建设指南》修订、智能制造综合标准化项目研究以及智能制造国家标准制修订等工作；2016 年，SAC/TC146 的专家获得了首届中国标准化助力奖；2017 年，SAC/TC146 制定了《全国技术产品文件标准化技术委员会评选表彰办法试行》；2018 年，SAC/TC146 起草的《ISO 17599：2015 技术产品文件 机械产品数字化样机通用要求》和《ISO 12815：2013 技术产品文件 画法通则 第 15 部分：船体制图画法》2 项标准分别获得 2018 年中国标准创新贡献奖标准项目奖一等奖和二等奖；等等。

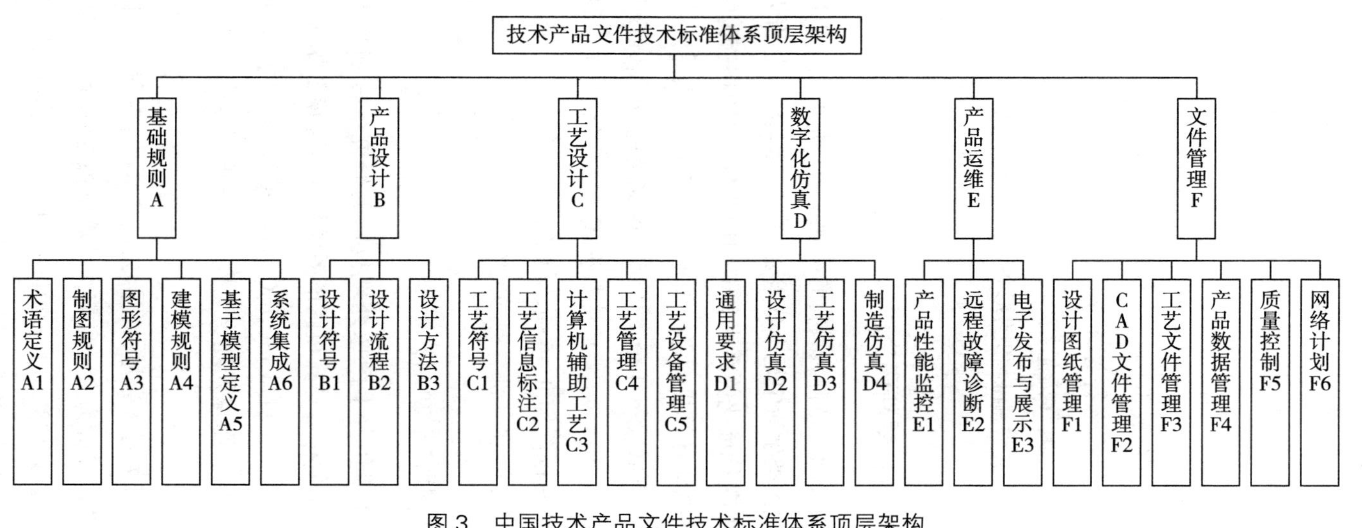

图 3　中国技术产品文件技术标准体系顶层架构

3.2.3 建筑制图标准

中国古代建筑是世界文化的瑰宝；中华人民共和国成立后至今，制修订了一系列建筑制图标准，例如从《103—55 单色建筑图例标准》到《JGJ/T448—2018 建筑工程设计信息模型制图标准》等；现在，中国建筑标准设计研究院有限公司是 ISO/TC10/SC8 的对口单位。

3.2.4 电气制图标准

我国于 1957 年成为 IEC 成员国，并参加了 IEC/TC3 的工作；1983 年成立了国家标准化管理委员会 / 全国电气图形符号标准化技术委员会（简称 SAC/TC27），2002 年改名为中国标准化管理委员会 / 电气信息结构、文件编制和图形符号标准化技术委员会，主管全国的电气信息结构、文件编制和图形符号标准化工作，秘书处设在中机生产力促进中心。

3.3 国际图像标准化最新研究进展

图像是人类视觉的基础，是自然景物的客观反映，是人类认识世界和人类本身的重要源泉。图像技术在现代人类生活中是十分重要的，当然其标准化更为重要。

图形和图像技术及其标准化关系十分密切但各自又有侧重点。其中，成立于 1987 年 12 月的 ISO/IEC JTC1/SC24 计算机图形、图像处理和环境数据表示分标准化技术委员会开展了相关的研究工作，下共设有 4 个工作组：WG6 混合和增强现实标识和交换工作组、WG7 图像处理和交换工作组、WG8 环境数据表示工作组、WG9 混合和增强现实概念和参考模型工作组。目前有国际标准 46 项，例如，用于存储和传输图像描述信息的《ISO / IEC 8632-4：1999 图元文件 第 4 部分 明文编码》等。

3.4 中国图像标准化最新研究进展

我国在 20 世纪 50 年代着手图像处理技术的研究。特别是近年来追赶速度较快，2016 年 1 月 29 日，全国信标委计算机图形图像处理及环境数据表示分标准化技术委员会（SAC/TC28/SC24）正式成立，对口 ISO/IEC JTC1/SC24，其工作范围包括以下相关领域的标准化工作：计算机图形、图像处理、虚拟现实、增强现实、环境数据表示、信息交互表示等。

在计算机图形、图像处理子领域，国际先进技术占主导地位，国际相关标准对产业的影响巨大，我国的标准以采标为主。目前，计算机视觉领域已发布国家标准 13 项，其中等同采用 11 项，例如《GB/T 28170.1—2011 信息技术 计算机图形和图像处理 可扩展三维组件（X3D）第 1 部分：体系结构和基础组件》（IDT ISO/IEC 19775-1：2004 ）等；等效采用 2 项；发布团体标准 1 项；正在研制国家标准 2 项。

4. 图学标准化国内外研究进展比较

4.1 图形标准化现状

4.1.1 国际图形标准化现状

随着形势的发展，ISO/TC10 的工作范围也在不断拓展。截至目前，ISO/TC 10 已正式发布且现行有效的国际标准数量（含相关的 TC 和 SC）151 项，在研标准 16 项。

4.1.1.1 通用制图标准化现状

（1）CAD 制图标准化现状。近几年也新制修订了多项 CAD 制图标准，例如机械设计及建筑设计等使用较多的典型标准 ISO16792—2006 *Technical product documentation-Digital product definition data practices*（第一版），现已修订为 ISO16792—2015（第二版）。

（2）CAD 文件管理标准化现状。现行文件管理标准划分为设计图样管理标准、CAD 文件管理标准、工艺文件管理标准、产品数据管理标准、质量控制和网络计划等。

（3）图形符号标准化现状。根据需要，新制定了多项图形符号标准及应用规定。

4.1.1.2 国际机械制图标准化现状

由图 1 中“ISO/TC10/SC6”可见国际机械制图标准化现在包括的范畴。

4.1.1.3 国际建筑制图标准化现状

由图 1 中“ISO/TC10/SC8”可见国际建筑制图标准化现在包括的范畴。

4.1.1.4 国际电气文件标准化现状

根据科技发展需要，IEC/TC3 在不断更新其标准。

4.1.2 中国图形标准化现状

4.1.2.1 通用制图标准化现状

（1）技术制图标准化现状。根据需要，新制修订了一些新发展的技术制图标准。

（2）CAD 制图标准化现状。根据需要，新制修订了一些 CAD 制图标准。2017 年，TC146 上报了《技术产品文件 基于模型定义要求 》（共 9 部分）；《GB/T 24734.1 ~ 11—2009 技术产品文件 数字化产品定义数据通则》将要修订。

（3）CAD 文件管理标准化现状。根据需要，新制修订了一些 CAD 文件管理标准。2017 年，TC146 上报了《技术产品文件 产品设计数据管理要求 》（共 9 部分）；准备修订《GB/T17825.1 ~ 10—1999 CAD 文件管理》。

（4）图形符号标准化现状。根据需要，新制修订了多项图形符号标准及应用规定。

4.1.2.2 中国机械制图标准化现状

近年来，我国接连牵头或参与了多项国际标准的制修订工作，在国际制图标准化领域竞争中逐渐占据主导地位。

4.1.2.3　中国参与 ISO/TC10 国际标准化活动情况

例如：① 参与国际标准化管理工作，自 2006 年开始，中国专家一直担任 ISO/TC10/SC6 的主席且中国承担了该秘书处的工作，自 2017 年开始，中国又与英国联合承担了 ISO/TC10/SC1（基本规则分技术委员会）的秘书处工作；② 中国主导制定的图学国际标准 6 项，如 ISO/TS 128-71 *Technical product documentation*（*TPD*）— *General principles of presentation — Part 71*：*Simplified representation for mechanical engineering drawings* 等；③ 中国主导正在制订的图学国际标准 3 项，如 ISO 21143 *Technical Product Documentation*（*TPD*）— *Requirements of virtual assembly test for mechanical products* 等；④ 中国正在重点参与的图学国际标准 5 项，如 ISO 16792 *Technical product documentation — Digital product definition data practices* 等。

4.1.2.4　中国建筑制图标准化现状

近年来中国的建筑制图标准化得到大发展，在开发及应用建筑制图软件的基础上，修订了一些传统的建筑制图标准，并制定了一些新的建筑制图标准，例如，现行有效标准《GB/T50001—2017 房屋建筑制图统一标准》和《JGJ/T448—2018 建筑工程设计信息模型制图标准》等。

4.1.2.5　中国电气文件标准化现状

"SAC/TC27" 自成立 30 多年来，已制定 44 项国家标准（其中 43 项是转化国际标准）；计划 2019 年再转化制、修订 10 项国家标准。

4.1.2.6　"中国图学学会" 的团体标准工作现状

近两年来，中国图学学会在团体标准化方面做了大量的工作：①成立了中国图学学会团体标准化技术专家委员会，主任委员是强毅先生；②制订了中国图学学会团体标准化的有关文件；③ 建立了中国图学学会团体标准体系；④ 建立了中国图学学会团体标准的分类管理机制；⑤ 规定了中国图学学会团体标准的编号架构；⑥ 规定了中国图学学会团体标准的立项原则；⑦ 开展了中国图学学会团体标准的研制工作，2018 年制定了 5 项团体标准，2019 年又启动了 2 项团体标准工作。

4.1.2.7　图形标准化的应用效益

制图标准广泛应用于各类产品的设计制造，起到了工程界共同的技术语言的核心作用；特别是近年来随着 CAD 三维建模技术及其标准的应用，更是大大地促进了各类产品设计制造的发展及效益。例如，我国的航空工业数字化产品定义规则在 C919、新一代飞机、无人机、航空发动机等众多在研型号上进行了大量的实际应用，这极大提高了航空产品研制效率与质量，推动航空工业核心研制能力的整体提升。

4.2 图像标准化的现状

4.2.1 国际图像标准化的现状

国际上，混合现实领域的标准化工作主要在 ISO/IEC JTC1/SC24（计算机图形图像处理及环境数据表示分技术委员会）下开展。目前，正在开展的标准项目包括：与 SC 29/WG 11 联合制定的《ISO/IEC 18039 混合和增强现实（MAR）参考模型》《ISO/IEC 18038 混合和增强现实（MAR）传感器表示》《ISO/IEC 18040 混合和增强现实（MAR）实时参与者和实体表示》《ISO/IEC 18520 混合和增强现实（MAR）基于视觉的几何注册和跟踪方法基准检测》和《ISO/IEC 21858 混合和增强现实（MAR）内容信息模型》。

4.2.2 中国图像标准化的现状

在“SAC/TC28/SC24”的主导下，我国在计算机数字图像处理技术上取得了显著成绩，在某些领域我国计算机图像处理技术领先于世界，但全面看与国际图像技术最先进水平仍有一定距离。

5. 图学标准化发展趋势展望及对策

5.1 图形标准化发展趋势展望

5.1.1 由二维图样标准化向三维图样标准化过渡

随着计算机技术的开发与研究，用计算机绘制产品图样的“甩图板工程”在国家的推动下已经基本完成，与之相应的标准也已经配套，并得到了较好的贯彻与应用。

5.1.2 由图形标准化向“产品全生命周期（PLM）”管理标准化转化

在工业界，由图形→图样→符号化→图形文件标准化向产品全生命周期（PLM）管理标准化已是发展趋势。如果将这些符号和方法标准化，就会大大简化设计过程，缩短设计周期，这在工业界将会产生较大的经济效益和社会效益。

5.1.3 由图形与图像标准向计算机格式标准发展

目前，图形与图像方面的标准主要是针对手工操作而言且相对分离，在国际上，美国、英国、德国、法国和日本等发达国家都已开展这方面的研究。我们要跟踪国际上的发展。

5.1.4 由技术产品文件（TPD）与产品几何技术规范（GPS）各自独立向相互融合发展

图样及其产品文件规范与产品几何规范相融合是满足现代制造业发展需求的必然趋势。

5.2 图像标准化发展趋势展望

图像标准化必须适应且引领图像技术的发展，图像的信息量大、数据量大，因而图像信息的建库、检索和交流是一个重要的问题。就现有的情况看，软件、硬件种类繁多，交流和使用极为不便，成为资源共享的严重障碍。应建立图像信息库，统一存放格式，建立标准子程序，统一检索方法。

5.3 我国的对策

5.3.1 开展相关方面的研究

从目前的情况看，图学标准化应该从研究图学原理、制图手段、图学教育、开发相关的计算机应用软件等方面开展相关的研究，并从图学标准化的趋势研究近期的、远期的有关对策，满足其发展的需要。

5.3.2 加快图学标准的制定工作

我们要继续跟踪国际上的图学现状和发展要求，结合国内图学的实际，与相关国家的标准制定机构加强联系，在国际上主导与参与相关标准的制定工作。

5.3.3 加强图学标准化教育

标准具有很强的社会性和实践性。标准一经发布，即应广为昭示和宣贯，力推实施，否则，若束之高阁，标准就毫无价值了。集中反映图学研究成果的图学标准，图学教育工作者和工程技术人员都要求必须掌握，这就需要借助教育（指职业教育、大学教育、继续教育、技术培训等）进行推广和介绍，以便在千百万学生和工程技术人员中普及和提升图学标准的知识和实践能力，使之有效地转化为生产力。中国图学学会团体标准《工程图学教学中标准应用指南》的发布，就是加强图学标准化教育的具体措施。

5.3.4 加快研究和制定 MBD 技术的标准

基于模型的定义技术（MBD）发展与应用，推动了二维图样标准化向三维图样标准化发展的新趋势。

5.3.5 加强图像处理技术的研究，构造新的处理系统，开拓更广泛的应用领域

需要进一步研究的问题主要有：① 加强定向标准研究力度，为图像领域标准化工作的总体推动奠定基础；② 加强标准体系研究；③ 加强图像领域技术和集成应用研究；④ 加大标准制定力度；⑤加强对外交流。

参考文献

[1] 强毅，等. 设计制图实用标准手册［M］. 北京：科学出版社，2000.

[2] 李春田. 中国标准化基础知识［M］. 北京：中国标准出版社，2004.

[3] 李学京，等. 机械制图和技术制图国家标准学用指南［M］. 北京：中国质检出版社，中国标准出版社，2013.

[4] 信息技术标准化指南［M］. 北京：电子工业出版社，2018.

[5] 国家质量技术监督局. GB/T18229—2000 CAD 工程制图规则［S/OL］.

[6] 国家质量监督检验检疫总局，国家标准化管理委员会. GB/T 26101—2010 机械产品虚拟装配通用技术要求

[S/OL].

[7] 国家质量监督检验检疫总局，国家标准化管理委员会. GB/T 28170.1—2011 信息技术 计算机图形和图像处理 可扩展三维组件（X3D）第 1 部分：体系结构和基础组件（IDT ISO/IEC 19775-1：2004）[S].

[8] 住房和城乡建设部，国家质量监督检验检疫总局. GB/T 50001—2017 房屋建筑制图统一标准 [S].

[9] 住房和城乡建设部. JGJ/T 448—2018 建筑工程设计信息模型制图标准 [S].

[10] ISO 17599：2015 Technical Product Documentation (TPD)--General requirements of digital mock-up for mechanical products [S].

[11] ISO16792—2015 Technical product documentation-Digital product definition data practices [S].

撰稿人：强 毅 李学京 肖承祥 刘 炀 邹玉堂 王槐德 潘康华 郭 伟
马珊珊 高永梅 夏晓理 杨东拜 李 勇 刘 静 王 红 张晓璐

图学在建筑业中的应用

1. 引言

计算机图学（Computer Graphics，简称 CG）是在图学基础上结合计算机技术发展起来的、使用数学算法将二维或三维图形转化为计算机显示器的栅格形式的科学。科学计算可视化、计算机动画、自然景物仿真、虚拟现实等计算机图学内容，已经广泛应用在建筑领域，并持续推动着建筑业的技术进步。

进入 21 世纪以来，三维建模技术研究逐步深入。在建筑业，传统的三维建模方法多用于建筑形体的表示与展现，使得建筑构件的点、线、面、体等几何元素和灰度、色彩、线型、线宽等非几何属性的表现非常直观、动态、有真实感，加深了相关方对建筑设计的理解。

2010 年开始基于三维建模技术的建筑信息建模已经成为国内外建筑业的研究热点。建筑信息建模不但将一个建设项目在整个生命周期内的所有几何特性、功能要求与构件的性能信息综合到一个单一的模型中，而且，这个单一模型的信息中还包括了施工进度、建造过程的过程控制信息。一个建筑信息模型就是一个单一的、完整一致的、逻辑的建筑工程信息库。利用 BIM 模型，可以完成专业冲突检测、环境分析、进度模拟、工程量提取等多个专业应用。

BIM 模型的生成过程会影响到工程建设整个工作流程，BIM 引发的不仅仅是设计领域革命，而是超越设计与施工阶段，并且关系到项目后期的运维与设施管理，涉及工程建设全生命周期的数字革命。BIM 已经成为支撑建筑业数字化转型的核心技术，涉及模型定义、三维制图、建筑信息可视化以及图形标准等诸多计算机图学研究内容，BIM 技术促进了计算机图学在建筑领域的进一步发展。

作为图学学科在建筑业应用与发展的新方向，本书从 BIM 标准、BIM 教育与培训、BIM 技术、BIM 应用 4 个方面叙述 BIM 的最新研究进展。整体内容可如图 1 所示。

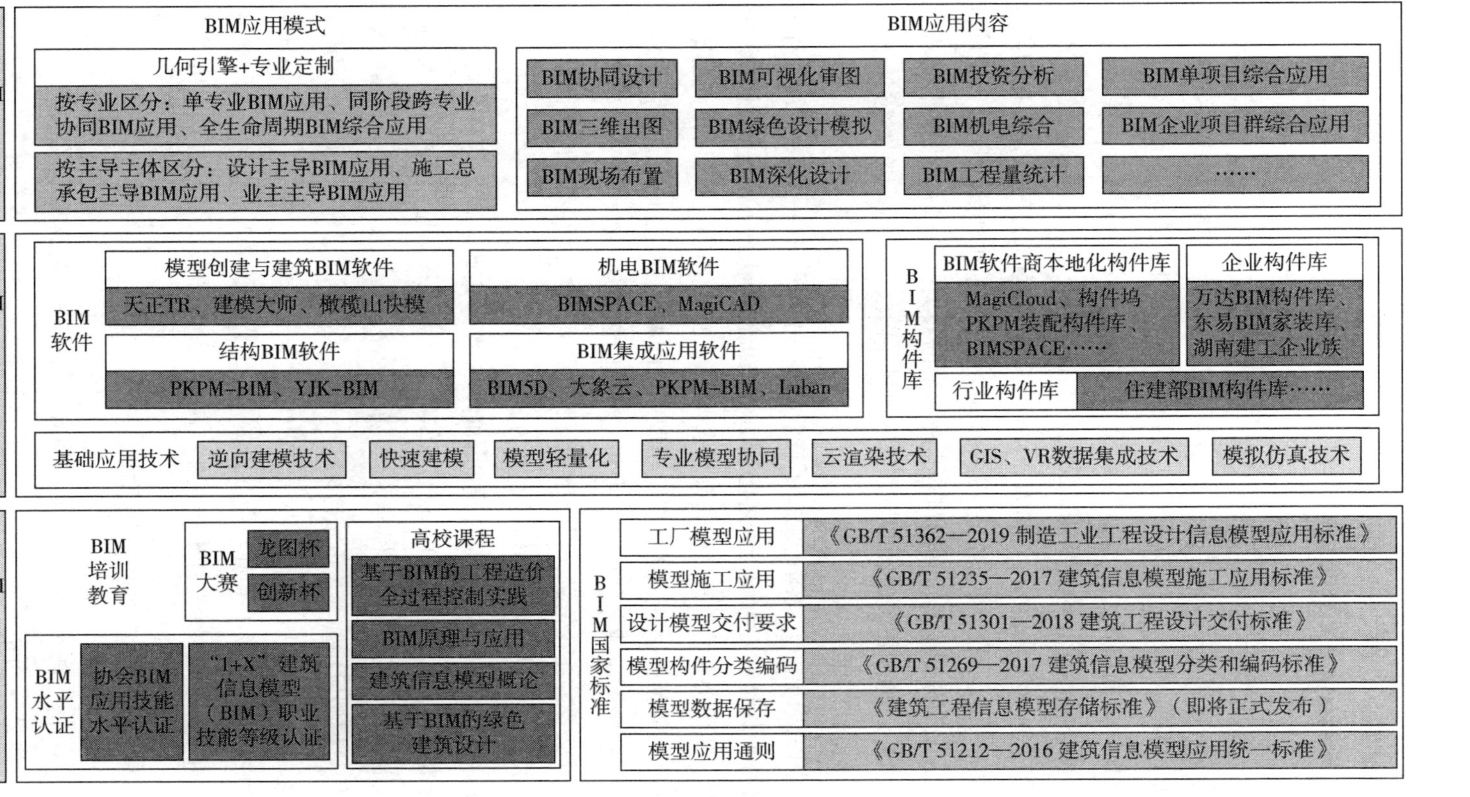

图 1　BIM 在我国建筑业的应用体系说明

2. 国内最新研究进展

2.1 BIM 标准的研究进展

BIM 标准为建筑三维信息模型的数据共享交换提供了重要手段，是建设行业共同的 BIM 应用规范。至今我国已经发布了 6 部国家 BIM 标准，涵盖 BIM 技术应用及实施管理的相关方面（如表 1）。其中，BIM 相关技术标准主要以 ISO 标准为蓝本，已经发布的《建筑工程信息模型存储标准（征求意见稿）》基于 IFC（ISO 16739），对模型数据的存储提出组织和管理要求，实现 BIM 模型数据的标准化存储，也可用于 BIM 软件的输入和输出数据通用格式及一致性的验证。《GB/T 51269—2017 建筑信息模型分类和编码标准》基于 ISO/DIS 12006 -2 做了适当修改，利用对项目全生命周期中的建设资源、建设行为和建设成果等信息数据的分类编码，对建筑全生命周期的各类信息的关系用一种标准化、结构化的方式进行组织，指导相关建设参与方实现项目各阶段、各相关方及各类信息管理平台对信息数据的规范化应用。

除上述国家标准外，我国还发布了行业标准《JGJ/T 448—2018 建筑工程设计信息模型制图标准》，其是为了协调工程各参与方在三维视图状态下快速识别构件特征、位置、连接、控制、从属关系等信息，促进设计各方基于模型化信息进行协作而制定的一套行业标准。该标准对几何模型的表达精度、模型单元的编号、颜色进行了规范。以三维几何模型作为建筑信息的核心载体，提出二维和三维视图都应从三维模型直接生成，并根据工程应用需求增补必要的注释信息，以三维视图作为展示模型内部和模型外部复杂关联关系的主要表达方式，二维视图可作为辅助表达方式。

在国家和行业 BIM 标准不断推进的同时，铁路、市政、装饰等行业协会也相继制订 BIM 团体标准及规范。如铁路 BIM 联盟组织的《铁路工程信息模型数据存储标准》、中建协《装配式混凝土建筑信息交互标准》、江苏《公路工程信息模型分类和编码规则》、河南《市政工程信息模型应用标准（道路桥梁）》、浙江《建筑信息模型（BIM）应用统一标准》、《广东省建筑信息模型（BIM）技术应用费用计价参考依据》，等等。这些 BIM 标准都具有很好的实操性，有效支撑了 BIM 产业政策的落地，促进了 BIM 的普及。以上海申通地铁集团、万达集团为引领的大企业还根据企业实际管理需求研发了各自的企业 BIM 标准。

2.2 BIM 培训推广的研究进展

BIM 的培训推广离不开国家政策的指导、行业协会的支持以及学校课程的改革。早在 2016 年住建部发布的《2016—2020 年建筑业信息化发展纲要》，已经把 BIM 作为“十三五”建筑业重点推广的五大信息技术之首。“十三五”期间，住建部非常重视 BIM 技术的培训工作，每年都把 BIM 培训列入计划，以更好地推动住建部重点工作的落实。

2019 年人社部把建筑信息模型技术员作为了一个新的职业，BIM 新职业的发布标志着 BIM 工程师正式成为一个国家承认且有市场需求的新的职业发展方向。

表 1 我国 BIM 国家标准一览

名称	主编部门	主编单位	发布日期	内容概要
GB/T 51212—2016 建筑信息模型应用统一标准	住房和城乡建设部	中国建筑科学研究院	2016 年 12 月 2 日发布，2017 年 7 月 1 日实施	该标准由总则、术语、基本规定、模型结构与扩展、数据互用、模型应用共 6 章组成。标准对建筑工程建筑信息模型在工程项目全寿命期的各个阶段建立、共享和应用进行统一规定，包括模型的数据要求、模型的交换及共享要求、模型的应用要求、项目或企业具体实施的其他要求等
GB/T 51235—2017 建筑信息模型施工应用标准	住房和城乡建设部	中国建筑工程总公司，中国建筑科学研究院	2017 年 5 月 4 日发布，2018 年 1 月 1 日实施	该标准分总则、术语、基本规定、施工模型、深化设计、施工模拟、预制加工、进度管理、预算与成本管理、质量与安全管理、施工监理、竣工验收用共 12 章以及附录的模型细度表组成。标准规定了在施工阶段 BIM 具体的应用内容、工作方式等
GB/T 51269—2017 建筑信息模型分类和编码标准	住房和城乡建设部	中国建筑标准设计研究院	2017 年 10 月 25 日发布，2018 年 5 月 1 日实施	该标准分总则、术语、基本规定、应用方法四章以及附录的建筑信息模型分类和编码。该标准基于 ISO 相关标准，面向建筑工程领域规定了各类信息的分类方式和编码办法，这些信息包括建设资源、建设行为和建设成果。对于信息的整理、关系的建立、信息的使用都起到了关键性作用
GB/T 51301—2018 建筑信息模型设计交付标准	住房和城乡建设部	中国建筑标准设计研究院	2018 年 12 月 26 日发布，2019 年 6 月 1 日实施	规定了交付准备、交付物、交付协同三方面内容，包括建筑信息模型的基本架构、模型精细度、几何表达精度、信息深度、交付物、表达方法、协同要求等
GB/T 51362—2019 制造工业工程设计信息模型应用标准	住房和城乡建设部	机械工业第六设计研究院	2019 年 5 月 24 日发布，2019 年 10 月 1 日实施	面向制造业工厂和设施的 BIM 执行标准，内容包括这一领域的 BIM 设计标准、模型命名规则、数据交换、各单元模型的拆分规则、模型的简化方法、项目交付，还有模型精细度要求，等等
建筑工程信息模型存储标准	住房和城乡建设部	中国建筑科学研究院	2019 年 3 月 27 日发布征求意见稿	BIM 数据的存储标准，参照 IFC 标准，标准包括总则、术语与缩略语、基本规定、核心层数据模式、共享层数据模式、应用层数据模式、资源层数据模式、数据存储与交换

为了推动本行业 BIM 技术的科技研发、实施应用以及人才培养，许多行业协会都成立了 BIM 专业委员会。例如，中国建筑学会 BIM 分会、中国建筑业协会工程技术与 BIM

应用分会、中国图学学会建筑信息模型专业委员会等。为了做好 BIM 技术普及与教育、BIM 技术人才培养工作，许多协会采取了“以赛促学，以赛代训”的模式，通过举办 BIM 比赛普及 BIM 的应用。具有全国性影响力并且举办时间最早的两个 BIM 大赛，中国勘察设计协会举办的以设计 BIM 为主导的“创新杯”BIM 应用设计大赛及中国图学学会举办的涵盖设计、施工、综合、院校 BIM 应用的“龙图杯”BIM 大赛。

BIM 认证考试也是培养 BIM 人才的有效途径之一。BIM 认证证书主要有两种类型，一是在《国家职业教育改革实施方案》《关于做好首批 1+X 证书制度试点工作的通知》等政策文件推动下开发的“1+X”建筑信息模型职业技能等级证书；二是专业协会依据市场需要自行开展的能力水平培训活动。中国图学学会的 BIM 认证考试是由中国图学学会和国家人力资源和社会保障部联合颁发证书，每个通过的学员都拥有两家的证书，普遍认为含金量较高。

目前全国至少有 100 余所高等本科院校、90 所高职院校成立了 BIM 中心或 BIM 工作室研究 BIM 技术。也有部分学校开设相关 BIM 学院、课程等，例如清华大学、同济大学、天津大学等在本科领域开设了 BIM 软件课程，少量高校以选修课的形式开设 BIM 课程，例如山东建筑大学、西安建筑科技大学、沈阳建筑大学等。国内部分高职院校也在积极开展 BIM 教育，如天津城市建设管理职业技术学院、四川建筑职业技术学院、广西建筑职业技术学院、山东城市建设职业技术学院等已经开设或正在进行建设项目信息化管理专业的申报。还有一部分高职院校，如黑龙江建筑职业技术学院、江苏建筑职业技术学院、辽宁林业职业学院等积极采取行动，与国内知名 BIM 技术公司开展校企合作。

2.3　BIM 模型技术的研究进展

行业需求推动了三维几何建模技术、虚拟仿真技术以及 BLM 技术的不断融合，向综合性应用方向发展。虚拟设计和施工（Virtual Design and Construction，VDC）是近年来又一个在工程建设行业中流行起来的概念，利用项目建设过程中由设计、施工、运维团队提供的多个学科的参数模型，整合建筑设施信息、建造流程以及管理组织，以保证项目综合管理目标的实现。BIM 是可使 VDC 理念落地的核心技术之一。

目前国内使用的主流 BIM 建模软件以国外建模软件居多，例如 Autodesk Revit、Bentley AECOsim、Trimble Tekla 等，我国软件商在国外建模软件基础上二次开发，研发快速建模翻模工具以及本土化的图示标注等，提升模型创建效率。BIM 构件库是完善企业知识资产，实现工业化建造的基础。除了建模软件本身提供的构件库外，二次开发软件供应商、相关建设企业都拥有自己的 BIM 构件库。软件公司的构件库例如 BIMSpace、构件坞等，企业构件库诸如万达 BIM 构件库、东易日盛家装 BIM 构件库等，住建部科技与产业化发展中心也建立了 BIM 大型数据库，这些数据库的构件数据保存尽管都采用了主流建模软件的数据格式。但 BIM 构件的几何精度、表达视图设置、构件可参数化内容、构件属性分类等没有采用共同的标准，在建筑业的图学应用，有待在BIM构件的表达与管理的研究上加大力度，进一步展开BIM构件的数据格式标准、建筑机电产品的模型统一建模标准等基于模型的定义技术的研究。

相对传统二维协同设计，基于BIM的三维协同设计使得设计各专业之间信息传递更精准高效。中国建筑科学研究院在“十二五”期间研发了BIM协同设计平台，与以往的单专业设计软件相比，通过基于BIM的建筑工程协同设计平台，建设项目各专业不再是离散设计，而是围绕着中心服务器上的同一BIM模型中各自建立专业设计模型，通过集中式和复制式同步协同建模技术解决异步协同中的数据流和工作流管理等问题，实现实时提资和联动修改，充分发挥BIM的数据共享优势，实现了BIM环境下的协同设计（图2）。

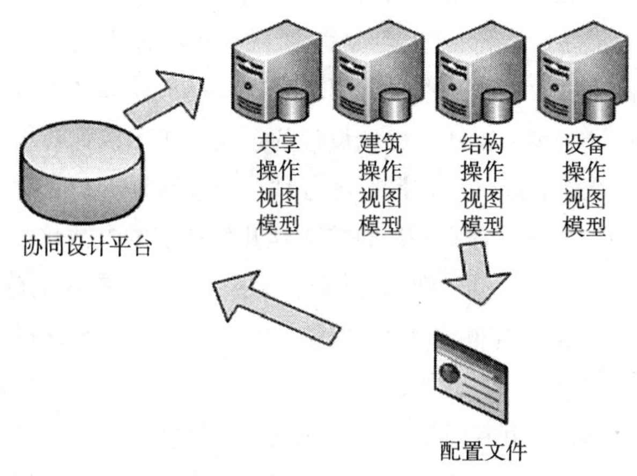

图2 具有核心共享数据的模型协同工作方式

在模型应用过程中，为了提高模型的传输和加载效率，只需将模型中必要的建筑信息和属性信息提取出来，实现模型的轻量化处理。近几年，随着WebGL标准被广泛接受，国内已有多家公司基于Threejs、Scenejs等HTML5开源三维显示引擎对BIM模型进行轻量化处理，以满足BIM大模型在web端的展示需求。轻量化处理技术一般采用的方法包括基于八叉树算法的LOD优化（Level Of Detail）、场景管理、遮挡剔除、视椎体剔除等，在文献［10］中，通过对上述模型轻量化技术的综合应用，近1G大小的BIM模型被压缩为50余兆，压缩百分比近94%。由于基于WebGL的三维图形渲染会消耗大量的终端设备资源，文献［11］中提出采用云渲染技术，集成HOOPS Exchange组件实现源模型文件的轻量化转换，在云端进行BIM模型的转化与渲染，在Web端安装展示插件实现远程虚拟化展示和服务处理。通过用此方法对Microstation软件设计的包含十几万个构件，三角面片数量达到千万级别的BIM模型进行轻量化应用测试，结果显示可保证BIM模型在Web端的流畅展示。

用3D激光扫描仪等设备进行现场采集，后端配以软件解读数据、自动或半自动的建立三维模型，相对于正常顺序的建模来说，这种建模方法谓之“逆向建模”。在逆向建模这一整合技术应用中，不仅仅是三维形体几何模型的问题，更难的是BIM的结构化数据如何与现场信息进行匹配整合的问题。目前国内已有钢结构项目、水电项目等采用了该项技术。此项技术涉及采集设备和BIM软件，目前还处于技术发展初级阶段，国内逆向建模软件技术的相关研究甚少。

2.4 BIM模型应用的研究进展

图学技术与建筑行业的专业应用相融合，形成了BIM驱动的建筑信息化应用模式。21世纪初，建筑业还在依靠二维图纸在工程建设各参与方之间传递信息，BIM技术的发展应用改变了这种传统的二维图学应用模式。建设各专业的BIM应用多采用“几何引擎+专业定制”的方式，以几何构件为载体挂接专业属性信息，结合各自专业领域的需求，将各自领域的专业应用方法、专业知识和经验统合，解决专业化问题。

BIM参数化设计通过改变设计参数，驱动建筑几何形体以及相应属性信息改变，从而获得不同的专业设计方案。BIM参数化设计的意义在于可以针对不同的设计参数，快速进行造型、布局、节能、经济、疏散等的各种计算和统计分析，优先采取最合适的设计方案。这是BIM的参数化设计与一般只能实现几何造型的参数化设计不同之处。凤凰国际传媒中心的设计过程中，建筑师为了充分展现“莫比乌斯”的建筑外观设计理念，创造性地提出鳞片式单元组合幕墙概念模型（图3）。为了实现这样的设计意向，5180个幕墙单元没有一个完全相同。此时，建筑信息模型以及参数化编程控制技术实现了设计成果的矢量化与精确化，并且可进行智能化的调整和修正，解决了鳞片单元幕墙板块的设计控制和数据输出问题。基于上述设计因素，外幕墙的设计翻样、生产加工也借助建筑信息模型以及参数化编程控制技术手段实现了真正意义上的数字设计与数字建造的无缝对接。

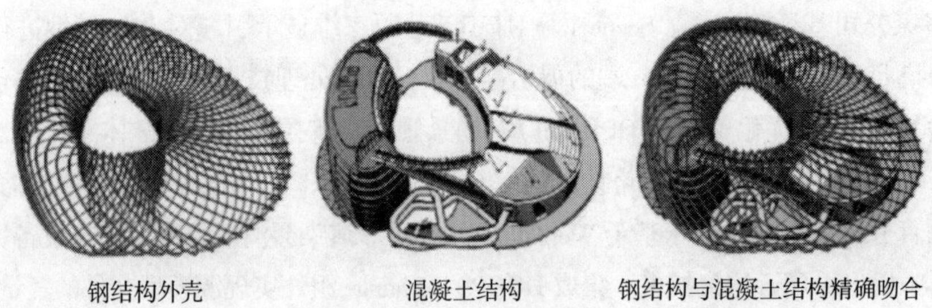

钢结构外壳　　混凝土结构　　钢结构与混凝土结构精确吻合

图3　凤凰国际传媒中心项目BIM模型

近年来，随着“互联网+”、物联网、大数据等信息技术全面发展，BIM技术与其他信息技术融合，展开BIM专业协同应用、建设过程协同应用已经成为趋势。万达集团以BIM

总发包管理平台（以下简称 BIM 平台）为核心，开创了万达方、设计总包方、工程总包方、工程监理方同在一个平台上，基于 BIM 模型展开多方高效协同和信息共享的创新性管理模式（图 4、图 5），实现了计划、成本、质量业务信息与三维 BIM 模型的自动化关联，把大量的矛盾（设计与施工，施工与成本计划与质量）前置解决，提供了更加形象、直观、细致的业务管控能力。

图 4　BIM 平台模型浏览

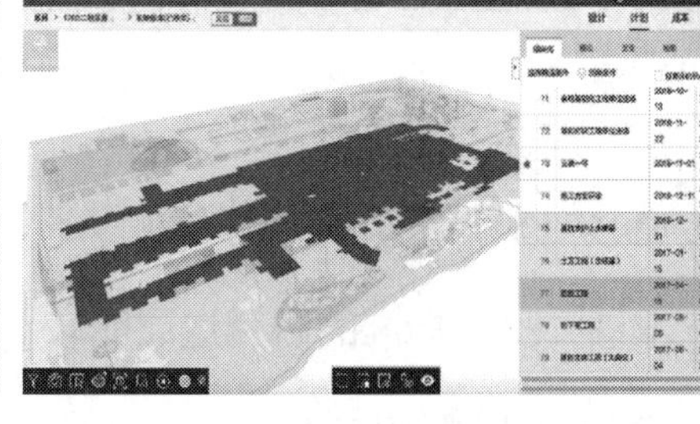

图 5　BIM 平台进度节点模型查看

近年来，国家陆续出台政策，大力推动装配式建筑与信息技术的融合应用。国家“十三五”重点研发计划“基于 BIM 的预制装配建筑体系应用技术”项目中，特别提及了“研发预制装配建筑产业化全过程的自主 BIM 平台关键技术”的研究内容。研发自主知识产权的预制装配式建筑体系 BIM 平台及应用软件，通过攻克开放的构件库、基于 BIM 的装配式建筑协同设计、“数字化”生产以及基于物联网的运输及现场安装等一系列关键技术，解决预制装配式建筑设计、生产、运输和施工各环节中协同工作的关键问题，建立完整的基于 BIM 的预制装配建筑全流程集成应用体系（如图 6 所示）。

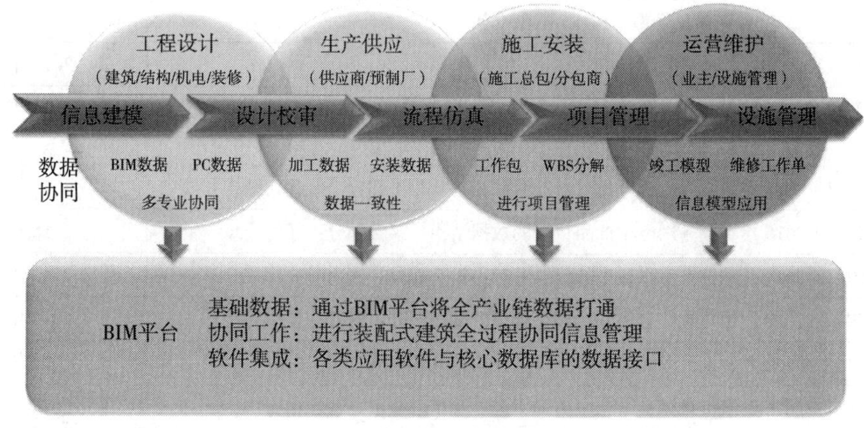

图 6　预制装配式建筑体系 BIM 平台概要内容

BIM 推广之前，建筑业基本采用以二维图纸为主要信息载体的交付体系，随着 BIM 技术的普及应用，将逐步过渡到以 BIM 模型为主并关联生成二维视图的交付体系，这是 BIM 模式下图纸交付的总体趋势和方向。目前“三维设计、二维出图”基本可以实现，但 BIM 模型直接出图的方式还是有无法满足现有制图标准以及后续的图面处理工作仍占据了设计人员大量时间的问题。因此在 BIM 模式下直接生成的二维图纸的范围应根据实际工程需要做适当的调整，BIM 模型生成二维视图的重点，应放在二维绘制难度较大的立面图、剖面图、透视图等方面，这样才能够更准确地表达设计意图，有效解决二维设计模式下存在的问题。

3. 国内外研究进展比较

3.1 BIM 标准的研究进展比较

国际标准化组织 ISO 成立了专门的技术委员会 ISO/TC59 /SC13，负责建筑和土木工程的信息组织和数字化，也包括了 BIM 相关标准的组织与制定。截至 2018 年，已经发布了 12 本 BIM 相关 ISO 标准，正在编制的 BIM 相关标准 6 本，通过一系列标准，对 BIM 模型信息的构建与表达、模型信息的专业协同过程、模型信息的专业协同内容、模型信息库建设以及 BIM 项目的组织协调方法进行了标准化（如表 2 所示）。

表 2　ISO 已经发布的 BIM 标准一览

中文名称	发布时间
ISO 12006-2：2015 建筑施工 – 建筑工程信息的组织　第 2 部分：分类框架	2015 年
ISO 12006-3：2007 建筑施工 – 建筑工程信息的组织　第 3 部分：面向对象信息的框架	2007 年
ISO/TS 12911：2012 建筑信息模型（BIM）指南框架	2012 年
ISO 16354：2013 知识库和对象库指南	2013 年
ISO 16739-1：2018 建筑和设施管理行业数据共享的行业基础（IFC）第 1 部分：数据模式	2018 年
ISO 16757-1：2015 建筑服务电子产品目录的数据结构　第 1 部分：概念，结构和模型	2015 年
ISO 16757-2：2016 建筑服务用电子产品目录的数据结构　第 2 部分：几何	2016 年
ISO 19650-1：2018 使用建筑信息模型的信息管理　第 1 部分：概念和原则	2018 年
ISO 19650-2：2018 使用建筑信息模型的信息管理　第 2 部分：资产的交付阶段	2018 年
ISO 22263：2008 有关建筑工程的信息组织 – 项目信息管理框架	2008 年
ISO 29481-1：2016 建筑信息模型 – 信息传递手册　第 1 部分：方法和格式	2016 年
ISO 29481-2：2012 建筑信息模型 – 信息传递手册　第 2 部分：交互框架	2012 年

除了上述已经发布的ISO标准外，ISO/TC59/SC13专业技术委员会还在编制建筑资产信息管理、BIM与GIS互操作性规范、建筑全生生命期数据模板等6项国际标准，进一步丰富BIM的建筑全生命周期信息标准化。

国外发达国家已经基本建立了BIM标准体系，为今后的大范围、深层次推广应用打下了基础，例如：美国的NBIMS标准体系、英国的UK1192系列等。这类国家标准注重标准的层次设计，是一系列BIM相关标准的集合。例如，美国的NBIMS标准体系不是一个单一的标准，其主要内容包含了BIM技术参考引用标准、信息交换标准与指南和BIM实施标准三大部分（图7），标准引用层、信息交换层和BIM标准实施层三个层次之间相互引用、相互联系、相互依托，形成一个整体。

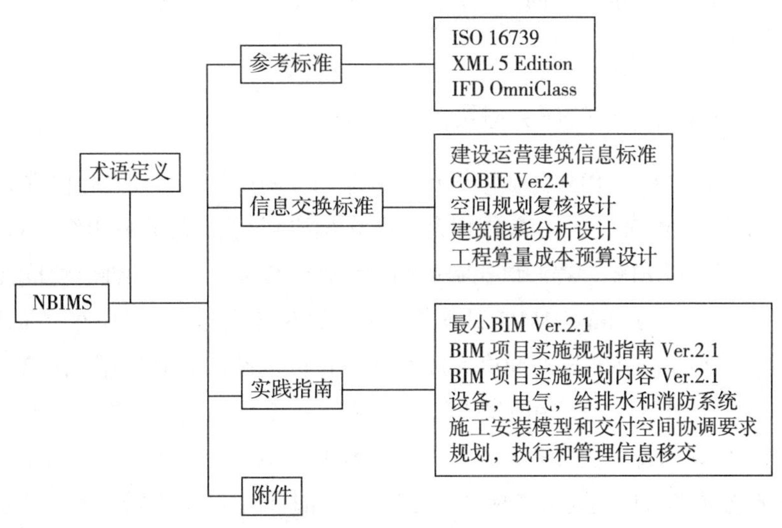

图7　NBIMS-US V3.0 内容

自2013年开始，英国标准协会（BSI）陆续发布了一系列PAS1192系列BIM应用规范，对建设项目的专业信息交换要点以及项目交付阶段的信息管理进行规范，PAS 1192框架规定了专业信息交付阶段的模型建模精度（图形内容）、模型信息（非图形内容，例如规范数据）、模型定义（模型属性含义）和模型信息交换的要求。PAS 1192为英国建筑行业的生产信息的开发、组织和管理提供了“最佳实践”方法。

欧美等国家非常注重标准的国际化，一直在努力把本国的BIM标准升级为ISO标准，夺取国际BIM标准的话语权。2018年英国主导编制并已经正式发布的ISO 19650-1和ISO 19650-2标准，其标准的开发就是基于英国UK1192标准的《BS 1192：2007+A2：2016建筑工程信息协同工作规范》和《PAS 1192-2：2013项目建设资本 / 交付阶段BIM信息管理规程》。另外，欧美国家的BIM标准可实施性很高，标准能够实用在很多BIM项目中。据最新调查，英国的BIM项目中有近77%采用IFC标准、近40%采用COBie标准完成BIM

数据协作。

各国建立 BIM 标准体系的思路不尽相同，都是根据本国特点逐步推进相关工作。如前所述，我国同样在建立适合国情的标准体系和关键标准。整体来看，我国 BIM 标准体系已经覆盖了国家标准、行业标准、地方标准、企业标准 4 个层次，初步形成了一个相互联系、相互融合却又不失层次性的一个系统框架体系，促进了 BIM 在我国的规范化发展。但目前看仍需进一步加强 BIM 标准的顶层设计，进一步加强完善标准之间的联系和互补性。目前我国 BIM 标准偏向实施管理层面，还须对技术本身和工程应用进行足够研究积累，开发能真正指导软件研发的协同技术标准，让标准能真正应用于软件研发和工程项目。再者，BIM 标准只有落地实用才能进化才能产生真正的价值，如何定位政府、协会、企业、学校在 BIM 标准推广中的角色，形成目标一致、高效的标准推广模式，亦是当前亟须研究的 BIM 标准课题。

3.2 BIM 培训推广的研究进展比较

国外有许多协会组织 BIM 比赛，普及 BIM 应用，调动行业积极性并促进 BIM 应用水平的提高。buildingSMART openBIM 国际大奖赛是由国际最权威的 BIM 组织 buildingSMART 发起和组织的国际级 BIM 大赛。该比赛面向全球征集作品，把互操性、协同性、实用性作为重点考察指标。buildingSMART 日本分部组织的 BIM 比赛重视实操性，参赛方基于组织方指定的真实地块，在有限时间内完成 BIM 设计以及设计模拟分析。比赛主要考察参赛方的 BIM 软件应用水平、应用创新能力以及基于 IFC 的专业协同能力。比赛期间，由组织方提供 BIM 数据管理云服务，参赛方的 BIM 专业模型、解析模型全部在组织方的云端共享，因此各参赛方所提交成果标准化程度高，而且能让组委会看到各参赛团队的真实 BIM 应用水平，非常有特色。截至 2018 年年底，该项比赛已经举行了 11 届，累计近百个团队参加了此项比赛。

关于 BIM 培训项目和认证，美国总承包商协会（the Association General Contractors of America，AGC）及美国建筑师协会（American Institute of Architects，AIA）都建立了 BIM 培训机制。其中，AGC 根据项目实际的作业需求，设计了独自的完整培训和认证机制。其培训包括四天的全天课程以及考试，对人员的 BIM 软件应用能力、BIM 应用法律及风险应对能力、BIM 项目及企业推广能力进行培训，考试合格则获 CM-BIM（Certificate of Management — Building Information Modeling）资格认证，认证主要关注点就是 BIM 在施工企业和项目中的应用。这是业界比较认可的资格认证，美国主要承包商的 BIM 经理都带有 CM-BIM 头衔。美国建筑师协会（AIA）则配合民间教育机构（例如 ASCENT）及持续教育机制（Continuing Education System，CES），办理 BIM 软件的使用认证（例如，Autodesk 的包括 Revit、AutoCAD 等软件专项软件操作证书）。

美国高校建筑类或工程管理专业的 BIM 的内容基本涵盖了建筑类或工程管理所有的

专业课程。BIM 课程设置方法多样。例如普渡大学在既有的建筑制图课程中增加了 BIM 技术的内容，宾夕法尼亚大学整合了六个专业建立了 BIM 设计室。美国宾夕法尼亚州立大学进行了基于集成管理模式的跨专业 BIM 教学改革，亚利桑那州立大学聘请行业内有经验的 BIM 专业人员，通过讲座和课程设计结合的方法，讲授工程中的各类案例。

3.3 BIM 模型技术的研究进展比较

目前全球知名的几个三维参数化 BIM 设计平台都来自美国，如 Autodesk Revit、Bentley AECOsim、Trimble Tekla，特别 Revit 也是我国建筑业 BIM 体系中使用最广泛的软件之一。

2011 年，欧特克推出基于 Web 的整合十余种功能、产品和服务的欧特克云设计 Forge 平台。借助 Forge 设计平台，用户可在浏览器中渲染来自如 AutoCAD、Fusion 360、Revit 等多种建模应用的 3D 和 2D 模型数据，可以在云端整合管理多种格式的设计数据，提取有关模型的元数据以及模型中的各个对象并可输出 60 余种文件格式，与相关团队共享并协同数据。Forge 平台通过多种轻量化技术，对 BIM 模型进行更轻更灵活的数据重构，使得 BIM 模型可以满足 web 与 VR 展示需要，并且可以与 GIS、IoT 数据高效整合（如图 8 所示）。

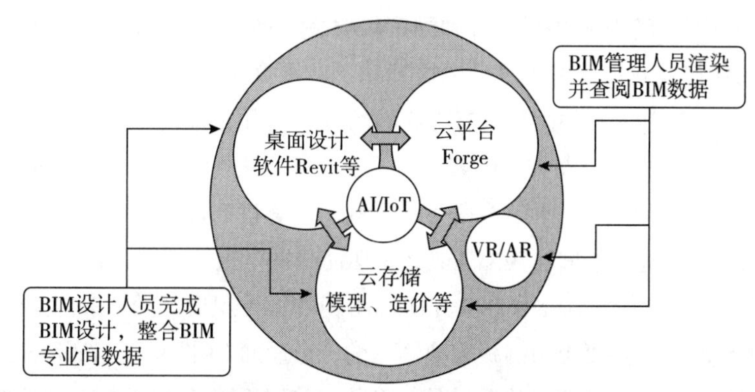

图 8　Autodesk Forge 平台功能示意

Tekla Structures 是 Trimble Solution 公司的结构 BIM 软件，Tekla Structures 作为全球最负盛名的钢结构详图设计软件，在全球市场占有率超过 60%。其输入 IFC 文件能力 2013 年获得 buildingSMART 软件 CV2.0 的全专业认证，输出 IFC 文件能力获得 CV2.0-Struct 的结构专业认证。

芬兰普罗格曼（Progman）有限公司的 MagiCAD 系列软件涵盖了暖通空调、建筑给水排水、建筑电气、建筑智能建模以及能耗分析等各个专业领域，是整个北欧建筑设备设计领域内主导和领先的应用软件，占有绝对的市场优势；2014 年公司被中国广联达软件股份有限公司收购。MagiCAD 软件支持 IFC 格式，并于 2016 年获得 IFC 支持能力 CV2.0-MEP 的机电专业认证。

日本BIM厂商研发的Rebro软件是以机电专业为主的全专业BIM应用软件，在我国国内也有很多项目在应用。Rebro是一款专门为建筑机电设备专业开发的BIM软件，具有制作3D模型、动画漫游、精细化施工图、工厂化加工图、材料统计等功能，与主流BIM软件通过定制数据接口和IFC格式进行数据交换，在日本国内以及我国的机电BIM设计施工市场均占有一席之地。

国产BIM应用软件在专业功能和符合国情等方面具有优势，特别在施工领域，国产BIM应用软件在国内占有非常大的市场份额。但我国对BIM基础共性技术的研究不足。我们缺乏自主知识产权的BIM基础平台，BIM软件的国产化程度低，目前市场上规模较大、应用比较成熟的BIM基础平台都掌握在国外软件商手中。国内BIM软件商基于国外图形平台或在国外BIM产品上做二次开发，底层技术，如数据库系统、图形引擎等，基本依赖于国外软件企业，主要为Autodesk、Bentley等。再者，我国BIM软件的数据共享能力不足，多数软件功能仅能满足个别阶段、个别专业的单一业务场景需求，难以形成系统化、通用化的软件产品，影响了我国BIM软件发展。

3.4 BIM应用的研究进展比较

世界先进国家都已经把BIM上升到国家战略去发展应用。与国外的BIM产业政策比较，我国的BIM产业政策更有力度，积极推动了我国BIM市场快速发展。而且国内在建设工程体量方面远远领先其他国家，有更广阔的BIM应用空间。

基于BIM的参数化设计在许多国家已经非常普遍。从规划、设计、仿真到建造，全部在BIM环境中完成。使用一体化、参数化、关联的计算机建模方法，在整个迭代设计期间可提高设计品质，在施工期间可短缩工期，BIM使得图学这一古老学科在建筑领域有了创新性应用。苏格兰V&A Museum of Design Dundee博物馆外观设计灵感来自苏格兰悬崖，立面复杂，由千余块水平混凝土预制板模拟倾斜的“悬崖面”（图9）。隈研吾建筑都市设计事务所通过BIM参数化设计方法优化了外观形状，使得不同长度的预制板做到最大限度地规格化标准化，降低了造价。施工阶段，施工方采用了基于BIM模型的EDM扫描定位技术，根据BIM模型中墙壁的偏转坐标对预制板安装坐标进行定位，在现场使用EDM技术进行安装监测并由计算机自动绘制实际安装公差图，极大地缩短了该项目的结构工程工期。

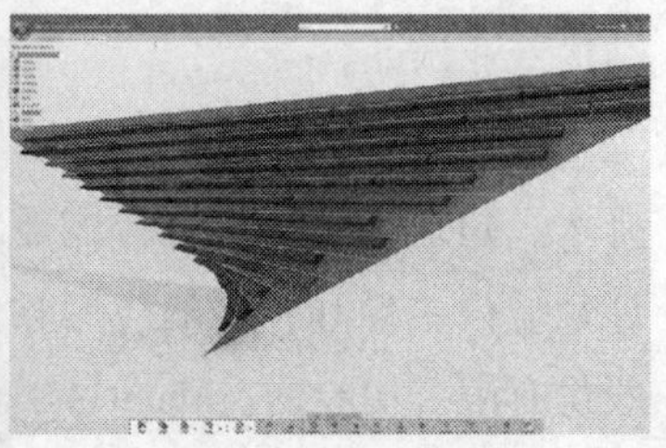

图9 V&A Museum of Design Dundee博物馆外观设计

欧美国家许多BIM项目，已经能够达到采用开放的BIM技术标准，在整个生命周期中公开和自由地交换结构化信息，以改善建筑环境的建设。例如德国法兰克福Höchst的Neubau Klinikum项目，占地80000m²，是欧洲第一个被动房医院项目。该项目的设计建造采用了开放式的BIM技术。专业之间通过IFC格式交换提资数据，并把Solibri作为BIM数据有效性的检查工具。问题沟通管理采用了美国国家标准中提到的BCF（The BIM Collaboration Format）数据格式，专业提资内容基于COBie标准，采用mvdXML格式。

包括我国在内，许多国家已经在尝试把BIM整合到政府的管理流程中。例如新加坡的电子审图e-Plan Check是国际上政府机构支持IFC和BIM技术的最大建筑集成服务系统工程。我国也鼓励有条件的城市在BIM的基础上建立城市信息模型，实现与工程建设项目审批阶段BIM应用的对接。作为政策试点城市，厦门从标准、制度、平台、工具4个方面进行BIM报建审批方面的研究和开发，报建审批工作已经实现从二维向BIM的转变。

4. BIM发展的挑战及建议

随着大数据等技术的成熟，BIM技术的重心将逐步从技术要素向数据要素转化，从偏重3D模型到重视多元化数据的发掘和应用转化，从以流程为中心向以数据为中心转化。未来BIM技术的应用推广重心将转移到对组织内外部的数据进行深入、多维、实时的挖掘和分析，以满足各相关部门充分共享的需求，满足决策层的需求，让数据真正产生价值。

对比国内外BIM技术应用发展现状，结合BIM成熟度的相关研究和三层级BIM技术发展趋势模型，不难发现BIM技术发展已初步达到第三层级（集成），依托项目定制化的多参与方、跨阶段协同管理平台、智慧运营云平台、民防工程BIM信息化管理平台等系统建设处于国际先进水平。

BIM技术以其可视化、可集成、可模拟等特点可作为加强城市精细化管理的重要载体。在保证单体建筑信息准确的情况下，区域性建筑群乃至智慧城市的规划、设计、施工、运营都需要以BIM+物联网、云技术、大数据等技术的支撑。BIM对政府项目监管、智慧城市建设运营，打造智慧生活，建立城市数据安全等方面都具有重要意义。

尽管BIM已经在我国多个大体量复杂建设项目得以应用，但BIM在我国的实际应用目前还处于摸索阶段，BIM技术在建筑领域的推广应用还面临着诸多挑战。

4.1 BIM发展的挑战

（1）BIM技术融入政府监管流程带来的挑战。BIM技术的发展不仅仅是二维向三维的转换，还涉及政府监管、工程建设、运维各个环节，现行建设行业各个环节的政府监管流程都是在传统体制和技术条件下制定的，需要进一步在流程中融入 BIM 技术，BIM 交付成果在规划、建设、管理中的法律依据仍不完备。

（2）全生命周期数据传递与使用带来的挑战。BIM 信息是基于全生命周期的，从建设工程的前期规划到建筑设计、施工，再到最后的使用、维护、物业管理，覆盖了项目的全过程。然而，建设工程中的设计、施工、监理、运营各方是互相割裂的，分属不同的行业和企业，不是利益共同体。目前缺少完善的技术规范和数据标准，导致国内 BIM 的应用或局限于二维出图、三维翻模的设计展示型应用，或局限于原来设计、造价等专业软件的孤岛式开发，造成了行业对 BIM 技术能否产生效益的困惑。再者，BIM 核心建模软件是 BIM 赖以产生和发展的根本，我国在核心建模软件上基本处于空白状态，核心软件受制于人导致 BIM 软件无法实现数据全互通、互导，导致全过程理念难以实施，BIM 难以实现其价值的挑战。

（3）人才培养不足。建筑行业从业人员是推广和应用 BIM 技术的主力军，但由于国内 BIM 技术培训体系不完善、力度不足，实际培训效果不理想。且 BIM 技术的学习有一定难度，从业人员在学习新技术方面的能力和意愿不足，也严重影响了 BIM 技术的推广。

4.2 BIM 发展的建议

面对机遇和挑战，在总结经验的基础上，需要充分发挥政府平台作用，抓紧编制符合我国特点的行动计划的各项任务目标，加大 BIM 推进力度。

4.2.1 建设完善标准体系

进一步完善具有我国特色的 BIM 标准体系，建立包括 BIM 技术、管理、评价和格式文本等在内的、覆盖不同行业的标准体系。应进一步完善 BIM 技术应用相关标准编制，培育主流的 BIM 基础软件，政府或协会牵头制定 BIM 标准规范，并在相关领域或项目上鼓励符合标准的软件优先使用。

4.2.2 建立健全监管认证体系

建立基于 BIM 技术的全过程全流程监管模式。探索建立三维模型和导出的施工图文件自动审查、审核监管政策，推进施工图审查由审核图纸向审核模型过渡。市场监管方面，逐步构建以企业和个人 BIM 技术应用相结合的市场准入和市场监管方式，建立企业 BIM 应用水平资质标准。

探索建立基于 BIM 技术的一站式建设管理智能审批平台，健全与之相匹配的管理体制和工作流程。一方面，梳理并规范上海市建设工程行政审批内容、要求和流程，形成基于 BIM 技术的并联审批体系；另一方面，积极探索建立三维模型和导出的施工图文件自动审查、审核监管政策，推进施工图审查由审核图纸向审核模型过渡，从而推动基于 BIM 模型的网上审批和监管工作。

4.2.3 BIM 相关新技术示范应用

由权威部门牵头 BIM 数据交换接口的研究，基于 IFC 或其他数据格式，发布公开的第三方专业数据接口格式，并展开软件功能认证。通过认证制度，为项目或企业对软件的选择提供参考，为 BIM 数据的多方协同提供技术上的支持。

完善我国 BIM 标准构件模型资源库和运行共享机制，避免重复建设及资源浪费，促进各方共同建设、使用、维护 BIM 构件库。在 BIM 技术与装配式建筑、绿色建筑及城市管理融合和 BIM 技术与云计算、大数据、智慧城市融合方面将进一步开展相关研究工作，推动城市建设的智能化和信息化水平，提升城市精细化管理水平。

4.2.4 深化 BIM 教育体系

发展 BIM 教育，提高人员层次。BIM 技术的发展需要理解 BIM 理念、掌握 BIM 方法和操作技术的专门人才。需要政府引导高校逐渐以 BIM 技术为支撑进行人才培养，全国展开 BIM 技能的培训和考评工作，在社会上形成对 BIM 人才的需求。

参考文献

[1] 何援军. 计算机图形学 [M]. 北京：机械工业出版社，2006.

[2] Chuck Eastman，Paul Teicholz，Rafael Sacks，et al. BIM Handbook：A Guide to Building Information Modeling for Owners，Managers，Designers，Engineers，and Contractors [M]. John Wiley & Sons，2008.

[3] 住房和城乡建设部. 关于推进建筑信息模型应用的指导意见（建质函〔2015〕159 号）[N/OL].（2019-4-21），www.mohurd.gov.cn/wjfb/201507/W020150701024852.doc.

[4] 住房和城乡建设部. 建筑业十项新技术（2017 版）（建质函〔2017〕268 号）[N/OL].（2019-4-21），http：//www.mohurd.gov.cn/wjfb/201711/W020171204113754.doc.

[5] 中华人民共和国住房和城乡建设部. 建筑信息模型分类和编码标准（GB/T 51269—2017）[S]. 北京：中国建筑工业出版社，2018.

[6] 中华人民共和国住房和城乡建设部. 建筑信息模型应用统一标准（GB/T 51212—2016）[S]. 北京：中国建筑工业出版社，2017.

[7] 中华人民共和国住房和城乡建设部. 建筑信息模型施工应用标准（GB/T 51235—2017）[S]. 北京：中国建筑工业出版社，2018.

[8] 中华人民共和国住房和城乡建设部. 建筑工程设计信息模型制图标准（JGJ/T 448—2018）[S]. 北京：中国建筑工业出版社，2019.

[9] 中国建筑科学研究院. “十二五”国家科技支撑计划课题“建筑与工程设计平台构架技术与服务构件研发”技术报告 [R]. 2017.

[10] 王传鹏. 基于 WebGL 的建筑大模型实时显示系统设计与实现 [D]. 广州：华南理工大学，2018.

[11] 刘北胜. 基于云渲染的三维 BIM 模型可视化技术研究 [J]. 北京交通大学学报，2017，41（6）：107-113.

[12] 邵韦平. 凤凰国际传媒中心建筑创作及技术美学表现 [J]. 世界建筑，2012（11）：84-93.

[13]《中国建设行业施工 BIM 应用分析报告 2017》编委会. 中国建设行业施工 BIM 应用分析报告（2017）[M].

北京：中国建筑工业出版社，2017.

[14] 许杰峰，鲍玲玲，马恩成，等. 基于 BIM 的预制装配建筑体系应用技术［J］. 土木建筑工程信息技术，2016，8(4)：17-20.

[15] 清华大学，互联立方 isBIM 公司. 设计企业 BIM 实施标准指南［M］. 北京：中国建筑工业出版社，2013.

[16] buildingSMART alliance. The National BIM Standard-United States Version3［N/OL］.（2019-4-21）. https：//www.nationalbimstandard.org/buildingSMART-alliance-Releases-NBIMS-US-Version-3.

[17] BuildingSmart. buildingSMART International Awards Program 2019［N/OL］.（2019-5-9），https：//www.buildingsmart.org/news/bsi-awards-2019/.

[18] Buildingsmart Japan. Build Live 小 委 员 会［N/OL］.（2019-5-9）. https：//www.building-smart.or.jp/meeting/technology-integration/buildlivecom/.

[19] 张尚，任宏，Albert P C Chan. BIM 的工程管理教学改革问题研究（一）——基于美国高校的 BIM 教育分析［J］. 建筑经济，2015，36（1）：113-116.

[20] NYK Systems. REBRO 基本机能［N/OL］.（2019-4-21）. http：//www.nyk-systems.co.jp/.

[21] Will Mann. Dundee V&A museum - How BIM delivered a remarkable facade［N/OL］.（2019-5-9）. http：//www.bimplus.co.uk/projects/how-bim-delivered-remarkable-facade/.

[22] 欧阳东，王春光，曹颖，等. 新加坡 BIM 技术应用考察报告［J］. 建筑技艺，2016（7）：93-95.

[23] 郭雁霄. 水电工程 HBIM 数字图形信息采集技术研究与应用［D］. 郑州：华北水利水电学院，2018.

撰稿人：许杰峰　王　静　董建峰　高承勇

图学在医学影像中的应用

1. 引言

影像学是医学中的一项重要技术，在临床应用中具有辅助决策的作用。然而，医学成像的作用正在迅速演变，从最初的诊断工具发展到在个性化精确医学背景下的一个核心角色。很多重大疾病如癌症、心血管疾病、脑血管疾病等，其死亡率高、发病迅速，并且大多数情况下，出现症状时患者已经处于晚期，往往错过了最佳治疗期，导致疾病进展快，患者生存率低。在癌症等重大非传染性疾病中，不同的患者、不同类型的病灶存在巨大的个体差异性。由于肿瘤等病灶的时间和空间的异质性，患者个体的差异，导致仅仅从微观层面（如局部穿刺、基因检测）进行分析难以全面量化疾病的进展和特点。医学影像作为疾病诊断中常用的工具，提供了一种全面、动态的疾病检测和分析手段。目前，随着影像技术的发展，从早期的 X 线、计算机断层成像（Computed Tomography，CT）到核磁共振成像（Magnetic Resonance Imaging，MRI）、单光子发射计算机断层成像（Single Photon Emission Computed Tomography，SPECT）和正电子发射成像（Positron Emission Tomography，PET），这些多模态的影像可提供很好的全面量化病灶信息的工具。近期，各种模态成像的联合应用也得到了大力发展，比如 PET 和 CT 联用，PET 和 MRI 联用。但是，应用各种影像手段来诊断或者治疗监控肿瘤都需要医生的经验，并且医生的经验丰富程度影响影像的诊断结果。如何充分利用医学影像里面的信息，辅助医生诊断，尤其给一些初级医师提供额外的信息，减少他们的学习成本，是近年来临床影像的研究热点。

近年来，由于我国医院信息化改革的推进，各种医学信息系统，比如 PACS（Picture Archiving and Communication Systems）系统的推广，数字化患者信息得到了大力发展，患者的临床信息，医学图像信息都能利用计算机技术得到很好的保存。利用计算机图学里面的最新技术去充分挖掘医学影像和临床信息，成为近年来在计算机和医学交叉领域的研究热点。利用 CAD 开发的计算机辅助诊断 CADx 和 CADe 都给信息化的医学影像发展和图像信息挖掘带来了新机遇。一些 CAD 的诊断检测精度逼近医师的水平。此外，大量的医学图像资源，使得最新的机器学习和深度学习方法有了更多的数据来源，能够开发更多的模式识别和系统建模的方法，综合利用机器学习、统计学习、深度学习等新方法来分析医学影像已经有了很好的铺垫。

影像组学作为一个新兴技术手段，通过提取高通量的图像特征，量化人眼所不能识别的高维度信息，在临床终点事件的智能诊断、预后预测和疗效评估等方面取得了很好的应用效果。基于医学影像特征分析的影像组学方法，能够利用多维纹理特征准确反映病变组织的病理学信息，对于实现个体化精准医疗具有重要的研究价值。因此采用 CAD 或者最新的影像组学方法来辅助医师完成病变的预测分析，并且给出可信的具有高精度的建议，有着十分高的临床实用价值。

影像组学（Radiomics）是 2012 年由荷兰学者 Lambin 等人提出的一种利用机器学习和计算机视觉分析医学影像的方法。该方法比传统的利用临床语义特征和简单的纹理分析，有着更高的诊断效能和分析精度，能够更加深入地挖掘医学图像信息。该方法包括从多模态医学图像中提取大量高通量特征，然后和临床的一些先验知识结合，建立机器学习模型来辅助医生诊断和治疗评估。而近年来，随着深度学习在图像分析领域的大力发展，图像分析的方法有了重大变化。相比于传统的影像学分析方法，深度学习的各种算法在医学图像分析方面达到了资深医师的诊断水平，可以量化分析和预测疾病，实现患者个体化治疗的诊断、监测、评估。

自 2012 年，卷积神经网络（convolutional neural network，CNN）在图像视觉识别挑战大赛（ILSVRC）中拔得头筹，以及现有计算机硬件，比如 CPU、内存计算性能的发展，利用 CNN 去进行图像分析，成为研究热点。而近年来，利用 CNN 去分析医学影像也在很多领域表现出比之前传统影像组学更好的性能和诊断精度。CNN 通过卷积、池化，可以学习到不同患者肿瘤中的一些形状、大小和纹理等方面存在差异，并且可以以一些非线性的组合方式来将这些图像特征关联在一起，学习到和临床终点事件相关的抽象高维特征。这些特征虽然很难被肉眼观测，但常常和相应的医学问题直接相关。因此，利用 CNN 的网络可以建立很多医学问题的诊断、预测、辅助的工具。而这些工具可以给临床医师提供辅助决策依据。一些初级医师在临床实践中，往往由于缺乏经验，需要高级医师的辅助；而利用 CNN 的网络，可以提供类似于高级医师的指导，这种指导可以大幅度减轻医师的学习成本，甚至未来有可能为改善医疗资源不平衡提供助力。

在医学影像分析的发展中，临床检测获得的临床特征（生化指标）、医生人为定义的语义特征、量化的影像组学特征、自学习的深度学习特征在不同的应用场景下取得了较好的效果。因此，将临床特征、语义特征、影像组学特征和深度学习特征等多模态的特征和模型进行融合，通常能取得更好的分析效果。此外，融合基因组学分析、病理影像分析、和CT、核磁等医学影像分析是目前的发展趋势。通过从患者的基因水平、细胞水平、最终到器官和个体水平挖掘病灶信息，多尺度的融合分析能提供更精准的辅助决策。联合多组学的分析，可以提供更加全面和完整的信息，是个体化精准医疗发展的热点研究。

2. 本学科最新研究进展

随着计算机人工智能技术的发展，医学影像对临床医生的影响和手术参考意义，已经从传统的术前诊断逐渐发展到术中引导，以及对一些重要的肿瘤生物标志物的提示作用。人体的常见肿瘤有脑肿瘤、肺癌、肝癌、乳腺癌、胃肠道肿瘤等，对这些肿瘤的检查手段大致以下有三类：核磁共振成像系统适用于组织液较多的器官成像，如脑部肿瘤；计算机断层成像常用于肝癌、肺癌等的成像中；超声成像常用于乳腺癌、胃肠道肿瘤的成像中。本章将从基于计算机断层成像的医学辅助诊断研究、基于磁共振成像的医学辅助诊断以及基于超声的医学辅助诊断三个方面进行综述。

2.1 基于计算机断层成像的辅助诊断研究

2.1.1 概述

利用医学影像大数据进行定量化智能分析，辅助肿瘤临床诊疗是学术界关注的热点趋势。英国伦敦大学癌症研究中心 Charles Swanton 在 2012 年的 *The New England Journal of Medicine* 杂志上曾指出，目前癌症的五年生存率一直没有得到提高的一个重要原因，就是缺乏对肿瘤异质性进行全面评估的方法。该文进一步指出，需要寻找新手段对肿瘤异质性进行定量评估，并在其早期诊断、分型和预后预测上进行突破，从而降低肿瘤诊断的假阴性和假阳性。2012 年，荷兰 Philippe Lambin 在 *European Journal of Cancer* 上提出了影像组学（Radiomics）的概念，其利用数据挖掘等信息技术，从影像、病理、基因等海量数据中挖掘并量化肿瘤的高通量特征，解析影像与基因和临床信息（分型、疗效和预后等）的关联，量化肿瘤的基因异质性。为评价肿瘤基因异质性，基于计算机断层成像（CT）的辅助诊断技术在临床中逐渐得到应用和发展。

肺癌作为发病率第一的癌症，其个性化治疗（辅助诊断）对于提升患者生存率有重大意义。肺癌筛查辅助诊断技术主要基于肿瘤的 CT 信息，通过医学影像处理技术对影像进行病灶分割及特征提取，同时采用以医学大数据为基础的人工智能等手段对肿瘤进智能识别及精准预测。

肺癌病灶在 CT 影像中的位置因人而异，且在不同序列图像上其影像模式也不同。因此，为实现病灶的准确分割，肺癌筛查辅助诊断技术需要一种稳定性高、可重复性好的肺癌病灶分割算法。这种分割算法能够分析肺癌病灶与正常组织之间的图像差异（形态差异、灰度差异以及不同空间变换导致的差异等），并对其自动计算和量化，从而实现肺癌病灶的自动定位；基于自动定位的病灶感兴趣区域，设计一种基于三维区域生长的肺癌病灶自动分割算法，实现肺癌病灶的精确分割。

肺癌筛查辅助诊断技术采用有效的自动分割算法或者手动辅助分割方法对肿瘤 CT 影像数据进行分割，针对分割出的肺癌病灶提取形状、强度、纹理和小波变换四类影像组学特征，并使用基于机器学习算法的特征筛选模型从中筛选出对肺癌筛查具有预测价值的关键特征；肺癌筛查辅助诊断技术将筛选的关键特征输入其构建的风险预测模型，并输出定量经验特征，从而辅助提高肺癌的诊断效能，避免漏诊误诊。

综上，基于计算机断层成像的辅助诊断技术对实现肺癌的精准风险分层及人群筛查总成本和辐射剂量的减少有重要意义。具体来说，该技术通过使用深度学习等大数据分析方法，提取肺癌 CT 核心影像组学特征，研究融合影像特征和临床信息的影像组学分析方法和模型，并将其应用于早期肺癌的筛查和诊断。

2.1.2 研究应用

在肺癌治疗中，基于 EGFR 基因突变的靶向治疗是主流的治疗方式之一。EGFR 靶向药物只针对 EGFR 基因突变的患者有效，因此，使用 EGFR 靶向药物前确认患者的 EGFR 基因突变状态十分必要。

常规的临床诊断需要通过有创的穿刺活检取得肺癌组织，然后进行基因测序来确定 EGFR 基因突变状态。这种方式面临以下弊端：

（1）穿刺有创，且基因测序成本高，对测序组织的数量和质量要求高。

（2）肺癌肿瘤具有很高的异质性，而穿刺只能取得部分组织，若没有穿刺到基因突变组织，则容易造成假阴性的结果，导致患者错过最佳治疗时机。

（3）肿瘤基因突变状态会随着时间发生改变，但由于穿刺对患者的伤害较大，难以在不同时间点进行多次穿刺。

针对以上难题，王硕、史景云、叶兆祥等人合作提出了基于深度学习的人工智能模型，利用术前的肺癌 CT 影像进行无创的 EGFR 基因突变预测。该方法基于 DenseNet 思想构建了 24 层卷积神经网络。

（1）将前 20 层卷积层在 ImageNet 自然图像数据集上进行预训练，将后 4 层卷积层使用肺癌 CT 数据进行全新的训练。

（2）对整体网络使用肺癌 CT 影像进行全局的重新拟合。

该研究使用上海肺科医院 603 例肺腺癌患者的 CT 影像作为训练集，构建并训练了人工智能模型；为了验证模型性能，使用天津肿瘤医院的 241 例肺腺癌患者的 CT 影像作为测试集。在独立测试集上，人工智能模型达到了 AUC=0.81 的预测精度，优于传统的影像组学模型（AUC=0.64）、语义特征模型（AUC=0.64）和临床模型（AUC=0.61）。进一步的特征分析表明，深度学习模型实现了肺癌 CT 影像的分层特征提取，且卷积层提取的特征在 EGFR 突变型和 EGFR 野生型样本间具有显著性差异，如图 1 所示。

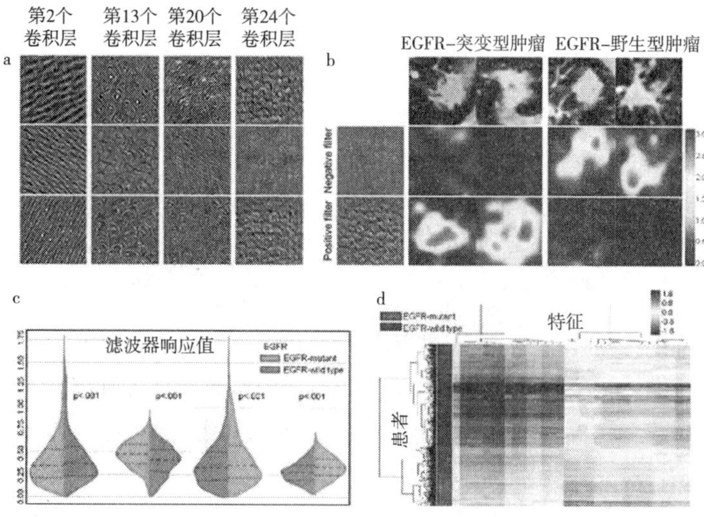

图 1　深度学习模型特征分析

a：分层的卷积特征可视化；

b：不同特征对于 EGFR 突变型和 EGFR 野生型肿瘤的响应不同；

c：卷积特征在 EGFR 突变型和野生型两组患者间存在统计学差异；

d：深度学习特征聚类分析

在得到较好的预测精度的同时，该人工智能模型可标记出肿瘤中 EGFR 基因突变可疑度较高的区域，有助于指导临床穿刺中穿刺位点的选取，如图 2 所示。

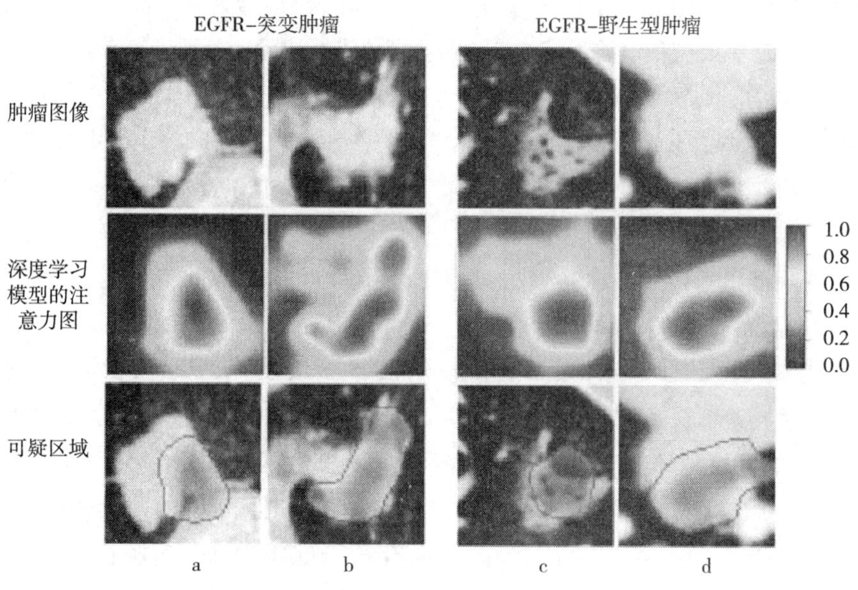

图 2　人工智能模型标记出的 EGFR 突变高可疑区域

该研究表明深度学习模型可从肺癌 CT 影像中挖掘到与 EGFR 基因突变相关的信息，并达到较好的预测精度，为临床医生提供术前无创的 EGFR 基因突变预测方法；同时，可发现肿瘤中 EGFR 基因突变概率高的组织区域，为临床穿刺提供参考。

2.1.3 应用前景

基于计算机断层成像的辅助诊断技术利用海量肿瘤影像数据，通过大数据挖掘及模型构建，研究肺癌的医疗影像智能分析关键技术，并开发相应的软件平台和计算机辅助诊断系统。

基于肺癌辅助诊断技术的计算机辅助诊断系统可以筛选出与肺癌的早期诊断、病理分期和精准预后预测相关的影像特征谱，为国内医疗影像数据分析研究提供方法和平台的支持，为临床肺癌早期诊断、病理分型和预后预测提供基于影像数据挖掘的辅助诊断方法，提高其敏感度和特异度，辅助临床治疗决策。

基于计算机断层成像的辅助诊断研究有利于规范化整理和存储大量分散的不规范的医疗影像数据，为医疗影像领域的发展提供更标准易用的数据资源；同时，基于计算机断层成像的辅助诊断研究对辅助医生进行诊断有重大意义，可给医生诊断提供独立的第三方参考信息。

2.2 基于核磁共振成像的辅助诊断研究

2.2.1 磁共振成像概述

磁共振成像（Magnetic Resonance Imaging，MRI）是医学影像的重要组成部分，自从1982 年开始应用于临床，经过三十多年的发展，MRI 已成为临床上最为重要的影像检查手段之一。MRI 主要利用氢原子核的核磁共振现象进行成像，氢原子核有其自旋特性，受到外加磁场的射频脉冲激发会产生共振，经过空间编码技术进行编码，并用探测器检测磁共振信号，经过数据处理转换可对人体组织进行成像。在临床上，常用的 MRI 检查序列主要有 T1 加权成像、T2 加权成像、扩散张量成像（Diffusion Tensor Imaging，DTI）和弥散加权成像（Diffusion Weighted Imaging，DWI）等。T1 和 T2 加权成像主要是基于纵向和横向弛豫时间进行成像，其中 T1 加权成像显示解剖结构效果较好，其高信号多指示出血或者脂肪组织，T2 加权成像显示组织病变较好，其高信号多指示肿瘤或者脑血管病等。DTI 和 DWI 成像是目前唯一可在体无创地检测组织中水分子扩散的成像手段，通过施加梯度磁场强度检测水分子扩散特性指标，并以此反映组织结构，对于纤维结构组织成像尤为有效，在脑白质和心脏肌纤维成像中有着不可替代的作用。

在临床诊断应用中，因 MRI 成像清晰、分辨率高、对比度强，并且对软组织成像效果较好，大大提高了医生的临床诊断效率和准确率，在脑胶质瘤、直肠癌和乳腺癌等恶性肿瘤疾病的临床诊断方面发挥着巨大的作用。然而在传统的临床辅助诊断中，影像科医生只能借助于肉眼识别获取 MRI 图像的视觉信息，由于视觉信息有限，而且较容易受不同观察者间差异影响，因此临床医师往往难以形成全面、准确而且鲁棒的诊断。近年来，随着影像组学的发展，基于量化图像分析方法从MRI图像中提取高维海量量化特征，并基于此构建临床辅助诊断预测模型，在国内外已经取得了显著成果。接下来本章分别从脑胶质瘤、直肠癌和乳腺癌三个方面阐述基于MRI的临床辅助诊断研究。

2.2.2 磁共振成像在脑胶质瘤中的辅助诊断研究应用

胶质母细胞瘤尽管具有多样性，其与低级别星形细胞瘤相鉴别的最重要的病理特征是中心坏死的出现。除了间变性星形细胞瘤的一些特征，如细胞异形、核异型和有丝分裂活性之外，GBM的特征表现为显著坏死、微血管增殖和侵袭性。GBM具有特征性的“伪栅栏样”改变（活检标本HE染色所见），指的是不同程度的坏死细胞形成的包绕着坏死的碎片区域的不规则的边界。

这种病理学特点反映了GBM的影像学表现的基础。在现有可应用的影像方法中，MRI作为首选的影像学检查被应用于GBM的诊断、外科手术前方案的制订和治疗后的监测中。GBM成像技术分为常规MRI和功能磁共振成像。常规MRI技术包括T1加权像，T2加权像，FLAIR成像和对比增强T1加权成像。GBM的经典的MRI表现为不均匀强化的环形不规则厚壁及其中央无强化坏死区伴肿瘤周围环绕着的高信号，这种征象在FLAIR和T2加权序列更加明显，代表肿瘤浸润和血管性水肿的区域。实际上，肿瘤细胞可蔓延至影像可见的病变以外的区域，并且在看似正常的白质中被发现。

功能成像技术，包括磁共振扩散、灌注和波谱成像，进一步补充了常规MRI提供的解剖数据并且提供了生理学的信息，例如细胞密度、微血管灌注和代谢情况。扩散加权成像可以检测体素内水分子的弥散情况。在GBM细胞致密/肿瘤细胞等具有高核－浆比的区域可出现弥散受限。当非强化肿瘤和肿瘤周边水肿区域位于白质时，扩散加权平面回波MRI成像可以被用来区别两者，并且可以鉴别肿瘤的不同组成部分（强化、非强化、囊变或坏死）。

磁共振灌注成像评估了血管生成和血脑屏障通透性，它可以预测肿瘤分级和进一步的恶性组织学特点。此外，随着针对脑肿瘤血管生成的新型靶向治疗药物的研发，灌注成像作为诊断和随访的重要方法其作用愈加明显。最后，基于从MR信号中获得的化学信息，MR波谱可以测量感兴趣区中代谢物的变化。

GBM显现的独特的病理学特征有相应的特征性的影像改变。有意思的是，GBM的局部基因和细胞表达模式会影响MRI的解剖学和生理学信息。在使用MRI作为无创性方法鉴别这些基因学的改变时，这个重要的关系起着非常重要的作用。

功能成像的重要组成部分之一是扩散成像，其包括DTI和DWI。DWI成像是应用水分子布朗运动的原理，反映水分子的微观扩散能力。用表观弥散系数（ADC）反映移动的大小。影响DWI的因素很多，包括T2穿透效应（T2 shine-through effect）、弥散敏感系数（b值）、表观弥散系数（Apparent diffusion coefficient，ADC）和各向异性等。ADC值会随细胞密度的增大而减小，当b值提高时这种相关性表现得更显著。ADC值增高，代表细胞排列疏松，细胞间隙较大，细胞内水分子自由扩散活动增强；ADC 值低则表示细胞排列紧凑、间隙小，细胞内大分子蛋白质较多，水分子的弥散受限。

目前很多研究结果表明 DWI 对指导胶质瘤分级有较大临床应用价值。胶质瘤早期即可沿白质纤维或者轴索浸润式生长，手术难以彻底切除，死亡率很高。病理学上胶质瘤被划分为不同的类型，如好发于大脑半球的胶质母细胞瘤、成人星型细胞瘤，好发于第四脑室的室管膜瘤，在小脑蚓部较常见髓母细胞瘤。肿瘤水肿区在 DWI 上以低或稍高信号为主，坏死区为稍高或高信号，在 ADC 图上，前者表现为稍高或高信号，后者表现为高信号。由于胶质瘤形态学表现的局限性，仅凭肉眼评估无法做出准确分级，因此对胶质瘤分级的研究重点主要集中在定量分析上。

水分子在细胞内活动受到相对限制，在细胞外区域活动性稍大，DWI 利用这个原理来区分肿瘤真性进展和假性进展。假性进展时水分子运动弥散在 DWI 上呈现低信号、ADC 值增高，而肿瘤的水分子在细胞内活动受限制，在 DWI 呈现高信号，ADC 值较低。有研究显示，应用 ADC 值来鉴别肿瘤及假性进展，特异性和敏感性达到 80%。但其他等研究证实 ADC 值的特异性仅有 66.7%。DWI 和 ADC 被证实是有缺陷的，因为肿瘤存在异质性，有时还是难以区分。

胶质瘤的瘤周水肿代表肿瘤细胞向脑组织侵袭，通常认为瘤周水肿是血脑屏障被破坏及血管通透性增加所造成的血管源性水肿。但在高级别胶质瘤的瘤周水肿区可见肿瘤细胞，这些细胞位于强化部分外缘，但低级别胶质瘤由于恶性程度较低，肿瘤细胞浸润瘤周区域的现象较少见。瘤周肿瘤细胞的存在会使水分子扩散能力减低从而导致 DWI 信号变化。有研究认为高低级别胶质瘤比较，前者瘤周 ADC 值明显较低，而另外一些研究等认为不能通过胶质瘤瘤周 ADC 值对肿瘤细胞进行量化，也因此不能对胶质瘤准确分级。

DTI 是一种不同方向上扩散加权的 MRI，可用于评价水的弥散率以及三维扩散方向。胶质瘤经常沿着白质纤维束呈浸润性生长，DTI 能够显示人脑中重要的白质纤维束并提供纤维束与肿瘤的关系。其根据水分子的运动在白质中沿着神经束走行的原理，通过病灶周围白质是否受到损伤来评价是否有肿瘤浸润。传统的 MRI 技术仅提供解剖信息，而 DTI 可提供中枢神经系统的连接信息。分数各向异性（Fractional Anisotropy，FA）代表水分子运动的各向异性。高的 FA 值表示白质完整性，即坏死区相邻的正常白质的神经纤维束未受损的表现；而肿瘤进展会侵犯周边正常白质，水分子运动方向呈现各向同性，表现为 FA 值减低。

近年来，DTI 已经越来越多地应用在到脑肿瘤术前评价中。用于区分正常脑白质与水肿脑组织及未强化的肿瘤边界，评价肿瘤对相邻白质束的影响，例如有无移位和浸润等，从而更好地协助神经外科医师完成肿瘤手术。

2.2.3 磁共振成像在直肠癌中的辅助诊断研究应用

近年来由于环境污染、膳食结构改变等原因，我国的直肠癌发病率和死亡率明显升高。目前对于直肠癌的诊疗手段，早期发现并进行手术彻底切除是最为有效的治疗方式。肠镜检查是早期发现直肠癌的有力手段，然而由于肠镜检查痛苦性大、患者接受度较低，并且早期症状不明显，临床上直肠癌往往发现较晚，一经诊断大多已经是中晚期。对于中晚期的直肠癌患者，常用的诊疗手段多为新辅助化疗和手术切除，对于接受新辅助化疗和手术切除治疗的患者，对治疗效果进行准确评估是制订正确治疗方案、改善患者生存率和生存质量的关键。

在直肠癌的临床诊治中，将T3分期以上或者存在淋巴结转移并没有远端转移的患者划分为局部进展期直肠癌。根据2015年发布的《中国结直肠癌诊疗规范》，目前对于局部进展期直肠癌的临床诊疗规范为先行新辅助化疗进行肿瘤消融，然后采用直肠周围系膜全切除术对肿瘤进行彻底切除。这种“新辅助化疗+完全切除术”的诊疗方案可以获得较低的肿瘤复发率，但是直肠周围系膜全切除术需将患者整段直肠连同肛门全部切除掉，在患者身体上留下永久性造口，患者在术后必须一直佩戴粪袋生活，这大大影响了患者的生存质量。因此，在如何保有较低复发率的前提下提高患者的生存质量是目前局部进展期直肠癌诊疗中面对的临床挑战性问题。而解决这个问题的关键在于实现对新辅助化疗疗效的准确评估，在经过新辅助化疗之后，大约有15%的患者可以实现肿瘤细胞完全消除，即达到病理学完全缓解（pCR，pathological Complete Response），对于达到pCR的患者，可对其采用“wait and see”的治疗机制，从而可使其避免手术治疗；此外，大约有20%左右的患者可以实现肿瘤的显著退缩降期，即达到病理学好转（pGR，pathological Good Response），对于达到pGR的患者，可对其施行局部切除手术，只是将肿瘤周围区域进行切除，从而达到既获得较低复发率又实现保肛的目的。

目前临床上大多依赖于临床放射科医师对局部进展期直肠癌患者接收新辅助化疗前后的T2和DWI影像阅片，通过对比接收治疗前后的图像对新辅助化疗疗效进行评估。但是目前临床上对pCR和pGR的诊断准确率无法达到令人满意的效果，目前采用影像组学方法对MRI影像进行量化分析，从而对局部进展期直肠癌接收新辅助化疗的治疗效果进行评估是目前的研究热点。Nie等人在较小的数据样本集上进行了MRI多序列影像分析，综合T1加权图像、T2加权图像、DWI图像和动态对比增强（Dynamic contrast-enhanced，DCE）图像进行量化分析，采用人工神经网络构建了pCR和pGR预测模型。在交叉验证的机制下，对pCR预测的接受者操作特征曲线下面积（Area Under receiver operating characteristic Curve，AUC）达到0.84，对pGR预测的AUC达到0.89。在后续的研究中，Liu等人采用了更大的样本数据集，基于T2加权图像和DWI图像进行量化分析，采用双样本T检验结合套索逻辑斯特回归分析的研究方法对pGR进行预测分析，在训练集上取得了AUC=0.9744的预测结果；独立验证集上AUC=0.9756的预测结果（如图3所示）。

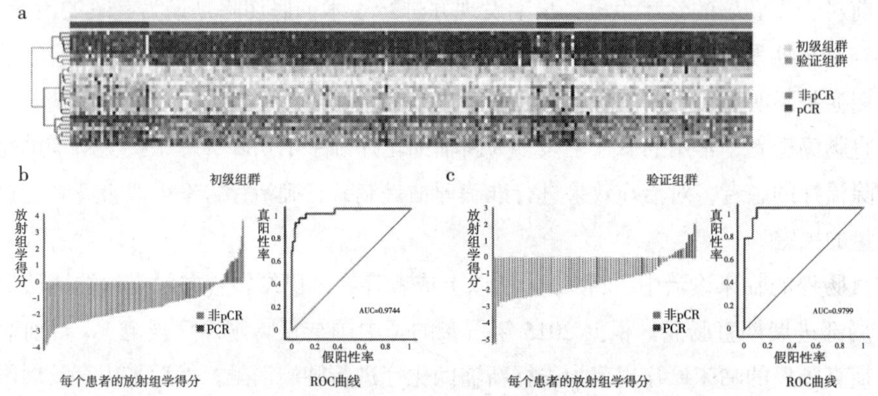

图 3　基于 T2 加权图像和 DWI 图像构建的 pCR 模型预测效果

Liu 等人结合核磁影像标签和临床指标构建了便于临床使用的诺模图（如图 4a 所示），并采用校准曲线分析和决策曲线分析对所构建的 pCR 模型进行了更进一步验证，校准曲线分析显示基于核磁图像量化分析构建的 pGR 预测模型效果与完美预测效果接近（如图 4b 所示），决策曲线分析显示该 pCR 预测模型可使得患者获得临床收益（如图 4c 所示）。

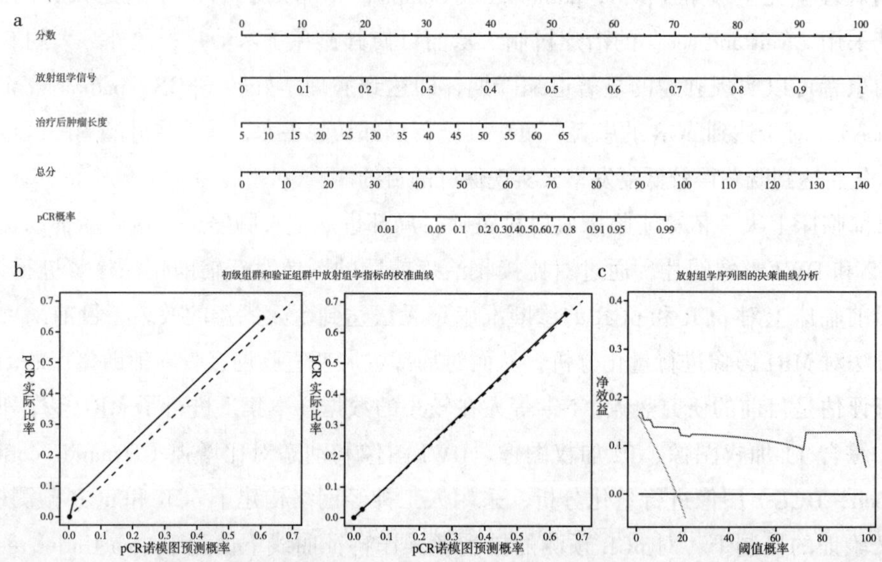

图 4　基于 pGR 预测模型绘制的诺模图（a）以及校准曲线（b）和决策曲线（c）分析

在另一项研究中，Tang 等人基于 DWI 图像进行量化分析构建了 pGR 预测模型，采用双重差分分析方法挑选了可特异性反映新辅助化疗治疗效果的 DWI 量化特征，并基于这些特征构建了 pGR 预测影像学标签，然后 Tang 等人结合影像学标签和临床特性指标构建了 pGR 预测模型，在独立验证集合上取得了 90% 的预测准确率。值得注意的是，跟以前的研究相比，pGR 预测影像学标签在验证集取得了较高的阳性预测值（0.917）。阳性预测值代表所有被预测为 pGR 患者中真正达到 pGR 患者的比例，阳性预测值较高代表被该模型预测为 pGR 的患者真正达到 pGR 的概率较高，而这也正是局部进展期直肠癌诊疗所关注的，即尽可能降低未达到 pGR 被错误地被诊断为 pGR 并接受局部切除的情况发生。在该研究中，Tang 等人还观察到特异性 DWI 特征图在 pGR 患者经过新辅助化疗前后发生了肉眼可见的变化，而非 pGR 患者的特征图在经过新辅助化疗前后变化不明显，如图 5 所示。

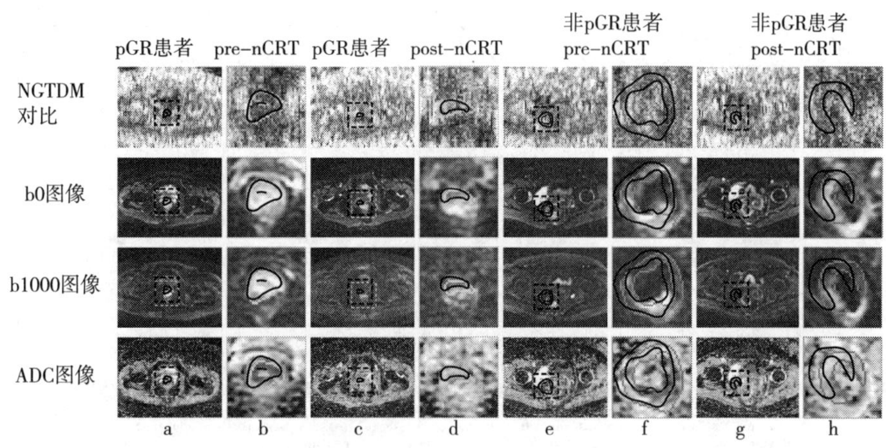

图 5　局部进展期直肠癌患者经过新辅助化疗前后的特征

2.2.4　磁共振成像在乳腺癌中的辅助诊断研究应用

乳腺癌是女性发病率最高的恶性肿瘤，我国虽然不是乳腺癌发病率最高的国家，但是近年来乳腺癌发病率逐年增长。新辅助化疗是针对大部分乳腺癌患者尤其是局部进展期患者的标准治疗方式，能够达到降低肿瘤分期、减少肿瘤转移和提高保乳治疗可能性等效果。对乳腺癌患者接收新辅助化疗后的准确疗效评估对后续治疗方案制定至关重要。特别的，pCR 是新辅助治疗后临床最期待的结果，意味着患者会有非常好的预后情况，如果可以在新辅助治疗前预测患者是否能达到 pCR，这对于指导更佳的治疗方案具有重大意义。MRI 图像是进行乳腺癌接收新辅助化疗的疗效评估的重要诊断评估手段，基于 MRI 影像组学分析的乳腺癌新辅助化疗疗效预测评估是当前的研究热点。

由于新辅助化疗的结果在不同的组织病理亚型和分子亚型间差异明显，因此在治疗前定量的预测乳腺癌的化疗效果非常具有挑战性。在之前的一项多中心研究中，Liu 等人采用影像组学方法基于多参数 MRI 影像，从 T1 对比增强图像、T2 加权图像和 DWI 图像中提取了基于乳腺癌原发灶的量化影像组学特征，并结合肿瘤分期、分子亚型和 Ki67 等临床指标构建了乳腺癌接收新辅助化疗后是否达到 pCR 的预测模型，该模型在三个不同中心的独立验证数据集上分别进行了验证，结果显示影像 - 临床指标组合模型预测效果优于单纯的临床指标构建的模型，且在三个验证集都表现较好（如图 6 所示），多参数核磁影像组学标签取得了 AUC=0.79 的预测表现，影像 – 临床指标组合模型取得了 AUC=0.86 的预测表现。此外本研究建立的多参数影像组学标签在不同的分子亚型组中（尤其在三阴性乳腺癌亚组中）仍具有很好的预测效果，如图 7 所示。在 HR 和 Her2– 乳腺癌亚组内，在验证集中取得了 AUC=0.87 的预测表现；在 Her2+ 乳腺癌亚组内，在验证集中取得了 AUC=0.79 的预测表现；在三阴性乳腺癌亚组内，在验证集中取得了 AUC=0.84 的预测表现。

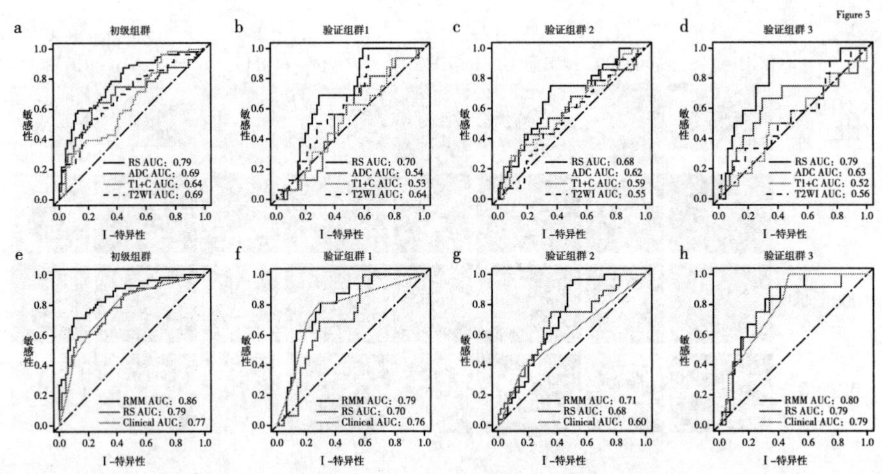

图 6　训练集和验证集中不同模型间的性能比较

a~d：单序列和多序列模型的 ROC 曲线；e~h：多序列影像组学标签、临床指标模型以及影像 – 临床指标组合模型的 ROC 曲线

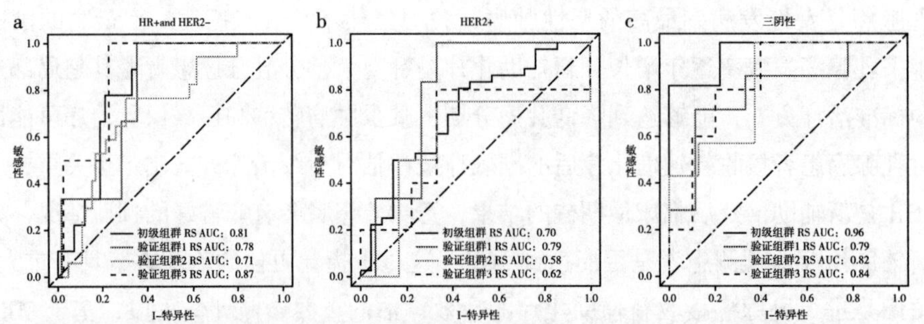

图 7　多参数影像组学标签在不同的分子亚型间的 pCR 预测效果

2.3　超声影像组学 DLRE 模型在肝纤维化分期诊断中的应用

2.3.1　案例背景介绍

由于成像技术的迅速发展，包括超声在内的医学影像已成为疾病管理中的重要手段，在疾病早期筛查、诊断、治疗选择和预后评估等方面发挥着积极的作用。在影像学诊断的基础上，通过深度挖掘图像中的信息，寻找出疾病的大量特征，从而反映人体组织、细胞

和基因水平的变化，将会对临床医学产生重大影响。基于该理论，影像组学（radiomics）应运而生。该方法从医学影像中定量的提取高通量特征来量化肿瘤等疾病，在肿瘤表型分型、治疗方案选择和预后分析等方面表现出巨大优势，是临床医学和生物医学工程的研究热点。

基于 CT、MRI 和 PET 的影像组学的研究已经得到了广泛的开展，Lambin 等和 Kumar 等定义影像组学为从这 3 种成像技术中提取高通量特征以开展肿瘤异质性的研究。相比以上 3 种成像技术，超声因无创无辐射、操作简单、快速成像和价格便宜等优势，在我国各级医院中广泛用于临床诊疗工作，在甲状腺、乳腺和腹部的早期检查中尤为重要。因此，若将影像组学方法扩展至超声图像，对疾病的早期诊断和预后预测将具有极大的价值。

慢性肝病（CLD）的发病率目前正在全球呈现很快的上升趋势，其中乙型肝炎病毒（HBV）是其中较为重要的一类疾病。肝纤维化是慢性乙肝肝炎的一个中间阶段，肝纤维化分期的准确早期诊断对于患者的监测、治疗和预后具有十分重要的意义。

肝脏活检在许多的临床指南中被指定为评估肝纤维化的金标准。然而，这种金标准是有创的，并且具有很多并发症，比如出血、采样误差以及医生间操作不一致等问题。

无创的方法，例如血清学和传统的超声虽然应用较为广泛，但是其本身由于相对低的敏感性或者特异性，很难得到准确的结果。目前，基于弹性成像的测值方法，在临床研究中具有良好的应用前景。但是，不同的文献得到的分类阈值具有很大的差距，这对于该方法的推广使用造成了严重的障碍。

近年来，逐渐发展并完善出一种叫作影像组学的新兴技术，该技术能够从图像中提取大量的特征，具有揭示人眼无法辨认的很多高维特征信息，在临床研究中取得了很多的进展，并且主要在 CT 和 MR 的临床应用中更具广泛。目前对于超声影像组学的研究还处于完善阶段，很多领域有待解决。

2.3.2 案例方法介绍

这项基于弹性超声影像组学的肝纤维化分期研究是一项多中心和前瞻性的研究。为了诊断肝纤维化的分期，我们设计了一种名为 DLRE（Deep Learning Radiomics of Elastography）的新方法。并且采集了患者的穿刺活检结果作为金标准，并将 DLRE 的结果与测值模型 2D-SWE，血清学模型 APRI 和 FIB-4 进行了比较。

本研究最终纳入了来自全国 12 家医院的 398 例患者，包含弹性图像 1990 张，以及相应的肝活检结果和血清学指标。

先按照临床标准对所有就诊患者进行 2D-SWE 的超声图像的采集。从每位患者获得 5 个独立的 2D-SWE 测值和相应的 5 个 2D-SWE 图像，同时记录 5 个弹性测值的平均值，用于后续的 2D-SWE 的模型分析。

当应用 DLRE 模型时，首先将入选的患者数据随机分成训练集和测试集，大概比例是 2∶1。训练集用来训练模型，确定模型中的各个参数和超参数。测试集用于验证模型的测试效果，对于观察模型的实际使用前景具有象征意义。其中，会在训练模型的时候，采用一种叫作数据增强的操作来尽量消除数据不平衡带来的影响。

DLRE 采用了卷积神经网络（CNN）方法。CNN 主要的操作包括卷积、激活和池化，整个过程可以分为两个步骤，正向计算和误差反向传播。如图 8 所示。首先我们将 ROI 图像输入到输入层，紧接着的是 4 个隐含层，这些层对图像进行特征提取和抽象，最终经过全连接层到输出层来预测肝纤维化分期。

a

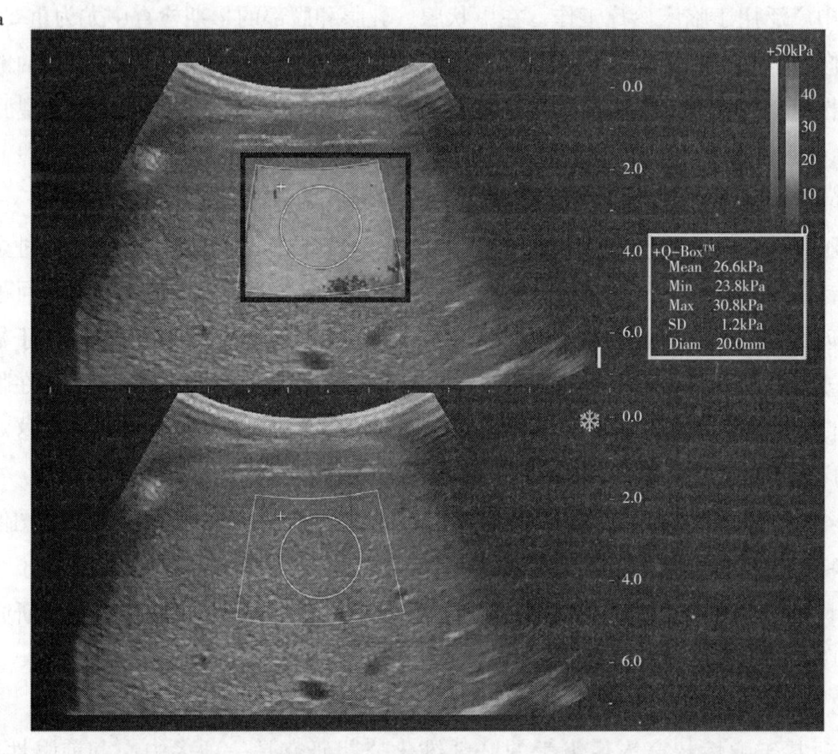

b

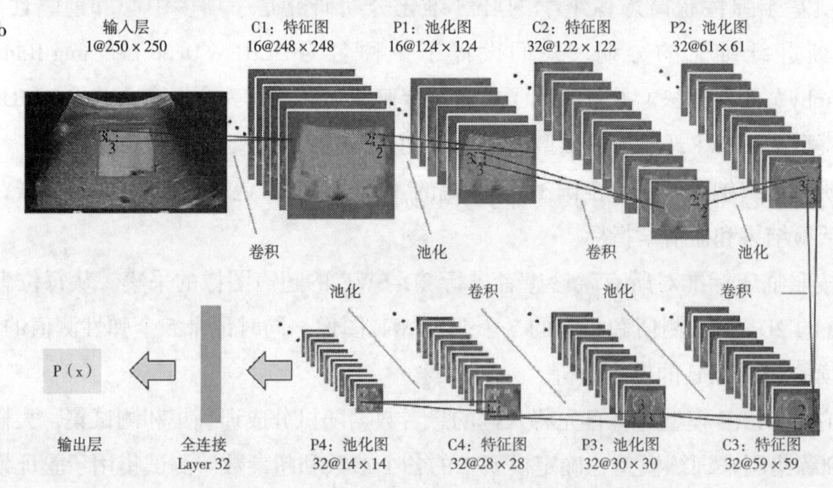

图 8 2D-SWE 测量和 DLRE 的流程

2.3.3 应用前景

相关研究的实验结果表明了超声影像组学在肝纤维化分期诊断上的应用前景以及推广价值。这种推广的基础体现在 DLRE 模型的基本诊断效能高，随着图像数量增多而更加好用，鲁棒性好，并且较少受到肝炎带来的影响。当然，这种技术在其他超声模态下的疾病诊断和治疗和预后均具有很好的应用场景。随着智能技术和医疗数据的不断丰富完善，相信未来基于人工智能的智能医疗能够在医院落地生根。

3. 本学科发展趋势与展望

影像组学在临床上的应用主要分为三大方面：智能诊断、疗效评估和预后预测。

3.1 智能诊断

对癌症的准确、廉价的早期筛查和确诊是肿瘤学研究中最大的挑战之一。在涉及 53000 人的美国肺癌筛查计划（National Lung Cancer Screening Trial，NLST）中，放射科医生应用低剂量 CT 虽然成功降低了该人群的死亡率，但是医生基于读片的筛查标准被证实往往过于激进，这带来了超过 90% 的假阳性率，使大量患者接受了过度治疗。影像组学辅助诊断技术可有效提高特异性，基于上述研究获得的影像学资料，研究人员开发了一个深度卷积诊断器，其对恶性结节的诊断精度、敏感性及特异性均高于 75%。目前前列腺癌的临床诊断首先是通过直肠指检和前列腺特异性抗原进行初筛，再对检查结果阳性的患者使用超声引导下的穿刺活检以确诊病灶是否为恶性。统计结果表明，约有 50% 的患者在前列腺特异性抗原检测时被判断为阳性，这将导致很大一部分患者接受不必要的有创穿刺活检。因此，如何在保持高敏感性的同时减少常规筛查中的过度诊断比例是一个重要临床课题。来自加拿大的研究者提出了一个基于条件随机场的影像组学诊断框架，其可利用多参数磁共振影像进行前列腺癌筛查和高可疑区域检测。

对癌症的分期影响着治疗策略的制定，其可帮助临床医生制定激进或保守的个体化治疗方案。定量且实时的影像组学诊断技术可用于提高临床决策的效能。结直肠癌是人类最常见的消化道恶性肿瘤之一，其具有手术不易彻底，术后复发率高的特点。特别是如果结直肠癌患者合并淋巴结转移，将更难以治疗，必须在手术时对所有受侵犯的淋巴结进行彻底清扫，否则很有可能出现术后复发及转移。但是术前传统 CT 影像学征象和穿刺活检都难以判断是否发生淋巴结转移，而术中对所有淋巴结盲目清扫又会带来很多副作用（如淋巴水肿等）。如何在术前进行较准确的淋巴结转移判断是当前结直肠癌临床诊断中遇到的挑战性问题。针对这一问题，研究者利用影像组学方法将术前 CT 影像特征和临床指标结合，构建并验证了基于影像组学标签的结直肠癌 N 分期术前诊断模型，与传统 CT 影像学评估相比，影像组学诊断模型将术前淋巴结转移预测准确率提高了 14.8%。此外，还有研究对影像组学特征在结直肠癌早期肝转移的诊断价值进行了分析，实验表明，对随原发灶同步发生的隐匿性肝转移可通过基于 CT 影像的全肝定量特征分析进行早期检测，显示了影像组学在应用于癌症远端转移诊断上的巨大潜力。

肿瘤的特定基因分型和病理组织学分型决定了其表面是否具有相应靶向治疗靶点或是否对放化疗敏感。基于影像组学的基因突变诊断和组织学亚型诊断提供了一种无创、实时、廉价、易实施的检测途径。肺癌患者肿瘤细胞 EGFR 基因突变情况已被证实与埃罗替尼和吉非替尼等靶向治疗药物是否有效密切相关，发生 EGFR 突变的患者往往在治疗后拥有更好的预后。而患者的 KRAS 突变则预示着不良的治疗效果。来自世界各地的研究者已发表了多项将影像组学技术用于肺癌患者基因突变无创诊断上的研究，结果均表明患者的影像学定量表型与基因突变存在较大关联。结直肠癌患者的 KRAS/NRAS/BRAF 突变目前缺乏十分有效的靶向治疗手段，在治疗前检出可避免患者接受不必要的靶向治疗，目前已有研究表明其同样可被影像组学标签有效预测。上述的研究将极大推动人工智能图像处理技术在医学诊断上的应用。

3.2 疗效评估

Mattonen 等人从 45 例接受了 SABR 的患者中（15 例出现局部复发、30 例无局部复发），收集了 182 例术后 CT 图像。放疗专家根据既往的临床定性预测指标对这 45 例患者进行了局部复发预测。影像组学预测的 AUC 可达 0.85，错误分类率为 24%，假阳性率 24%，假阴性率为 23%。结果证明影像组学预测在整个随访期内与临床医师评价基本吻合，且在术后 6 个月内，可早期发现临床医师难以发现的不典型复发病灶。Jasen 等人收集了 19 例回顾性 HNSCC 患者数据，所有患者均接受了放化疗，并采集了术前和术中 1.5T 的动态对比增强磁共振图像。研究结果表明，图像纹理分析可以提供影像学指标用以探寻头颈癌的肿瘤异质性，放化疗可以显著降低肿瘤异质性。

在 Aerts 等人的试验性研究中，他们首次（除了之前肿瘤负荷研究以外）探讨了定量影像组学特征用于预测已知的与吉非替尼反应有关的致敏性 EGFR 突变的价值，以及对基线特征，尤其是有无致敏性突变患者治疗过程特征改变与突变状态之间的关系的分析。为了研究影像组学标志物是否与吉非替尼治疗的反应以及突变状态相关，Aerts 等人基于 47 例早期非小细胞肺癌患者治疗前后的影像提取到 183 个影像特征。Delta 数据集被定义为治疗前影像组学特征与治疗后特征的差值。首先，在 Delta 数据集上，选择前 15 个变异系数最大的特征。去除高度相关（斯皮尔曼相关系数>0.95）的特征后，得到 11 个独立的影像组学特征；补充上体积和最大直径特征，最后得到 13 个特征。最强的预测因子是 Delta 体积（AUC=0.91，$p=10^{-25}$）和 Delta 最大直径（AUC=0.78，$p=10^{-5}$）。除此之外，一个影像组学特征具有显著的预测性能：Gabor_Energy_dir135_w3（在三个像素的波长和 135 度方向上计算的 Gabor 能量特征，AUC=0.74，$p=3\times10^{-4}$）。这些结果证明了量化表型特征的影像组学特征的预测性能。有望在不久的将来应用到真正的临床药效评估中去。

3.3 预后预测

非小细胞肺癌是导致癌症死亡的主要原因，且其患病率在世界范围内持续增高。具有活化表皮生长因子受体（EGFR）突变的晚期 NSCLC 在临床上占据相当比例。随机试验一致认为在不同的 NSCLC 亚组中，与常规化疗相比，EGFR 酪氨酸激酶抑制剂（TKIs），如厄洛替尼、吉非替尼和阿法替尼，可以促进更长的无进展生存期（PFS）。国家综合癌症网络（NCCN）将这些药物推荐为一线治疗，但大多数患者在 EGFR-TKI 治疗后一年内最终对其产生耐药性。新兴的 Osimertinib 被推荐为对 EGFR-TKI 治疗取得进展的 EGFR T790M 患者的二线治疗。最近插入的 TKI 方案也被发现延长了生存期。最近有研究表明，TKI 治疗可以延长生存期。然而，如何评估患者个体的潜在 EGFR-TKI 治疗仍然是非常具有挑战性的，对 EGFR-TKI 治疗具有快速进展的患者早期鉴别对于设计适当的治疗策略以实现最有效的临床结果是至关重要的。

预测 TKI 收益的一个常见的假设是疾病进展受突变类型（如：外显子 19 缺失和外显子 21 取代亮氨酸对 EGFR 基因中的精氨酸）以及临床病理特征（如：吸烟状况和肿瘤组织学）的影响。但最近的研究证明，适当和充分利用非侵入性诊断图像进行基于模型的预后预测，为 EGFR TKI 的生存分层提供了一种新方法，从而识别具有不同治疗结果的患者。基于计算机断层扫描（CT）图像，正电子发射断层扫描（PET）图像和分子图像的成像生物标记物已用于评估 EGFR TKI 在 EGFR 突变的 NSCLC 患者中的临床功效。O'Connor 等人评估了在靶向治疗的临床开发中产生定量成像生物标志物的各种策略，并揭示了开发此类策略以早期预测临床结果的有效性和必要性。然而，多中心试验尚未充分进行，以研究该技术在Ⅳ期 EGFR 突变 NSCLC 患者 EGFR-TKI 治疗的个体化预后预测中的价值。开发此类定量成像技术并证明其有效性可提供一种新的非侵入性和方便的方法，以便更好地了解在未来发展中更新的 EGFR TKI 的药物效应，以及更好地管理优化在临床和经济上对患者都具有益处的治疗策略。

宋江典等人提出了一种评估患者个体对推荐的 EGFR-TKI 治疗进展的概率。患者的预后预测将为图学在医学影像中的应用推广提供一个很好的应用场景。

参考文献

[1] Stewart B W，C P Wild. World Cancer Report 2014 [R]. International Agency for Research on Cancer, 2014.

[2] Chen W，Zheng R，Baade PD，et al.，Cancer statistics in China，2015 [J]. CA Cancer J Clin，2016，66（2）：

115-132.

[3] O'Connor J P B, Rethinking the role of clinical imaging [J/OL]. Elife, 2017 (6): e30563.

[4] Gillies R J, P E Kinahan, H Hricak. Radiomics: Images Are More than Pictures, They Are Data [J]. Radiology, 2016, 278 (2): 563-577.

[5] Buckler A J, Bresolin L, Dunnick NR, et al. A Collaborative Enterprise for Multi-Stakeholder Participation in the Advancement of Quantitative Imaging [J]. Radiology, 2011, 258 (3): 906-914.

[6] Kurland B F, Gerstner E R, Mountz J M, et al. Promise and pitfalls of quantitative imaging in oncology clinical trial [J]. Magnetic Resonance Imaging, 2012, 30 (9): 1301-1312.

[7] Aerts H, Velazquez E, Leijenaar R. et al. Decoding tumour phenotype by noninvasive imaging using a quantitative radiomics approach [J]. Nature Communications, 2014 (5): 4006.

[8] Kumar V, Gu Y, Basu S, et al. Radiomics: the process and the challenges [J]. Magnetic Resonance Imaging, 2012, 30 (9): 1234-1248.

[9] Lambin P, Rios-Velazquez E, Leijenaar R, et al. Radiomics: Extracting more information from medical images using advanced feature analysis [J]. European Journal of Cancer, 2012, 48 (4): 441-446.

[10] Gatenby R A, O Grove, R J Gillies. Quantitative Imaging in Cancer Evolution and Ecology [J]. Radiology, 2013, 269 (1): 8-15.

[11] National Lung Screening Trial Research Team. Reduced lung-cancer mortality with low-dose computed tomographic screening [J]. New England Journal of Medicine, 2011, 365(5): 395-409.

[12] Kumar Devinder, Shafiee M J, Chung A G, et al. Discovery radiomics for computed tomography cancer detection [J/OL]. arXiv preprint arXiv: 1509.00117, 2015.

[13] Mottet N, Bellmunt J, Bolla M, et al. EAU-ESTRO-SIOG Guidelines on Prostate Cancer. Part 1: Screening, Diagnosis, and Local Treatment with Curative Intent [J]. European Urology, 2017, 71 (4): 618-629.

[14] Chung A G, Khalvati F, Shafiee M J, et al. Prostate Cancer Detection via a Quantitative Radiomics-Driven Conditional Random Field Framework [J]. IEEE Access, 2017.

[15] Ferlay J, Soerjomataram I, Dikshit R, et al. Cancer incidence and mortality worldwide: Sources, methods and major patterns in GLOBOCAN 2012 [J]. International Journal of Cancer, 2015, 136 (5).

[16] Huang Y, Liang C, He L, et al. Development and Validation of a Radiomics Nomogram for Preoperative Prediction of Lymph Node Metastasis in Colorectal Cancer [J]. Journal of Clinical Oncology, 2016, 34 (18): 2157-2164.

[17] Rao S, Lambregts D M, Schnerr R S, et al. Whole-liver CT texture analysis in colorectal cancer: Does the presence of liver metastases affect the texture of the remaining liver? [J]. United European gastroenterology journal, 2014, 2 (6): 530-538.

[18] Velazquez E R, Parmar C, Liu Y, et al. Somatic mutations drive distinct imaging phenotypes in lung cancer [J]. Cancer Research, 2017, 77 (14): 3922-3930.

[19] Liu Y, Kim J, Qu F, et al. CT Features Associated with Epidermal Growth Factor Receptor Mutation Status in Patients with Lung Adenocarcinoma [J]. Radiology, 2016, 280 (1): 271-280.

[20] Zhang L, Chen B, Liu X, et al. Quantitative Biomarkers for Prediction of Epidermal Growth Factor Receptor Mutation in Non-Small Cell Lung Cancer [J]. Translational Oncology, 2018, 11 (1): 94-101.

[21] Yang L, Dong D, Fang M, et al. Can CT-based radiomics signature predict KRAS/NRAS/BRAF mutations in colorectal cancer? [J]. European Radiology, 2018, 28 (5): 2058-2067.

[22] Mattonen S A, Palma D A, Johnson C, et al. Detection of Local Cancer Recurrence After Stereotactic Ablative Radiation Therapy for Lung Cancer: Physician Performance Versus Radiomics Assessment [J]. International Journal of Radiation Oncology Biology Physics, 2016, 94 (5): 1121-1128.

[23] Aerts H J, Velazquez E R, Leijenaar R T, et al. Decoding tumour phenotype by noninvasive imaging using a

quantitative radiomics approach [J]. Nature Communications, 2014, 5 (1) : 4006-4006.

[24] Lee S M, Lewanski C, Counsell N, et al. Randomized Trial of Erlotinib Plus Whole-Brain Radiotherapy for NSCLC Patients With Multiple Brain Metastases [J]. Journal of the National Cancer Institute, 2014, 106 (7) .

[25] Novello S. Epidermal growth factor receptor tyrosine kinase inhibitors as adjuvant therapy in completely resected non-small-cell lung cancer [J]. J Clin Oncol, 2015, 33: 3985-3986.

[26] Soria J, Wu Y, Nakagawa K, et al. Gefi tinib plus chemotherapy versus placebo plus chemotherapy in EGFR-mutation-positive non-small-cell lung cancer after progression on first-line gefitinib (IMPRESS) : a phase 3 randomised trial [J] . Lancet Oncol. Elsevier Ltd, 2015, 2045: 1-9.

[27] Sequist L V, Yang JC-H, Yamamoto N, et al. Phase III study of afatinib or cisplatin plus pemetrexed in patients with metastatic lung adenocarcinoma with EGFR mutations [J]. J Clin Oncol, 2013, 31: 3327-3334.

[28] Gao G, Ren S, Li A, et al. Epidermal growth factor receptor-tyrosine kinase inhibitor therapy is effective as first-line treatment of advanced non-small-cell lung cancer with mutated EGFR: A meta-analysis from six 1 phase Ⅲ randomized controlled trials [J]. Int J Cancer, 2012, 131: 822-829.

[29] Yu H, Arcila M, Rekhtman N, et al. Analysis of tumor specimens at the time of acquired resistance to EGFR-TKI therapy in 155 patients with EGFR-mutant lung cancers [J]. Clin Cancer Res, 2013, 19: 2240-2247.

[30] Mok T S, Wu Y L, Ahn M J, et al. Osimertinib or Platinum-Pemetrexed in EGFR T790M-Positive Lung Cancer [J] . N Engl J Med, 2017, 376: 629-640.

[31] Wu Y L, Lee J S, Thongprasert S, et al. Intercalated combination of chemotherapy and erlotinib for patients with advanced stage non-small-cell lung cancer (FASTACT-2) : a randomised, double-blind trial [J]. Lancet Oncol, 2013, 14: 777-786.

[32] Seto T, Kato T, Nishio M, et al. Erlotinib alone or with bevacizumab as first-line therapy in patients with advanced non-squamous non-small-cell lung cancer harbouring EGFR mutations (JO25567) : An open-label, randomised, multicentre, phase 2 study [J]. Lancet Oncol, 2014, 15: 1236-1244.

[33] Crystal A S, Shaw A T, Sequist L V, et al. Patient-derived models of acquired resistance can identify effective drug combinations for cancer [J]. Science, 2014, 346: 1480-1486.

[34] Taguchi F, Solomon B, Gregorc V, et al. Mass spectrometry to classify non-small-cell lung cancer patients for clinical outcome after treatment with epidermal growth factor receptor tyrosine kinase inhibitors: a multicohort cross-institutional study [J]. J Natl Cancer Inst, 2007, 99: 838-846.

[35] Wu YL, Zhou C, Hu CP, et al. Afatinib versus cisplatin plus gemcitabine for first-line treatment of Asian patients with advanced non-small-cell lung cancer harbouring EGFR mutations (LUX-Lung 6) : An open-label, randomised phase 3 trial [J]. Lancet Oncol, 2014, 15: 213-222.

[36] Wu YL, Zhou C, Liam CK, et al. First-line erlotinib versus gemcitabine/cisplatin in patients with advanced EGFR mutation-positive non-small-cell lung cancer: Analyses from the phase III, randomized, open-label, ENSURE study [J]. Ann Oncol, 2015, 26: 1883-1889.

[37] Shepherd FA, Rodrigues Pereira J, Ciuleanu T, et al. Erlotinib in previously treated non-small-cell lung cancer [J]. N Engl J Med, 2005, 353: 123-132.

[38] Ho GYF, Zheng SQL, Cushman M, et al. Associations of Insulin and IGFBP-3 with Lung Cancer Susceptibility in Current Smokers [J]. Jnci-J Natl Cancer, 2016, 108 (7) .

[39] Dingemans AMC, de langen AJ, van den Boogaart V, et al. First-line erlotinib and bevacizumab in patients with locally advanced and/or metastatic non-small-cell lung cancer: A phase II study including molecular imaging [J]. Ann Oncol, 2011, 22: 559-566.

[40] Dai D, Li X-F, Wang J, et al. Predictive efficacy of 11 C-PD153035 PET imaging for EGFR-tyrosine kinase inhibitor sensitivity in non-small cell lung cancer patients [J]. Int J Cancer, 2016, 138: 1003-1012.

[41] Nishino M, Dahlberg SE, Cardarella S, et al. Tumor volume decrease at 8 weeks is associated with longer survival in EGFR-mutant advanced non-small-cell lung cancer patients treated with EGFR TKI [J]. J Thorac Oncol, 2013, 8: 1059-1068.

[42] O'Connor JPB, Jackson A, Asselin M-C, et al. Quantitative imaging biomarkers in the clinical development of targeted therapeutics: current and future perspectives [J]. Lancet Oncol, 2008, 9: 766-776.

[43] O'Connor J, Aboagye E, Adams J, et al. Imaging biomarker roadmap for cancer studies [J]. Nat Rev Clin Oncol, 2017, 14: 169-186.

[44] Song JD, Shi JY, Dong D, et al. A new approach 1 to predict progression-free survival in stage IV EGFR-mutant NSCLC patients with EGFR-TKI therapy [J/OL]. Clin Cancer Res, DOI: 10.1158/1078-0432.CCR-17-2507.

[45] Xu Z, Bai J. Analysis of finite-element-based methods for reducing the ill-posedness in the reconstruction of fluorescence molecular tomography [J]. Progress in Natural Science, 2009, 19 (4): 501-509.

[46] Wang D, Song X, Bai J, et al. Adaptive-mesh-based algorithm for fluorescence molecular tomography using an analytical solution [J]. Optics Express, 2007, 15 (15): 9722-9730.

[47] Jiang S, Liu J, An Y, et al. Novel l 2,1-norm optimization method for fluorescence molecular tomography reconstruction [J]. Biomedical Optics Express, 2016, 7 (6): 2342-2359.

[48] Gorodnitsky I F, Rao B D. Sparse signal reconstruction from limited data using FOCUSS: a re-weighted minimum norm algorithm [J]. IEEE Transactions on Signal Processing, 1997, 45 (3): 600-616.

[49] Candes E J, Romberg J, Tao T, et al. Stable signal recovery from incomplete and inaccurate measurements [J]. Communications on Pure and Applied Mathematics, 2006, 59 (8): 1207-1223.

[50] G T Herman, R Davidi. Image reconstruction from a small number of projections [J]. Inverse Problem, 2008, 24.

[51] Rees J H, Smirniotopoulos J G, Jones R V, et al. Glioblastoma multiforme: radiologic-pathologic correlation [J]. Radiographics, 1996, 16 (6): 1413-1438.

[52] Agnihotri S, Burrell K, Wolf A, et al. Glioblastoma, a Brief Review of History, Molecular Genetics, Animal Models and Novel Therapeutic Strategies [J]. Archivum Immunologiae Et Therapiae Experimentalis, 2013, 61 (1): 25-41.

[53] Rees J H, Smirniotopoulos J G, Jones R V, et al. From the Archives of the AFIP - Glioblastoma Multiforme: Radiologic-Pathologic Correlation [J]. Radiographics, 1996, 16 (6): 1413-1438.

[54] Zinn P O, R R Colen. Imaging Genomic Mapping in Glioblastoma [J]. Neurosurgery, 2013, (60): 126-130.

[55] Zinn P O, Bhanu M, Pratheesh S, et al. Radiogenomic Mapping of Edema/Cellular Invasion MRI-Phenotypes in Glioblastoma Multiforme [J]. Plos One, 2011, 6 (10): e25451.

[56] Al-Okaili R N, Krejza J, Wang S, et al. Advanced MR Imaging Techniques in the Diagnosis of Intraaxial Brain Tumors in Adults1 [J]. Radiographics, 2006, 26 (suppl_1): S173-S189.

[57] Le Bihan D. Diffusion MR imaging: clinical application [J]. Ajr American Journal of Roentgenology, 1992, 159.

[58] Law M, Yang S, Babb J S, et al. Comparison of cerebral blood volume and vascular permeability from dynamic susceptibility contrast-enhanced perfusion MR imaging with glioma grade [J]. Ajnr Am J Neuroradiol, 2004, 25 (5): 746-755.

[59] Cho YD, Choi GH, Lee SP, et al. 1H-MRS metabolic patterns for distinguishing between meningiomas and other brain tumors [J]. Magnetic Resonance Imaging, 2003, 21 (6): 663-672.

[60] Nie K, Shi L, Chen Q, et al. Rectal Cancer: Assessment of Neoadjuvant Chemo-Radiation Outcome Based on Radiomics of Multi-Parametric MRI [J]. Clinical Cancer Research, 2016, 22 (21): 5256-5264.

[61] Liu Z, Zhang X Y, Shi Y J, et al. Radiomics Analysis for Evaluation of Pathological Complete Response to Neoadjuvant Chemoradiotherapy in Locally Advanced Rectal Cancer [J]. Clinical Cancer Research, 2017: 1038.

[62] Tang Z, Zhang X Y, Liu Z, et al. Quantitative analysis of diffusion weighted imaging to predict pathological good response to neoadjuvant chemoradiation for locally advanced rectal cancer [J]. Radiotherapy and Oncology, 2019,

132:100–108.

[63] Liu Z, Li Z, Qu J, et al. Radiomics of multi–parametric MRI for pretreatment prediction of pathological complete response to neoadjuvant chemotherapy in breast cancer: a multicenter study [J]. Clinical Cancer Research, 2019.

撰稿人：田　捷　马喜波

图学在智能制造中的应用

1. 引言

在制造强国和网络强国大战略背景下，我国也先后出台了“中国制造 2025”和“互联网 +”等制造业国家发展实施战略。此外，党的十九大报告也明确提出“加快建设制造强国，加快发展先进制造业，推动互联网、大数据、人工智能和实体经济深度融合”，其核心是促进新一代信息技术和人工智能技术与制造业深度融合，推动实体经济转型升级，大力发展智能制造。智能制造具有自组织、自学习、自优化的特征，能够积极响应产品的变动性。智能制造概念不应仅仅体现在现代信息技术应用与制造过程中，更应深入设计、制造、维护等产品生命周期的各个阶段。

在人工智能、大数据、虚拟现实（Virtual Reality，VR）、增强现实（Augmented Reality，AR）、信息物理系统等现代信息技术的支持下，图学理论和技术得到极大的发展。同时，图学理论和技术在建模与优化、人机交互、生产规划、识别检测等方面对智能制造的发展起到重要的支撑作用。

2. 国内外研究进展与比较

2.1 基于图学理论的产品智能建模与优化

智能制造的特征要求产品建模过程中包括的信息更加丰富，并能够更快地找到设计方案的适应性解。基于图形技术和图学理论可以对产品设计过程中的信息和知识进行存储，并不断挖掘、优化产生新颖、独特、具有价值的产品概念，转化为详细的产品设计方案，不断降低产品实际行为与设计期望行为间的不一致性。

由于智能制造需要大量设计数据并具备处理能力，要求产品 CAD 模型的功能不仅仅是存储和展示产品设计特征，更是产品全生命周期多学科 / 多尺度 / 多物理属性的映射，获得超高拟实度的仿真结果，全面提高设计质量和效率。CAXA 提出了包括工程模式和创新模式的三维设计平台，可以提供快速建模工具和智能装配工具让设计人员进行产品的创新设计，支持国家智能制造示范项目。近年，国内基于图学理论的产品智能建模与优化技术研究主要体现在以下三个方面。

在设计特征建模与识别方面，图学理论应用研究集中在 CAD 模型的基础上增加语义表述和工艺要求，将设计过程同工艺生产过程统一起来，使生产环节中的设备具有足够的智能理解设计语义并自动实现工艺要求。Liu 等基于 CAD 皮肤模型和边界元法提出一种形状误差和局部表面变形建模方法；Qiu 等基于分形函数建立了非理想的精密耦合几何表面模型，在设计阶段可以对产品的装配性能进行评测。

产品结构仿真及优化研究体现了智能制造中的自优化特征，是各类智能化图形处理技术的应用，实现近物理仿真并获得准确优化结论。例如，Li 等通过生成变密度陀螺微结构，获得轻量级拓扑优化结果。

针对智能制造中需要做到的可控性设计，图学理论和应用被推广到微纳结构计算机辅助设计方面，研究建立包含并主动适应材料力学性能、生物相容性等性能的结构。Xu 等提出根据要求可以设计精确控制的半规则多孔结构，建立了近似的结构与材料属性关系；Shi 等提出了仿生多孔支架生成方法，对于打印各项异性的功能性材料具有重要意义。

现有图学理论研究为支持智能制造中的产品智能建模与优化技术，增加了更多的信息量，包括：设计意图、工艺数据、功能结构等。这些信息能够更好地满足智能设备对设计语义的理解及对产品质量的追溯。虽然我国在 CAD 研究领域的起步较晚，但借助大数据、人工智能技术的迅速发展，已经在一些关键技术上取得了重要突破。

2.2 基于图学技术的智能制造交互

人机交互是图学理论和技术在智能制造模式中另外一个典型的体现，通过虚拟人机交互可以对生产过程进行远端控制、检验、培训等。人机交互借助于躯体跟踪、手势识别等方式实现操作意图输入，通过 VR、AR 等图学技术实现结果展示和评判。针对智能制造交互技术，图学理论和技术研究主要体现在以下两个方面：

在虚拟工厂 / 设备方面，借助图学理论和技术建立数字样机，实现生产数据的全面存储和监控。例如，Hu 等将机械设备工作过程的 VR 仿真与多源 CAE 分析数据可视化相结合，提出了面向离散系统和设备的仿真框架；张辉等基于多线激光雷达和惯性测量单元实时构建环境的三维点云地图，实现实时的虚拟场景可视化，同时利用 VR 系统的交互设备控制机器人运动。

在虚拟装配研究中，图学理论和技术能够在低损耗的条件下帮助校验、示教和培训。刘钡钡等通过匹配、感知和识别零部件特征，利用维修知识驱动人体数字模型进行直升机虚拟装配。Han 和 Zhao 利用机器视觉识别飞机结构件直线特征、估计姿态，基于 AR 实现飞机装配示教。Wang 等基于点云与视觉特征提出了一种相机跟踪方法，利用 AR 技术实现机械产品装配训练。Wang 等通过图像识别技术将装配示教解析编译为机器人可执行文件，为装配机器人提供任务程序。山大华天研发的 SView 平台面向航天装配制造业提供沉浸式的管路、线路虚拟装配环境。

虚拟人机交互技术伴随着图学理论和技术的发展，尤其是在军工、航空航天领域等关键部门得到了较为广泛的应用。目前的研究多集中示教和培训阶段，还没有挖掘到虚拟场景交互对于设计、生产过程的重要意义。考虑到工业应用的准确性和快速性，还缺少在实际工业行业的推广与验证。

2.3 基于图形理论的生产自动规划

基于图形理论的生产工艺规划已经研究了多年，已经在插补精度、表面精度等控制上取得很大的进展。基于各类曲线、曲面理论的插补可以实现面向切削、抛光、焊接、增材等工艺的刀具或机器臂位姿控制和路径自动规划。Lin 等推导出线段与曲线段之间距离的显式表达式，提出了 G01 折线的曲线拟合算法。Zhao 等通过解析 STEP 模型自动生成 T 样条曲线的铣削刀具路径。Zhang 等基于点云重建的实现机器人自动磨削轨迹生成。黄婷等对叶片复杂曲面进行机器人抛磨工艺规划。Liu 等基于 NURBS 曲线拟合的方法，自动规划机器人焊枪的轨迹。黄海博等提出一种基于 NURBS 曲面拟合曲率球的几何模型重构方法，得到了稳定激光功率密度的路径规划方法。

除了面向 CNC 系统的生产工艺自动规划，图形理论研究也支持对智能工厂地形地貌、建筑、车间结构、设施设备等进行几何重建，以便实施协作机器人路径动态规划、物流规划和控制以及加工质量在线检查。Jiang 等设计了一种基于激光扫描原理的大规模在线三维重建系统，通过图形学算法处理扫描轮廓序列并生成大型复杂生产场景的 3D 点云模型。Wu 等映射原始激光探测与测量（Light Detection and Ranging，LiDAR）点云数据和设备数据库，通过搜索相似拓扑结构的设备模型重建高保真的工厂场景。Zeng 等基于 LiDAR 点云提出了一种实时三维车辆检测方法，来高效预测车辆的位置、方向和尺寸。基于图形理论的场景重建能够直观、真实、精确地展示各种制造设施、设备形状及生产工艺的组织关系，设施、设备的分布和拓扑情况，对智能制造过程提供全面支持，尤其对于航空航天、能源、造船等领域的智能制造具有重大意义。

基于图形理论的生产工艺自动规划已经在生产效率的提升和产品质量的保证方面发挥了巨大作用。但受制于控制器往往采用国外技术，其底层代码的不开放限制了各种工艺规划算法的运行效率和精度，阻碍了生产自动规划技术的研究投入和工业应用。

2.4 基于图像处理技术的智能识别／检测

以机器视觉为代表的图像处理技术在工业自动化系统的应用，作为智能制造过程中的“眼睛”，主要应用可以归纳为四个方面：尺寸测量、物体定位、产品检测、特征识别。

基于图像处理的尺寸测量技术拥有广的测量范围、高的测量精度和效率。Wang 等实现了多飞秒激光烧蚀显微结构图像的图像拼接，图像校准和几何图像参数测量得到了有效实现。Zhan 等基于双目视觉系统提出铁路接触网几何参数的测量方法。Li 等基于单眼视觉的机床轮廓误差检测方法，可以在较高的进给速率条件下精确测量任意轨迹的二维误差。

基于图像处理的物体定位技术，使机器人自动获取与零件的相对位姿，为智能制造中工业机器人的普遍应用提供了动力。Ni 等从深度图像中提取杂乱场景的有效特征，并通过训练双流卷积神经网络获得相对机器人的物品位姿。Zhang 和 Cao 提出通过学习 3D 模型渲染的合成噪声深度图像进行物体姿态细化的方法。Zhang 等通过建立视觉操纵关系网络帮助机器人实时检测目标并预测操纵关系。

基于图像处理的产品检测技术可以应用于焊缝缺陷、铸造缺陷、划痕等检测中。Peng 等通过组合 2D 和 3D 点云数据计算接缝的位置和姿势，实现航空航天工业中复杂结构紧密对接接头的实时检测。Huang 等通过改进边缘检测方法实现大曲率管表面划痕检测。Lin 等为了解决铸造缺陷检测中错检、漏检的问题，提出了一种基于视觉注意机制和特征图深度学习的鲁棒检测方法。

特征识别技术通过图像处理、分析和理解功能，准确识别出一类预先设定的目标或者物体的模型。赵立明等借助粗糙集理论预定义图像目标、背景和不确定区域，实现机器人导航路径的精确描绘。翟敬梅等面向双目视觉的机器人作业环境提出了基于边缘曲率角的轮廓三维几何及位置信息的自动提取方法。

作为智能制造领域采集和处理生产信息的关键技术，我国基于图像处理的机器视觉技术已经在生产过程中得到广泛应用，其检测的正确性与快速性已经表现出了巨大的优势。

3. 发展趋势与展望

从上可以发现，图学理论和技术从设计、制造、检测、包装、售后等全过程对智能制造提供技术支持。智能制造的发展也对图学理论和技术提出了更高的要求，要求建模信息更完整，特征识别更加智能迅速、精度更高、沉浸感强、交互便捷。图学理论和技术借助于当代信息技术能够迅速发现和获得优化的方法与途径，不断激发人类的创新思维、不断追求优化进步，为当前制造业的创新和发展提供了新的理念和工具，得到了工业界和学术界越来越广泛的关注。同时，通过图学技术的应用能够推动工业数据的实时采集、高吞吐量存储、压缩、优化、并行处理、知识推理等关键技术与产品开发，建立覆盖产品全生命周期和制造全业务流程的工业大数据平台；加强企业内部与外部、结构化与非结构化、同步与异步、动态与静态、设备与业务、实时与历史数据的整合集成与统一访问，实现“数据驱动”。

未来图学理论和技术会继续在以上四个方面对智能制造各个环节发挥重要作用。图学理论研究将继续支持智能制造中的产品智能建模与优化技术，将宏观与微观、设计与工艺、结构与功能等多个维度的信息进行集成，形成海量设计知识库，并通过智能推理加快设计过程并保证设计可靠性。

在人机交互方面，借助图学理论和技术实现基于信息物理融合系统（Cyber-Physical Systems，CPS）和数字孪生（Digital Twins，DT）概念，从而建立完整的数字世界。实现虚拟世界对真实世界的充分映像和两者的充分交互，实现对生产过程充分把握和产品质量的充分可控。

在生产规划方面，进一步通过激光扫描和图形处理技术充分感知生产现场产品、设备、资源、环境等全场景的实时信息，支持制造执行系统（Manufacturing Execution System，MES）进行信息深度集成，完成具有时效性的生产自动规划。实现从传统固定制造过程的生产规划，转变为基于高保真度仿真，具有自学习、自适应的生产规划，从而保证生产规划的实时性和有效性。

在识别检测方面，继续推进图像处理技术更高效服务智能制造过程，获得满足工业要求的识别精度。进行机器视觉配套技术的完善，在提升识别和检测精度的同时满足工业响应速度，极大地拓展智能制造可适应的生产环境和生产条件。

综上所述，图学理论和技术在制造过程中的应用是实现智能制造的重要使能技术，能够为国家实体经济的创新驱动发展、转型升级发展和提质增效发展提供高效的技术支撑和服务。同时，实现这一过程也需要图学研究工作者坚持不懈的努力，使图学学科在基础理论和应用技术上都得到更大的提升和发展。

参考文献

[1] Liu J H，Zhang Z Q，Ding X Y，et al. Integrating form errors and local surface deformations into tolerance analysis based on skin model shapes and a boundary element method [J]. Computer-Aided Design，2018，104：45-59.

[2] Qiu C，Liu Z Y，Peng X，et al. A non-ideal geometry based prediction approach of fitting performance and leakage characteristic of precision couplings [J]. IEEE Access，2018，6：58204-58212.

[3] Li D W，Liao W H，Dai N，et al. Optimal design and modeling of gyroid-based functionally graded cellular structures for additive manufacturing [J]. Computer-Aided Design，2018，104：87-99.

[4] Xu C，Li M，Huang J，et al. Efficient biscale design of semiregular porous structures with desired deformation

behavior [J] . Comput Struct, 2017, 182: 284–295.

[5] Shi J, Zhu L, Li L, et al. A TPMS–based method for modeling porous scaffolds for bionic bone tissue engineering [J] . Sci Rep, 2018, 8 (1): 7395.

[6] Hu L, Liu Z Y, Tan J R. A VR simulation framework integrated with multisource CAE analysis data for mechanical equipment working process [J] . Computers in Industry, 2018, 97: 85–96.

[7] 张辉，王盼，肖军浩，等. 一种基于三维建图和虚拟现实的人机交互系统 [J]. 控制与决策，2018，33 (11): 1975–1982.

[8] 刘钡钡，田凌，杨宇航，等. 基于知识的航空虚拟维修技术 [J]. 计算机集成制造系统，2016，22 (6): 1510–1529.

[9] Han P, Zhao G. Line–based initialization method for mobile augmented reality in aircraft assembly [J] .The Visual Computer, 2017, 33 (9): 1185–1196.

[10] Wang Y, Zhang S, Wan B, et al. Point cloud and visual feature–based tracking method for an augmented reality–aided mechanical assembly system [J] . The International Journal of Advanced Manufacturing Technology, 2018, 99 (9–12): 2341–2352.

[11] Wang Y, Jiao Y M, Xiong R, et al. MASD: a multimodal assembly skill decoding system for robot programming by demonstration [J] . IEEE Transactions on Automation Science and Engineering, 2018, 15 (4): 1722–1734.

[12] Lin F M, Shen L Y, Yuan C M, et al. Certified space curve fitting and trajectory planning for CNC machining with cubic B–splines [J] . Computer–Aided Design, 2019, 106: 13–29.

[13] Zhao G, Liu Y Z, Xiao W L, et al. STEP–compliant CNC with T–spline enabled toolpath generation capability [J] . The International Journal of Advanced Manufacturing Technology, 2018, 94 (5–8): 1799–1810.

[14] Zhang H, Li L, Zhao J. Robot automation grinding process for nuclear reactor coolant pump based on reverse engineering [J] .The International Journal of Advanced Manufacturing Technology, 2019, 102 (1–4): 879–891.

[15] 黄婷，许辉，樊成，等. 叶片复杂曲面的机器人抛磨工艺规划 [J]. 光学精密工程，2018，26 (1): 132–141.

[16] Liu Y, Shi L, Tian X C. Weld seam fitting and welding torch trajectory planning based on NURBS in intersecting curve welding [J]. Int J Adv Manuf Tech, 2018, 95: 2457–2471.

[17] 黄海博，孙文磊，张冠，等. 基于 NURBS 曲面的汽轮机叶片激光熔覆再制造路径规划 [J]. 中国表面工程，2018，31 (5): 175–183.

[18] Jiang Q, Hou R, Wang S, et al. On–Line 3D reconstruction based on laser scanning for robot machining of large complex components [J/OL] . Journal of Physics: Conference Series (IOP Publishing), 2018, 1074 (1): 012166.

[19] Wu Q Y, Yang H B, Wei M Q, et al. Automatic 3D reconstruction of electrical substation scene from LiDAR point cloud [J] . ISPRS Journal of Photogrammetry and Remote Sensing, 2018 (143): 57–71.

[20] Zeng Y M, Hu Y, Liu S, et al. RT3D: real–time 3–D vehicle detection in LiDAR point cloud for autonomous driving [J] .IEEE Robotics and Automation Letters, 2018, 3 (4): 3434–3440.

[21] Wang F B, Tu P, Wu C, et al. Multi–image mosaic with SIFT and vision measurement for microscale structures processed by femtosecond laser [J] . Optics and Lasers in Engineering, 2018 (100): 124–130.

[22] Zhan D, Jing D Y, Wu M L, et al. An accurate and efficient vision measurement approach for railway catenary geometry parameters [J] . IEEE Transactions on Instrumentation and Measurement, 2018(99): 1–13.

[23] Li X, Liu W, Pan Y, et al. A monocular–vision–based contouring error detection method for CNC machine tools[C]. 2018 IEEE International Instrumentation and Measurement Technology Conference (I2MTC), 2018: 1–6.

[24] Ni P Y, Zhang W G, Bai W B, et al. A new approach based on two–stream CNNs for novel objects grasping in clutter [J] . Journal of Intelligent & Robotic Systems, 2019, 94 (1): 161–177.

[25] Zhang H, Cao Q. Fast 6D object pose refinement in depth images [J]. Applied Intelligence, 2019: 1-4.

[26] Zhang H B, Lan X G, Zhou X W, et al. Visual Manipulation Relationship Network for Autonomous Robotics [C]. 2018 IEEE-RAS 18th International Conference on Humanoid Robots (Humanoids), 2018: 118-125.

[27] Peng G, Xue B, Gao Y, et al. Vision sensing and surface fitting for real-time detection of tight butt joints [C/OL]. Journal of Physics: Conference Series. IOP Publishing, 2018, 1074 (1): 012001.

[28] Huang D P, Liao S P, Sunny A I, et al. A novel automatic surface scratch defect detection for fluid-conveying tube of Coriolis mass flow-meter based on 2D-direction filter [J/OL]. Measurement, 2018 (126): 332-341.

[29] Lin J H, Yao Y, Ma L, et al. Detection of a casting defect tracked by deep convolution neural network [J]. The International Journal of Advanced Manufacturing Technology, 2018, 97 (1-4): 573-581.

[30] 赵立明，叶川，张毅，等. 非结构化环境下机器人视觉导航的路径识别方法 [J/OL]. 光学学报，2018, 38 (8): 0815028.

[31] 翟敬梅，黄锦洲，刘坤. 双目视觉下基于边缘特征的机器人作业环境检测方法 [J]. 华南理工大学学报(自然科学版)，2018, 46 (3): 7-13.

撰稿人：赵 罡 马嵩华 田 凌

图学在数字媒体中的应用

1. 引言

数字媒体是利用数字形式处理、存储、传播、使用信息的媒介。伴随第三次工业革命的浪潮，数字媒体与互联网行业已发展成世界各国国民经济的重要支柱，也是世界各国政府未来发展的重点方向之一。根据西方科学智库预测，人类有望利用数字媒体技术开启计算历史上的第二次浪潮。

数字媒体是显著的交叉学科，涉及众多核心技术，虚拟现实技术作为数字媒体的超级人机环境接口，是其中极具代表性和研究价值的关键技术之一，图形学、计算机视觉、图像识别处理、视频技术是虚拟现实的基础研究对象，此外虚拟现实还涉及人工智能计算、各种声光电感知技术等，在经历 60 多年的技术发展后，虚拟现实技术于 2016 年呈爆发式增长，因此在数字媒体领域，本报告重点聚焦论述图学在虚拟现实方向中的应用。

虚拟现实，包括人机界面、人机交互、人机环境和增强现实等，是计算机技术与应用衔接，向不同领域辐射，影响各行业运行质量和效率的基础研究方向。由于虚拟现实与应用紧密关联，并涉及心理学、控制学、计算机图形学、计算机图像处理、计算机视觉、数据库、实时分布系统、电子学和多媒体等多个学科，具有很强的学科交叉性，已经成为可以拉动多学科发展，并不断产生新思想、新技术和新经济生长点的重要领域。虚拟现实已成为人类开展科学研究过程中，除理论证明、科学实验之外的第三种手段。有专家认为，虚拟现实对于其他科学领域的作用，类似于数学对其他学科的作用。

虚拟现实在其产生和发展的过程中，内涵和外延不断演化，因此概念也在不断发生变化，同时，虚拟现实的多学科交叉融合也使得在不同领域、不同学科中的表述有所差异。近年来，随着信息技术的发展，出现了大数据、移动互联网、云计算、智慧城市等新的领域，虚拟现实与这些研究领域也日益交叉融合，呈现新的特点和表现形态。

2. 虚拟现实概述

2.1 虚拟现实定义

2.1.1 定义

1973 年，克鲁格（Krueger）提出了“Artificial Reality”一词，这是早期出现的与“Virtual Reality”（虚拟现实）相关的词语，1987 年詹姆斯·福利（James.D.Foley）在具有影响力的《科学美国人》上发表了 *Interfaces for Advanced Computing*，该杂志还发表了报道数据手套的文章，引起人们的关注，1989 年，美国 VPL 公司的创立者雅龙·拉尼尔（Jaron Lanier）提出了“Virtual Reality”一词，国内早期对于 Virtual Reality 的中文译文曾经使用过“灵境”，在科幻作品和媒体报道中也被称为 Cyber Space（赛伯空间）。

公认和使用频度最高的虚拟现实定义为：虚拟现实是以计算机技术为核心，生成与一定范围真实环境在视、听、触感等方面近似的数字化环境，用户借助必要的装备与其进行交互，可获得亲临对应真实环境的感受和体验，已成为科学技术探索过程中除理论研究、科学实验之外的第三种手段。近年随着虚拟现实技术和应用的快速发展，有学者认为虚拟现实技术是一种可能的颠覆性技术，一种终极的人机界面。

在 2006 年制定和发布的我国《中长期科学和技术发展规划纲要》中把虚拟现实技术确定为信息技术领域优先支持的三大前沿技术之一，将其内涵阐述为：重点研究心理学、控制学、计算机图形学、数据库设计、实时分布系统、电子学和多媒体技术等多学科融合的技术，研究医学、娱乐、艺术与教育、军事及工业制造等多个相关领域的虚拟现实技术和系统。

虚拟现实实际上是一种可创建和可体验虚拟世界（Virtual World）的计算机系统。此虚拟世界由计算机生成，可以是曾经出现过，但已经消亡的世界；可以是现实世界的再现，或者难以企及的微观或宏观世界；亦可以是构想中的世界。用户可借助视觉、听觉及触觉等多种传感通道与虚拟世界进行自然的交互，相互影响，相互作用，促进构想与创新，从而达到探索、认识事物的目的。

近年来，随着大数据、人工智能、移动互联网、云计算等信息技术的发展，物联网、智能制造、智慧城市等新应用领域不断涌现，虚拟现实与这些技术和应用领域日益交叉融合，呈现出了新的特点和应用形态。

2.1.2 基本特征

虚拟现实是一门多学科交叉融合发展起来的科学技术，在信息技术层面涉及控制学、电子学、计算机图形学、计算机视觉、图像处理等不同层次的学科和技术，主要围绕虚拟环境建模与表示的准确性、虚拟环境信息感知与融合的真实性、人与虚拟环境交互的自然性等方向开展研究，虚拟现实具有以下 3 个重要特征，常被称为虚拟现实的 3I 特征：

（1）沉浸感（immersion）。又称临场感，指用户作为第一人称主角，借助必要的装备接入虚拟环境中，多感官体验的真实程度。在虚拟环境中，用户由观察者变成参与者，全身心地投入并参与虚拟世界的活动，这项技术的终极目标应该使用户难以分辨真实环境与虚拟环境的差异，沉浸性来源于对虚拟世界的多感知性，除了占感知主要部分的视觉感知外，还包括听觉、力觉、触觉、运动、味觉、嗅觉感知等，更包括虚拟环境中的物理、化学、生物学等客观规律。沉浸感的研究已经取得很大进展，但与虚拟现实的终极目标相比依然任重道远。

（2）交互性（interactivity）。指用户对虚拟环境中对象可操作程度和相互影响的自然程度。交互性强调自然性与实时性，借助必要的特殊硬件设备（如力反馈装置、多自由度动感平台等），用户获得真实的反馈和体验，近年来交互技术和模式研究也深刻影响着人类与信息系统的交互方式。

（3）想象性（imagination）。虚拟现实技术为人类认识世界提供了一种全新的方法和手段，可突破时空限制，拓宽人类认知范围和想象空间，可以使人类去经历和体验世界上早已发生或尚未发生的事件；可以使人类突破生理上的限制，进入宏观或微观世界进行研究和探索；也可以因危险因素或成本高昂等限制而难以实现的事情。

近年来，人工智能的飞速发展深化了虚拟现实的 3I 特征，虚拟现实从技术起源开始就与人工智能息息相关，长期以来虚拟环境中的智能体、人工生命等都是不可或缺的研究内容，机器学习研究再次兴起和蓬勃发展，该研究方法也被虚拟现实广泛应用，因此近年有学者提出了虚拟现实还包括第四个 I 特性，即智能性（intelligent）。

2.1.3 技术体系

虚拟现实技术的目标在于达到真实体验、自然交互、构想与创新，因此其技术体系主要由感知获取、真实感建模、逼真呈现、自然人机交互四大类技术组成。虚拟现实的技术体系框架如图 1 所示。

2.2 虚拟现实对科学技术发展的作用

2.2.1 虚拟现实是人类开展科学研究的重要手段

由于虚拟现实具有较强的学科交叉性和融合创新特征，已经成为可以拉动多学科发展，并不断产生新思想、新技术和新方法的科学技术，被广泛认为是人类开展科学研究过程中，除理论证明、科学实验之外的第三种手段。近年有学者提出了“虚拟现实 +”的概念，认为虚拟现实对于其他科学领域的作用，类似于数学对其他学科的作用。

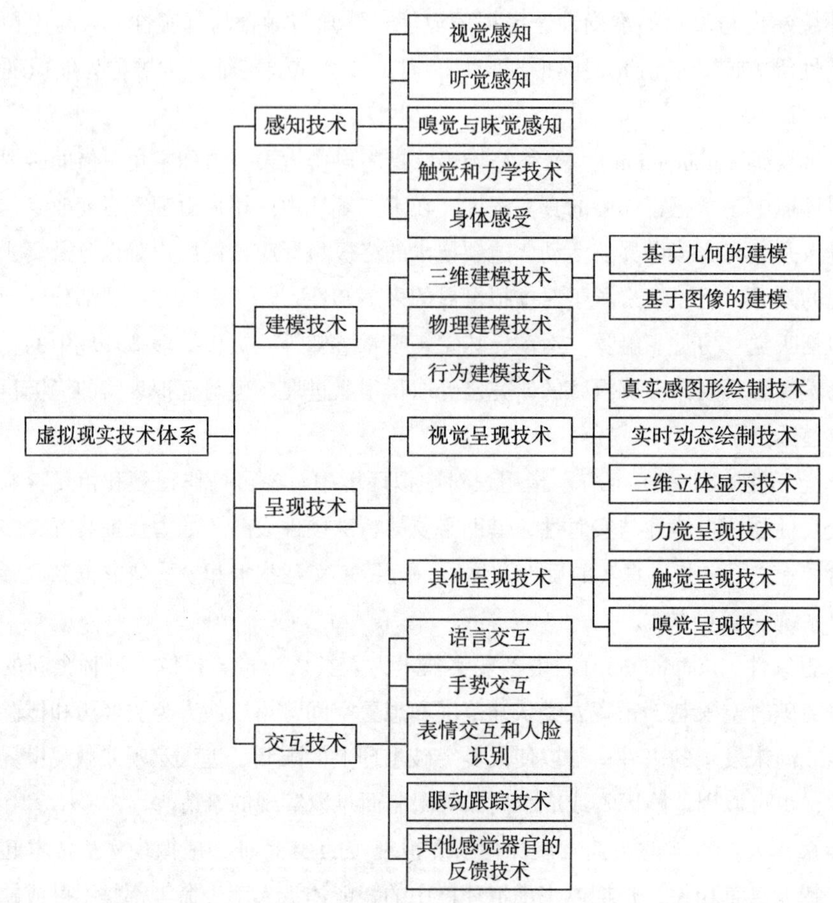

图 1　虚拟现实的技术体系

2.2.2　虚拟现实提供了一种新的工程技术路线

虚拟现实在训练演练、规划设计、观赏娱乐、科学实验等四个典型应用方向有优秀的适用性，可降低产品研发风险、减少研发成本和缩短研制周期，为重大工程、复杂产品提供了一种新的、难以替代工程技术路线，在各行各业获得了越来越广泛的应用。

2.3　图形技术与虚拟现实发展

2.3.1　计算机图形学与虚拟现实技术的初创

计算机图形学的任务是通过图形流水线在计算机显示屏幕上呈现逼真的图像，1965 年，伊凡·苏泽兰（Ivan Sutherland）在其博士论文 *The Ultimate Display*（终极的显示）中提出了一种全新的图形显示技术：用户不是通过屏幕来观看计算机生成的虚拟世界，而是生成一种使用户沉浸其中并与之交互的虚拟环境，用户可以通过光笔在电脑显示器上对几何图形进行调用、修改、缩放、平移、旋转等操作。萨瑟兰（Sutherland）于 20 世纪 60

年代末年研制出了世界上首套头盔显示器（HMD），可以更广阔的视野浏览虚拟空间，从而突破了计算机显示屏幕的限制，该系统还包括力觉反馈装置，从而将虚拟空间的感受直接与人的体验结合起来，这项开创性工作极大地推动了计算机仿真、飞行模拟器、CAD/CAM、电子游戏机等重要应用的发展。萨瑟兰因此获得 1988 年度图灵奖，并被公认为计算机图形学和虚拟现实之父。

2.3.2 图形学的发展与 OpenGL、Direct3D、Vege 等图形软件

20 世纪 80—90 年代，随着计算机图形学的迅速发展以及应用日趋广泛，迫切需要推出三维图形和图形标准软件包，以降低应用开发门槛，OpenGL（Open Graphics Library，开放图形库）应运而生。OpenGL 最初是由美国 SGI 公司开发的功能强大的三维图形软件包，用于渲染 2D、3D 矢量图形的跨语言、跨平台、与硬件无关的应用程序编程接口（API），这个接口由近 350 个不同的函数调用组成，用来绘制从简单的图形到复杂的三维场景，OpenGL 常用于 CAD、虚拟现实、科学可视化和电子游戏开发。1992 年 7 月发布了 1.0 版，OpenGL 规范由 1992 年成立的 OpenGL 架构评审委员会（ARB）维护，ARB 由一些对创建统一的、通用的 API 感兴趣的公司组成。微软公司退出 ARB 联盟后，开发了另一种程序接口 Direct3D，仅用于 Microsoft Windows 上图形应用开发。

在图形学和相关软件发展的基础上 MultiGen-Paradigm 公司开发出了 Vega 和 Creator 建模软件。Vega 主要用于实时视觉仿真、虚拟现实等应用，对于复杂的应用，能够提供便捷的创建、编辑和驱动工具，可以显著地提高最终用户的开发效率，在大幅度减少源代码开发的同时，可以编译为 OpenGL，实现图形流水线的硬件加速。Creator 软件同样由美国 MultiGen-Paradigm 公司开发，它采用针对实时应用的场景数据组织格式 OpenFlight，具有多边形建模、矢量建模、大面积地形精确生成功能，以及仪表、海洋等多种专业选项及插件，能高效、优化地生成实时三维数据库，并与后续的实时仿真软件相配合，适宜应用在视景仿真、模拟训练、城市仿真、交互式游戏及科学可视化等实时仿真领域。

2.3.3 计算机图形学与图形加速卡发展

20 世纪 70—80 年代，图形软件主要采用软件运行的方式支撑虚拟现实、图形仿真等相关应用，SGI 等少数公司研发了自己的图形流水线硬件，如 Reality 和 Infinite 加速技术，配置在 SGI 公司的高端图形工作站上，但价格昂贵，一般用户难以接受。

1996 年，3dfx Interactive 公司推出的 Voodoo 芯片，开启了 PC 机代替昂贵的图形工作站的时代。1998 年 Nvidia 公司推出实时交互视频和动画加速器 TNT，1999 年又发布了 Geforce256，是一颗集成了变换、光照、三角形构成、裁剪、纹理和染色引擎的芯片，与 OpenGL1.2 和 DirectX7.0 全兼容，达到 SGI 的高端专业图形工作站的图形处理能力。ATI 在 2002 年 10 月推出第一个符合 DirectX9.0 规范的图形加速器。顶点和像素染色器可以像 CPU 一样灵活实现循环和长浮点数学运算。2006 年 Nvidia 推出了并行图形环境 CUDA，而 AMD/ATI 推出了 CAL/CTM 和后来的 StreamSDK 作为 GPU 编程模型的抽象层。经过上

述几家公司持续不断地改进技术和工艺，不断推出性能更高的产品，大大降低了图形绘制的硬件价格，将图形应用推向了消费级用户，大大促进了虚拟现实技术的广泛应用。

2.3.4 计算机图形学逼真实时绘制算法与虚拟现实的沉浸感

由于人的感知 80% 来源于视觉，因此虚拟现实系统的沉浸感首先主要依赖于计算机图形学逼真绘制算法的进展。光照模型对于真实感至关重要，最初使用局部光照模型来处理光源与表面之间的交互，不考虑表面之间的光反射，简单处理的明暗变化可满足 3D 动画对视觉效果的要求。1980 年，特纳 · 惠特（Turner Whitted）将光线跟踪算法引入计算机图形学中，该算法考虑了一条入射光线除了直接照射表面一点外，还产生了反射光线和折射光线。进一步的研究包括光线遮挡和快速光线算法的研究，为提高相交计算效率采用包围盒、层次结构等一系列空间划分方法来实现算法加速，力图实现实时算法。1984 年，戈拉尔（Goral）等人借助热力学方法提出了辐射度光照模型。这一模型基于全局漫反射很好地解决逼真绘制问题。基于光线追踪算法和辐射度算法的研究开展了阴影本影和半影深入研究，也取得了一系列成果。上述 3 方面持续、大量的研究工作和成果极大提高了逼真绘制效果，提升了虚拟现实的沉浸感。

3. 国内外研究进展与比较

虚拟现实处理的数字化内容类型众多，从虚拟现实的技术特征角度，按照不同处理阶段，虚拟现实可以划分为获取与建模技术、显示与交互技术等，下面分别从这 2 个方面论述国内外虚拟技术研究进展及现状。

3.1 建模与绘制技术

数据获取与建模技术始终是解决虚拟现实逼真性的重要问题，近年来计算机图形学、计算机视觉、图像处理的研究方法、算法相互借鉴，特别是基于机器学习研究热点的持续、与之深度结合的建模研究，形成了一批创新研究成果。

随着微软 kinect、华硕 Xtion 以及因特尔 RealSense 等为代表的各种消费级深度相机的出现，基于深度相机的三维扫描和重建技术得到了飞速发展。由于深度相机可以提供深度图像数据，大大降低了三维重建的难度，国内许多研究者受 KinectFusion、MonoFusion、BundleFusion 启发，开展了富有成效的研究，将构建的三维模型可以直接应用到 AR 或者 VR 场景中。清华大学在 DynamicFusion 的基础上提出了一种新的方法，能够联合估计动态场景中物体的表面几何形状，场景运动以及表面反射率，利用物体几何与表面信息来估计图像帧之间的场景运动，能够处理任意场景运动并对非刚性表面进行实时重建。在室内场景建模方面，通过 RGBD 传感器、水平放置的 2D 激光扫描仪、惯性测量装置等多传感器的融合方法实现鲁棒的实时稠密重建方法。

运动恢复结构（Structure-from-Motion，SFM）向超大规模结构的SFM计算方向发展，香港科技大学基于全局相机一致性，从经典优化算法Alternating Direction Method of Multipliers（ADMM）中推导得到分布式计算公式，减少了分布式计算的通信开销。提出了一个分而治之的框架，通过将所有图像划分为多个分区以保持强数据关联和实现良好的平行局部运动平均，提高了大规模运动平均的效率和稳健性。

北京航空航天大学针对具有几何、物理和生理特性的人体器官及其手术现象建模和绘制开展了深入研究，在建模方面，提出了数据驱动的人体器官建模表示、基于耦合模型的多尺度流体交互、基于物理实时形变与切割仿真技术和数据相关的几何处理与分析方法。在图形学真实感绘制方面，提出了特征驱动的人体器官数据可视化分析，数据驱动的脏器体纹理合成和映射方法，软组织柔性、黏滑性、黏弹性的实时全局光照绘制理论与方法，器官表面活性和管道流场的三维表现模型，基于生理数据的手术紧急复杂情况实时逼真表现方法等，取得重要研究成果。

北京大学在物理仿真引擎研制方面取得了一系列进展，涵盖形变、碰撞、爆炸、断裂和流固耦合等物理仿真中的主要复杂时变现象，在自然场景多相多态耦合过程仿真计算、多源与时变数据驱动的超大尺度流场演变模拟、大规模复杂多体接触过程的实时交互模拟、复杂结构介质的大尺度形变高精度计算和云端结合的物理仿真引擎关键技术方面，开展深入的研究，正在逐步形成复杂场景中高效仿真的相关计算理论方法和评价体系。

近年来，浙江大学在虚拟人头部的重建包括发型重建、人脸追踪与动画等方面取得了较大进展。提出了一系列基于普通摄像头就能对人脸丰富的表情进行追踪和捕捉的技术，并进一步实现了基于表情驱动的数字角色面部动画。提出了实验室环境下已标定的多相机多光源条件下的高逼真发型重建技术，目前，正在研究如何结合深度学习算法利用单张图像实现高逼真度的发型重建，从而实现普通用户利用普通摄像头快速重建虚拟人面部表情与发型这一具有挑战性的解决方案。

微软亚洲研究院在真实感材质建模方向取得了一系列重要成果，经历了三个主要发展阶段，从早期研究基于多相机机械臂相结合的材质外观采集设备及重建方法，转换到简化采集设备，降低图像输入要求，研究单相机单光源自然光条件下的材质外观采集及重建方法，发展到当前基于深度学习的单幅图像材质外观重建方法。

3.2 显示与交互技术

在国内，清华大学提出了视觉场理论，建立视角、光照和事件之间关系，建成了一个直径6m的“变光照的多视点动态场景采集平台”，实现了三维对象的高精度建模，为立体影视制作提供关键的技术支撑。在立体视频显示方面，揭示了莫尔纹与光栅参数之间的影响规律，提出了三维影像深度调节和自适应滤波方法，结合硬件高效性与软件灵活性，突破面板尺寸和观看距离限制，实现了宽视场逼真立体显示。

北京理工大学在应用光学和相关技术提高虚拟现实系统的浸没感和交互性方面开展了深入研究，提出逐步逼近的自由曲面光学优化设计方法、头盔显示器的整体架构优化设计方法，在实现较大视场角的前提下最大限度地降低了头盔显示系统的重量，在三维环境注册定位算法、透视式融合显示、立体显示图形生成等增强现实关键技术方面取得重要进展。

歌尔研究院 VR 设备轻薄化与多人协同定位针对现有 VR 行业近眼显示设备中光效低、亮度有限、FOV 小等影响用户使用舒适度的问题，研制基于全息波导技术的近眼显示设备，优化光栅结构以提高全息波导光效、减小体积、重量，优选折射率匹配的光栅材料与基底材料、设计新型全息波导结构以增大近眼显示设备 FOV。针对现有 VR 头显尺寸和重量过大、无法支持多人协同定位的问题，研究以偏振反射折叠光路的方式获得超短光学总长的 VR 小型化技术。

4. 发展趋势与展望

4.1 虚拟现实技术对国家创新发展的支撑服务趋势愈加显著

经过 60 余年的发展，虚拟现实技术研究不断取得突破和进展，并在许多行业领域取得了重大应用成果，近年来随着图形绘制平台、定位系统、虚拟现实头盔显示系统等设备性价比迅速提高，虚拟现实技术已经从航空宇航、复杂产品研制、军事仿真等高端应用走向消费级应用，日益深入人们的工作与生活中，成为各行业发展的新的信息技术支撑平台。虚拟现实技术对国民经济发展的推动作用主要体现（包括但不是全部）在以下领域。

4.1.1 工业制造

在工业领域，虚拟现实技术一直应用于复杂产品研制，是工业 4.0 的核心技术之一，在重大装备研制中，从产品概念的提出、数字样机设计、数字化装配、人机功效评价、工程样机研制、装配生产线部件安装、全任务模拟器研制、售后使用和服务培训、成品优化迭代，国内优秀企业已经基本突破了数据孤岛、应用软件失配，设计、生产、服务迭代难等问题，实现了全过程、全周期的数据、模型、过程融通，虚拟现实技术在虚拟工厂中得到广泛应用，大幅度缩短开发周期，降低研制成本，提高的产品质量。在 2016、2017 年虚拟现实技术依然在技术成熟度曲线 Gartner 中，2018 年已经被数字孪生技术替代，数字孪生实质上是虚拟现实技术在产品生命周期内的深化应用的重要体现，将在企业科学决策、优化产品性能、提高产品质量、降低生产成本赢得市场先机方面发挥重大作用。

航空航天技术是衡量一个国家科学发展水平的重要标志，世界主要信息技术强国高度重视虚拟现实技术在航空航天领域中的应用。同样，我国航空航天领域是对虚拟现实技术研究需求牵引最大、应用最早、成果最为显著的领域，也是我国工业 4.0 研究与应用开展最广泛、深入的领域。国内虚拟现实技术在航空航天领域的应用主要集中于以 VR 技术为支撑的虚拟设计制造、虚拟指挥和模拟机仿真培训等方面。研发了一系列的“全任务的虚拟飞行模拟器系统”“发动机虚拟设计与实验平台”“空管虚拟塔台系统”“低能见度条件下民航客机增强现实 HUD 系统”“嫦娥系列探测器研制和任务模拟”“天宫系列载人空间实验室研制”等，为推动我国航空航天业的发展发挥了重要作用。

4.1.2 文化娱乐

虚拟现实在博物馆、科技馆展陈以及娱乐游戏中得到了广泛应用，2015—2017 年，中国科协为落实全民科学素质纲要的实施，建设以科普信息化为核心的现代科普体系，基于虚拟现实技术能够增强科技馆展教活动的沉浸感和交互性，提供以用户为中心的感受和体验，破解科学现象再现难、技术过程表现难、研究环境体验难等优势，启动了中国虚拟科技馆项目。建设主题包括：宇宙与宇航、大气与航空、人体与医学、植物与农业、地球与海洋、地质与矿产、环境与生态、装备与制造、机器人、新能源、新材料等，共计安排了 9 个重点项目和近 60 个面上项目，项目主要建设内容已经在中国科技馆落地向公众开放，产生了巨大的科普效益。

故宫博物院一直持续开展基于虚拟现实的展陈实践，近年来将相关技术应用到文物的三维信息获取和交互展陈中，2016 年举办“故宫端门数字博物馆”，2019 年举办了宫里过大年“数字沉浸体验展”等，以高精度文物数据，结合严谨的历史学考证，以沉浸式、交互式设计，展示天子宫殿的前世今生，以及故宫未向公众开放的精美的皇家室内空间、质地脆弱的珍贵文物等，观众获得更加丰富的体验。中国国家博物馆在启动的智慧博物馆工程中规划并开始了文物信息的数字化采集，为下一步的数字化展陈奠定坚实的基础。

虚拟现实技术在竞争激烈的游戏市场中得到了网龙、腾讯、百度等国内相关游戏和互联网厂商的高度重视，推出了一系列游戏产品，同时游戏对于虚拟现实技术的发展也起到了巨大的需求牵引作用，催生了专为游戏而生的虚拟现实设备的出现。

4.1.3 教育培训

虚拟现实在教育培训中的应用：一是可以弥补远程教学条件的不足；二是可以避免真实实验或操作所带来的各种危险；三是以更加直观的方式理解内容。虚拟现实技术在现代教育教学中的应用主要有虚拟实验室、虚拟实训基地等。教育部为推进现代信息技术融入实验教学项目、拓展实验教学内容广度和深度、延伸实验教学时间和空间、提升实验教学质量和水平，从 2018 年开展了国家虚拟仿真实验教学项目建设工作，让“网上做实验”和“虚拟做真实验”成为现实，截至 2019 年年初，教育部立项公布了教育学类、新闻传播学类、化学类、生物科学类、航空航天类、机械类等 23 类共计 296 个虚拟仿真实验教学项目，1 年后至 3 年内免费开放服务内容不少于 50%，3 年后免费开放服务内容不少于 30%，该项目将持续提高实践教学质量，促进高等教育内涵式发展。

除了教育部门、高等院校外，国内众多的教育培训平台类公司、企业，也将虚拟现实技术、增强现实技术与自身产品结合，推出了大量的教学课件、图书、教学数字资源等，探索高技术支撑下的新的教育模式和手段。

4.1.4 电子商务

电子商务已经发展成为我国信息技术在消费应用领域的一张国际名片，在传统的电子商务环境中用户主要通过浏览商品的图像、视频和文字信息来了解商品并下单购物，难以体会到实际的购物环境中的沉浸式体验，虚拟现实建模与逼真绘制技术的进步，给电子商务带来了新的机遇。在虚拟现实技术生成的逼真视、听、触觉一体化的虚拟购物环境中，用户以自然的方式对虚拟环境中的商品进行全方位的浏览，了解商品设计、性能，甚至借助必要装备进行触摸，了解商品材质，获得更加丰富的体验，从而可以更好地吸引消费者，扩大销售机会，为企业带来更多利润。2016 年阿里巴巴公司全面启动 Buy+ 计划，开展第一个项目“造物神”，力图建立全球最大 3D 商品库以引领未来购物体验。在硬件方面，阿里巴巴将依托全球最大电商平台，搭建 VR 商业生态，加速 VR 设备普及，助力硬件厂商发展。2017 年年初，京东发布了“天工”计划，目的在于建立全品类 3D 数据库，提出借助虚拟现实、人工智能技术，以低成本快速构建每天超过万件商品高精度三维模型的应用需求。阿里巴巴和京东等电商都推出了各自的虚拟现实、增强现实产品，培育并形成了相当规模用户生态，虚拟现实 + 电子商务的发展趋势，将进一步淡化虚拟与现实、线上与线下的边界，与商品生产和物流企业深度结合，促使我国经济快速地发展。

4.1.5 大型活动与公共安全

如何利用先进的科学技术手段，迅速、高效开展公共安全问题的研究，制定有效的应急措施，突破传统演练方式的局限，掌握公共安全问题处置过程中的风险控制，为公共安全问题的解决提供解决方案，是目前公共安全领域亟须解决的问题。

虚拟现实技术越来越多地应用到大型活动的策划、仿真演练、应急处置中，在抗日战争胜利 70 周年阅兵、杭州 G20 峰会等大型活动及平昌冬奥会闭幕式“北京 8 分钟”、中央电视台的春节联欢晚会等策划、推演、排练、指挥、实施过程中，虚拟现实技术为活动的震撼、高效开展提供的全新的技术手段，取得了巨大成果。这类活动顺利实施与公共安全息息相关，涉及气象灾害、恐怖袭击、楼宇火灾、交通事故、人群踩踏等方方面面，如处置不当不仅会对公共设施、生命、财产、环境等造成严重威胁和巨大经济损失，需要进行各类模型建立、仿真推演各类情况、对应急预案评估、建立基于态势感知与事件驱动相结合的分层级、跨地域指挥系统。目前国内一些研究机构、高等院校、公司企业在核心技术、系统平台、产品解决方案等方面取得重要进展并进行了实际应用，取得了巨大的社会经济效益，为我国大型活动的开展与公共做出了贡献。

4.1.6 城市管理

我国在 2012 年启动智慧城市试点工作，其中北京、上海、广州、深圳、杭州等已经制定或实施了智慧城市发展的专项规划，不同行政级别、不同区划的智慧城市建设正蓬勃发展。随着智慧城市应用深入，传统以地理信息集成加导航为基础的地图业务模式明显不能满足新业态对地图精度、智能化和认知的要求，采用三维建模、动态仿真技术实现城市空间的场景可视化与事件模拟的虚拟城市已成为重要基础性工作。百度、高德、阿里巴巴等企业，以及北京航空航天大学、清华大学等高校都持续投入研发街景和多维信息融合的三维地图技术，通过车载或无人机载平台，采用激光测距、基于计算机视觉的三维重建等技术，快速、精确构建城市街区、甚至整个城市的三维模型，将城市中各类运行管理的多模态数据、标签、监控视频等，注册、融合到城市模型中，展现复杂事件、态势的时空关联，支撑研判、优化和预测，在城市规划、城市交通、城市管理、城市生活和公共安全等行业应用发挥越来越重要的作用。

在个人用户方面，随着智能手机的普及，出现了很多基于增强现实技术的智慧城市应用平台，这些应用基于终端所带有的摄像头和 GPS 采集的数据进行分析、对准和增强，例如地点导引、指路服务，为用户提供更多的当地信息、找车服务、辅助家具布置、查询犯罪高发地点等各种各样的便捷服务。

4.1.7 医学研究

医学领域对虚拟现实技术有着巨大的应用需求，为虚拟现实技术发展提供了强大的牵引力，同时也对虚拟现实研究提出了严峻挑战。我国布局了包括国家自然科学基金重大项目、国家“973”计划、“863”计划重点项目、国家科技重点研发计划项目在内的一系列重大、重点项目，在医学数字人体、人体组织器官建模、介入治疗术中高精度导航、面向医学的精确触觉力反馈等各个方面持续开展研究。虚拟现实技术已初步应用于虚拟手术训练、远程会诊、手术规划及导航、远程协作手术等方面，推出了脑及脊髓比邻结构介入治疗导航系统，牙科模拟器、腹腔镜模拟器等产品，在产、学、研、用等方面取得重要进展。

4.2 未来虚拟现实技术展望

从未来研究角度看，随着虚拟现实技术应用的深入，对虚拟现实技术提出了新的需求。2006 年，有关学者对其特点进行科学总结，归纳为 7 个方面，即在建模与绘制上，有计算平台的普适化、虚实场景的融合化、场景数据的规模化与环境信息的综合化；在交互方式上，有人机交互的适人化；在系统构建方法上，有传输协议的标准化和领域模型的集成化。这些方面的分析对当前乃至未来的研究都具有积极意义。

从未来应用角度看，纵观互联网在不断发展过程中，其与电子政务、电子商务、行业信息化深度融合，产生了“互联网 +”，在促进应用发展的同时，对自身技术也产生了需求。与“互联网 +”一样，虚拟现实技术也是各行业都可以采用并助力自身发展的一项重要技术。如今，虚拟现实的基本概念和基本实现方法已经初步形成，并已从技术研究、系统研发发展到多种应用阶段。虚拟现实 +X（应用领域）成为一种新的发展趋势，虚拟现实技术已经进入“+ 时代”。目前虚拟现实技术也在融入互联网，形成“互联网 + 虚拟现实”的模式，结合人工智能、云计算、大数据、移动终端等不断发展，这也从功能、指标等各方面对虚拟现实技术提出了更高的要求。

展望未来，虚拟现实技术将继续在工业制造、国防军工、医疗民生、城市大数据管理、数字经济、数字娱乐与教育、安保消防、旅游消费、传播出版、居民生活等国民经济领域发挥重要作用，虚拟现实技术的内涵与外延也将在科学研究与行业应用层面得到深化和扩展，图学对虚拟现实的基础支撑作用也愈发重要。随着图学与虚拟现实关键技术的不断突破，未来“虚拟现实 +”将成为人类智慧生活的一种常态。

参考文献

[1] Zhao Q P. A survey on virtual reality [J]. Sci China Ser-F: InfSci, 2009, 52: 348-400.

[2] Azuma R, Baillot Y, Behringer R, et al. Recent advances in augmented reality [J]. Comput Graph Appl, 2001, 21: 34-47.

[3] Bimber O, Raskar R, Inami M. Spatial augmented reality [M]. Wellesley: AK Peters, 2005.

[4] Raskar R, Welch G, Low K L, et al. Shader lamps: animating real objects with image-based illumination [C]. Proceedings of the 12th Eurographics EGWR, Vienna, 2001: 59-102.

[5] Zhou F, Duh H B L, Billinghurst M. Trends in augmented reality tracking, interaction and display: a renew of ten yearsof ISMAR [C]. Proceedings of the 7th IEEE International Symposmm on Mixed and Augmented Reality, Cambridge, 2005: 193-202.

[6] Gere D S. Image capture using luminance and chrominance sensors [P]. US Patent, S 497 597, 2013-7-30.

[7] Leininger B. A next-generation system enables persistent surveillance of wide areas [J]. Defense Secur, 2005.

[8] Leininger B, Edwards J, Antoniades J, et al. Autonomous real-time ground ubiquitous surveillance-imaging system (ARGUS-IS) [C]. Proceedings of SPIE Defense and Security Symposmm, Orlando, 2005.

[9] Brady D J, Gehm M E, Stack R A, et al. Multiscale gigapixel photography [J]. Nature, 2012 (456): 386-389.

[10] Bimber O, Raskar R. Modern approaches to augmented reality [C]. Proceedings of ACM SIGGRAPH 2006 Courses.Boston: ACM, 2006.

[11] Han J, Shao L, Xu D, et al. Enhanced computer vision with microsoft kinect sensor: a renew [J]. IEEE Trans Cybernetics, 2013 (43): 1315-1334.

[12] Zones A, McDowall I, Yamada H, et al. Rendering for an interactive 360 light field display [J]. ACM Trans Graph, 2007, 26: 40.

[13] Blanche P A, Bablumian A, Voorakaranam R, et al. Holographic three-dimensional telepresence using large-areaphotorefractive polymer [J]. Nature, 2010, 465: 80-83.

[14] Davison A J. Real-time simultaneous localisation and mapping with a single camera [C]. Proceedings of IEEE Inter-national Conference on Computer Vision, Nice, 2003: 1403-1410.

[15] Klein G, Murray D. Parallel tracking and mapping for small AR workspaces [C]. Proceedings of the IEEE International Symposmm on Mixed and Augmented Reality, Nara, 2007: 225-234.

[16] Newcombe R A, Davison A J. Live dense reconstruction with a single moving camera [C]. Proceedings of Computer Vision and Pattern Recognition, San Francisco, 2010: 1495-1505.

[17] Richard A, Newcombe R A, Steven L, et al. Dense tracking and mapping in real-time [C]. Proceedings of IEEE International Conference on Computer Vision, Barcelona, 2011: 2320-2327.

[18] Tan W, Liu H, Dong Z, et al. Robust monocular SLAM in dynamic environments [C] . Proceedings of IEEE Interna-tional Symposmm on Mixed and Augmented Reality, Adelaide, 2013: 209–215.

[19] Pollefeys M, Nister D, Frahm J M, et al. Detailed real-time urban 3d reconstruction from video [J] . Int J Comput Vision, 2005, 7S: 143–167.

[20] Nister D, Naroditsky O, Bergen J. Visual odometry [C] . Proceedings of Computer Vision and Pattern Recognition, Washington, 2004: 652–659.

[21] Konolige K, Agrawal M, Bones R C, et al. Outdoor mapping and navigation using stereo vision [C] . Proceedings of Experimental Robotics. Berlin Heidelberg: Springer, 2005: 179–190.

[22] Zhu Z, Oskiper T, Samarasekera S, et al. Ten-fold improvement in msualodometry using landmark matching [C] . Proceedings of IEEE International Conference on Computer Vision, Rio de J aneiro, 2007: 1–8.

[23] Zhu Z, Oskiper T, Samarasekera S, et al. Real-time global localization with a pre-built visual landmark database[C]. Proceedings of Computer Vision and Pattern Recognition, Alaska, 2005: 1–8.

[24] Newcombe R A, Davison A J, Izadi S, et al. KinectFusion: real-time dense surface mapping and tracking [C]. Proceedings of IEEE International Symposmm on Mixed and Augmented Reality, Basel, 2011: 127–136.

[25] Steinbrucker F, Sturm J, Cremers D. Real-time visual odometry from dense RGB-D images [C] . Proceedings of IEEE International Conference on Computer Vision. Workshops, Spain, 2011: 719–722.

[26] Yokoya N, Pakemura H, Okuma T, et al. Stereo vision based video see-through mixed reality [C] . Proceedings of IEEE International Symposmm on Mixed and Augmented Reality, California, 1999: 131–141.

[27] Fortin P, Hebert P. Handling occlusions in real-time augmented reality: dealing with movable real and virtual objects [C] . Proceedings of Computer and Robot Vision, Quebec City, 2006: 54.

[28] Hayashi K, Kato H, Nishida S. Occlusion detection of real objects using contour based stereo matching [C] . Proceedings of International Conference on Augmented Tele-existence, Christchurch, 2005: 180–186.

[29] Salcudean S E, Vlaar T D. On the emulation of stiff walls and static friction with a magnetically levitated input/ outputdevice [J] . J Dynamic Syst Measurement Control, 1997, 119: 127–132.

[30] Shi S, Jeon W J, Nahrstedt K, et al. Real-time remote rendering of 3D video for mobile devices [C] . Proceedings of the ACM International Conference on Multimedia, Beijing, 2009: 391–400.

[31] Moore M, Wilhelms J. Collision detection and response for computer animation [J] . ACM SIGGRAPH Comput Graph, 1988, 22: 289–298.

[32] Baraff D. Analytical methods for dynamic simulation of non-penetrating rigid bodies [J] . ACM SIGGRAPH ComputrGraph, 1989, 23: 223–232.

[33] Katkere A, Moezzi S, Kuramura D Y, et al. Towards video-based immersive environments [J] . Multimedia Syst, 1997, 5: 69–85.

[34] Sawhney H S, Arpa A, Kumar R, et al. Video flashlights: real time rendering of multiple videos for immersive model visualization [C] . Proceedings of the Eurographics Workshop on Rendering, Pisa, 2002: 157–168.

[35] Neumann U, You S, Hu J, et al. Augmented virtual environments (ave) : dynamic fusion of imagery and 3d models[C]. In: Proceedings of Virtual Reality Conference, Los Angeles, 2003: 61–67.

[36] Sebe I O, Hu J, You S, et al. 3d video surveillance with augmented virtual environments [C] . Proceedings of ACMSIGMM International Workshop on Video Surveillance, California, 2003: 107–112.

[37] Camp P, Shaw G, Kubat R, et al. An immersive system for browsing and visualizing surveillance video [C] . Proceedings of the International Conference on Multimedia, Firenze, 2010: 371–380.

[38] Kim K, Oh S, Lee J, et al. Augmenting aerial earth maps with dynamic information [C] . Proceedings of the IEEE International Symposium on Mixed and Augmented Reality, Seoul, 2009: 35–38.

[39] Chen S C, Lee C Y, Lin C W, et al. 2D and 3D visualization with dual-resolution for surveillance [C].

Proceedingsof IEEE Computer Society Conference on Computer Vision and Pattern Recognition Workshops, Providence, 2012: 23-30.

[40] Abrams A, Pless R. Web-accessible geographic integration and calibration of webcams [C] . ACM Trans Multimedia Comput Commun Appl, 2013, 9: 8.

[41] Shotton J, Sharp T, Kipman A, et al. Real-time human pose recognition in parts from single depth images [J] . Commun ACM, 2013, 56: 116-124.

[42] Ye G, Liu Y, Hasler N, et al. Performance capture of interacting characters with handheld kinects [C] . Proceedings of European Conference on Computer Vision, Berlin Heidelberg, 2012: 828-841.

[43] Ren Z, Meng J, Yuan J, et al. Robust hand gesture recognition with kinect sensor [C] . Proceedings of the 19th ACM International Conference on Multimedia, Scottsdale, 2011: 759-760.

[44] Narayanan P J, Rander P W, Kanade T. Constructing virtual worlds using dense stereo [C] . Proceedings of the IEEE International Conference on Computer Vision, Freiburg, 1998: 3-10.

[45] Mulligan J, Kaniilidis K. Trinocular stereo for non-parallel configurations [C] . Proceedings of the International Conference on Pattern Recognition, Barcelona, 2000: 567-570.

[46] Allard J, Menier C, Raffin B, et al. Grimage: markerless 3D interactions [C] . Proceedings of ACM SIGGRAPH Emerging Technologies, San Diego, 2007: 9.

[47] Kurillo G, Bajcsy R. 3D teleimmersion for collaboration and interaction of geographically distributed users [C] . Proceedings of Virtual Reality, 2013, 17: 29-43.

[48] Maimone A, Fuchs H. Encumbrance-free telepresence system with real-time 3D capture and display using commodity depth cameras [C] . Proceedings of IEEE International Symposium on Mixed and Augmented Reality, Seoul, 2011: 137-146.

[49] Debevec P E, Taylor C J, Malik J. Modeling and rendering architecture from photographs: a hybrid geometry-andimage-based approach [C] . Proceedings of the Annual Conference on Computer Graphics and Interactive Techniques, New York: ACM, 1996: 11-20.

[50] Segal M, Korobkin C, van Widenfelt R, et al. Fast shadows and lighting effects using texture mapping [J] . ACMSIGGRAPH Comput Graph, 1992, 26: 249-252.

[51] Harville M, Culbertson B, Sobel I, et al. Practical methods for geometric and photometric correction of tiled projector [C] . Proceedings of Computer Vision and Pattern Recognition Workshop, New York, 2006: 5.

撰稿人：沈旭昆　王　宁　胡　勇

图学在数字街景中的应用

1. 引言

城市是地球上最复杂的人文与自然的复合系统，是人口、资源和社会经济要素高度密集的地理综合体。据统计，世界 80% 以上的 GDP 集中在城市。在发达国家中，80% 左右的人口居住在城市里。城市数量与现代化水平是一个国家综合国力的重要体现。城市的数字化与信息化建设已经成为国家现代化建设的主流和趋势。数字街景是在原有数字地图的基础上，通过专用全景图像采集设备在街道上拍摄获得的 360° 实景照片，包括在此基础上构建的三维街道场景。与传统数字地图相比，街景数据包含了丰富的真实实景数据，可以提供一个精确翔实且具有高度沉浸感的虚拟城市环境。城市街景数字平台将数字街景数据与位置服务相结合，为政府和社会各部门提供各种便利和服务，已在很大程度上改变人们的生产生活方式，成为城市现代化建设的重要平台，为人们提供智能服务。

1.1 城市街景数据及其应用是提升人们生活品质的有效途径

和传统的由点、线、块构成的地图相比，街景数据提供了更为丰富的信息，它能够向人们呈现高度真实的街道实景效果，给人以身临其境的感觉，可在旅游、教育、娱乐等各领域为用户提供多种智能服务：人们可以通过网络游览城市的大街小巷，快速获取兴趣点周围的实景信息；教育机构可以方便地利用街景技术来向学生传授地理、历史等知识；与 GPS/GIS 相结合，可以提供更为精准、真实的导航，实现足不出户可知天下。

1.2 城市街景数据逐渐成为一种新型商业媒介

基于城市街景，结合增强现实、电子商务等技术，商家可以在街景上投放广告、设置虚拟商店，结合 GPS/GIS 技术，商家还能实现有针对性的个性化广告投放和引导，产生比传统广告更高的效益。街景平台也对房地产、旅游业、文化产业等有很好的促进作用。对于房地产，许多楼盘与腾讯街景平台合作，使得用户在街景平台上直接就可以观看楼盘的样板间；人们在买房之前，也可以在街景平台上“逛逛”小区以及周边，了解小区及其周边的环境。对于旅游业，越来越多的旅游景点、酒店加入街景平台，用户可以在去到旅游目的地之前就提前浏览真实的风景或酒店的房间，也帮助用户提前规划路线，一方面改善了用户出行的体验，另一方面也成为旅游景点的宣传渠道。

1.3 城市街景数据及其应用是提高城市安全的有力手段

与传统数字地图相比，城市街景数据能够提供更为精确、真实感更强的建筑和道路数据，这在城市大型火灾、突发事件的快速反应中至关重要。基于城市街景，结合增强现实、无线网络等技术，消防、武警人员能够在赴事发地点的途中即针对事发地的地理环境展开行动的设计、规划和推演，并借助高真实感的街景和建筑对行动参与人员进行任务分配和说明，快速准确地进行行动布置，从而有效提高行动的成功率，降低人民群众的生命、财产损失。

1.4 城市街景数据是城市合理规划的重要依据

城市规划确定城市性质、规模和发展方向，合理利用城市土地，协调城市空间布局和各项建设所作的综合部署和具体安排，对于城市的未来发展非常重要。与传统数字地图相比，街景数据提供了更为具体的实景数据，基于街景数据和相关计算、模拟工具，在城市改建时能够更为精确地计算工程成本、模拟建后效果，并以城市街景为载体综合各类信息为城市规划提供辅助，从而极大丰富城市规划设计的技术手段，为高效合理地进行城市规划提供依据。例如，房屋的抗震防火与土质、地形、朝向和日照紧密相关；商业中心的建设需要考虑周边商业区、人口分布、休闲娱乐中心、道路交通等情况，这些信息都可以基于城市街景数据方便准确地体现出来。

综上所述，数字街景系统使得普通用户可以享受到更加便捷精细的位置服务，成为改善人们的生活品质的一个服务平台。同时，以新的互联网经济思路，数字街景系统不仅是一个向公众开放的免费服务平台，也逐渐成为一个汇聚大量 POI 资源、动态内容和服务资源，形成一个提升城市管理水平、创新商业模式的智能服务入口。通过街景系统和位置服务的外部访问 API 接口，第三方公司和合作伙伴也可以免费使用所需服务，从而实现对众多创新公司和创业团队的位置服务支持，成为一种支撑互联网新兴产业形态的技术与平台。

2. 国内外研究进展与比较

2.1 数字街景最新技术进展

构建国家范围的大规模街景系统，一般都包括街景内容采集、内容制作、上线处理和整合应用几个环节，是一个巨大的系统工程。这其中又具体包括采集、拼接、颜色和画面增强、点云重建、交通标志识别、POI 提取与检索、脱密 / 去隐私、场景过渡、多平台发布等多个环节（图 1）。

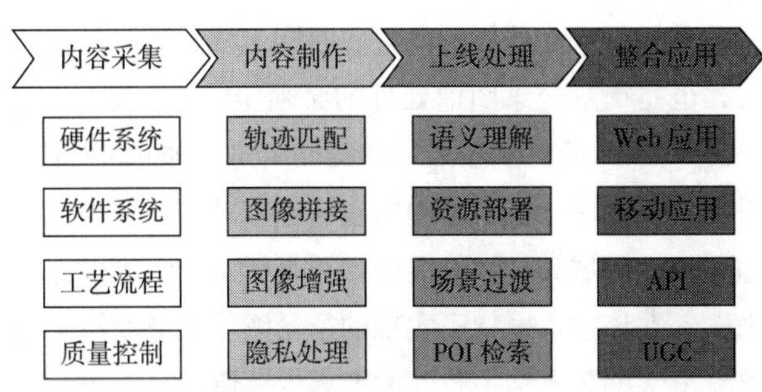

图 1　街景系统处理流程

（1）大规模街景数据的采集。搭建街景平台首要的问题是数据的采集。要高效率、低成本的完成数据的采集，需要解决的问题包括：街景扫描车的搭建，包括扫描车上数码相机全景拍摄子系统、三维点云激光扫描子系统、位置传感器子系统等多个子系统的构建和子系统之间的连接和同步，街景扫描车行驶路线的合理规划，采集数据的存储和传输等。

（2）街景图像处理和增强。由于街景在不同环境、天气条件、光照条件下采集，为保证良好一致的视觉效果，需要对获取到的街景图像做进一步的处理和增强：包括街景图像的全景无缝拼接，亮度、对比度、颜色的自动调节，隐私物体的隐藏和消除，街景图像的合成和补全等。

（3）街景图像分析和理解。街景图像蕴含了更加丰富的语义信息，针对这些语义信息的准确识别、理解是街景图像高效处理、地图信息增强等应用的关键，包括：行人、车辆、交通标志、车道线的检测和识别，树木、建筑的检测识别，商标、文字的检测识别等。

（4）大规模街景互联网平台构建。街景的数据量巨大，如何支持大规模街景的高并发访问，提供高可靠和高性能的服务也是一个重要问题，涉及街景图像的切分、高效压缩传输，街景图像的云存储和云计算，不同终端平台的自适应等。

建设全国范围的城市街景平台是一个庞大的系统工程，为了在有限时间和有限成本下完成超过百万千米、上亿组街景数据的采集、处理、理解和应用。近几年，数字街景关键技术的突破有效支撑了街景系统的建设与落地应用。

2.1.1 全景图像高效拼接

全景图像拼接是街景全景图像构建的必需步骤，其效率和自动化程度是街景处理的一个关键问题。街景图像拼接中的重点和难点在于：一方面需要保证拼接区域的准确对齐，另一方面需要高效的计算速度。针对街景全景图像拼接问题，目前采用全局结构化对齐和局部位置优化相结合的策略，以保证拼接一致性；该方法可以使用 GPU 进行加速，在 0.5s 内实现单张 3000 万像素全景图的拼接。

2.1.2 全景图像画面自动增强

街景图像采集质量受天气和光照影响较大，不同天气、不同时间、不同朝向图像的颜色 / 曝光度差异很大，也是街景全景图像处理的必须步骤，其效率对整体流程影响很大。为保证良好一致的视觉效果，每一幅全景图像均需要进行颜色 / 对比度修正、逆光调节、去雾等增强处理。针对这一问题，目前采用的边缘敏感的混合梯度域图像增强技术，基于二次优化框架，通过采用空间域和频域的混合计算直接求解，可以保持住图像的边缘细节信息，避免了光晕瑕疵。在该技术框架下实现的街景图像细节度与全局对比度调节、图像自动去雾、自动逆光调节、颜色风格一致性调节等方法可以显著提升街景图像质量，大幅降低系统对自然条件的依赖。

2.1.3 街景图像目标检测与识别

街景图像蕴含了更加丰富的语义信息，针对这些语义信息的准确识别、理解是街景图像高效处理、地图信息增强等应用的关键。然而街景场景内关键目标尺寸占比很小，且尺寸差异很大，在 3000 万像素的全景图像内，目标尺寸边长一般在 16 像素到 160 像素之间，现有的滑窗检测策略对目标尺寸范围的适应能力有限。利用多分辨的卷积神经网络检测框架，将全局信息感知结果嵌入小尺度检测网络中，可以实现全局感知的小目标检测。同时，针对街景图像和三维点云同步采集的特定情况，可以将点云的分割、识别和自适应重建与图像目标检测相结合，进行联合优化，进一步提高人脸 / 车牌、POI 等场景关键信息检测和识别的准确率，可以有效提升街景系统的自动化程度，丰富 POI 等语义数据，为辅助驾驶、地图导航、位置服务等提供技术支撑。

2.1.4 POI 信息自动提取

位置服务可根据用户当前位置、特征画像和检索条件来获取周边兴趣点信息，能够为用户提供一系列“量身定制”的便捷服务。其中，用户兴趣点（POI）数据的准确性和全面性，以及海量 POI 的检索效率和个性化感知是位置服务质量的关键。然而，POI 的数据来源多样，除街景数据之外，还包括网络数据、地图提供商数据、互联网数据等，但数据中存在偏差和错误，传统 POI 信息自动挖掘的时间复杂度是 O（N^2），其中 N 为上亿规模的数据。目前基于位置和内容感知的哈希分桶方法，可以将多源异构数据挖掘复杂度从 O

(N^2) 降低到 O（N），从而将 POI 挖掘效率提升数十倍。结合空间位置、社交属性和用户画像，构建 POI 高维空间表征模型，可以实现个性化的 POI 搜索，计算效率可提升 10 倍，准确率提升 15%。

2.2 数字街景平台建设进展

作为地理信息的真实全景再现，数字街景如雨后春笋一样发展起来。根据维基百科街景服务平台，美国、加拿大、俄罗斯、中国、印度、德国、法国、英国等近 40 个国家和地区建立并发布了对应的免费或者收费街景服务平台。谷歌公司在 2007 年发布街景平台（Google Street View）并进行持续建设，是目前唯一一个提供全球范围街景数据的商用平台。作为一种比二维数字地图更加详尽的地理信息，街景信息获取、处理和使用的自主安全可控至关重要，因此在很长一段时间里，我国的街景服务一直处于空白。腾讯公司在国内率先开展全国范围的大规模街景采集，并于 2012 年正式上线，免费向社会公开提供服务，填补了国内在大规模街景与位置服务系统方面的空白，打破了国外公司商业核心技术封锁，形成了与谷歌技术水平相当、面向全国的街景及位置服务系统。百度公司也于 2013 年发布商用街景平台——百度全景。

2.2.1 国外街景平台

谷歌街景。谷歌街景是谷歌公司于 2007 年 5 月推出的服务，它是集成在谷歌地图、谷歌地球产品中的一个子系统，提供水平 360°，垂直 180° 的真实街景照片，用户可以足不出户，就浏览到世界各个地点的街景情况。谷歌街景在刚推出时，仅覆盖美国 5 个城市；经过约 10 年的发展，如今，已经覆盖一百多个国家和地区。

谷歌街景图像主要有两个来源。一类是通过谷歌自有的街景采集设备拍摄得到，另一类是由通过认证的专业用户所上传的照片得到。谷歌提供了多种类型的街景采集设备，适用于不同的地形和环境。图 2 展示了汽车、肩扛式、手推车、雪地车和三轮车等多种街景信息采集设备。随着设备升级改造，街景采集设备逐渐配备了更加完备的信息采集装置。目前，谷歌公司典型的街景采集车一般包括如下装置：

（1）8 台 20MP 的摄像机，其中有 2 台分别朝向左右，用于采集街边信号牌以及商家信息，而其余 6 台用于全景图像信息采集。

（2）定位装置，由 GPS 坐标接收机、车轮速度计、惯性导航传感器组成，用于获取所拍摄图像的真实精确位置。

（3）两部激光雷达，一部用于测量正前方 180° 视角 50m 范围的距离，另一部采用 45° 倾斜安装的形式获取周围环境的深度信息。

谷歌街景处理的流程分为 4 步：第一步是图像采集，即使用图 2 中所示的车辆或设备去拍摄街景图像；第二步是图像几何的校准，街景扫描车上配有多种设备，包括 GPS、速度传感器、方向传感器等，用于确定在拍摄街景时的相机精确位置和方向；第三步是图像拼接，同一时刻街景扫描车上的多个相机会朝不同方向拍摄多张图像，这一步将多张图像拼接为一张全景图像；最后，利用街景扫描车上的激光设备，恢复街景的深度信息和三维模型，并与二维街景图像匹配在一起，改善街景呈现效果。

a 街景汽车

b 肩背式摄像机

c 街景手推车

d 街景雪地车

e 街景三轮车

图 2　谷歌街景采集装置

微软街景。微软公司也推出了类似的街景服务，叫作 Streetside，集成在微软的地图服务 BingMaps 中。微软的街景服务是在 2009 年 12 月推出的，刚开始时仅覆盖美国和加拿大的少数几个城市；2012 年 5 月，增加了若干个欧洲的城市。但总体而言，覆盖城市数量远小于谷歌街景。微软街景的体验与谷歌街景类似，提供街道级别的 360° 全景信息。数据采集方面，也是使用街景扫描车采集 360° 全景图像及相关的地理位置信息。扫描车一般包含三方面的组件：①多种位置传感器；②全景相机；③支持百万点的三维激光扫描仪，用于恢复三维信息。

微软街景较为注重用户的隐私保护。一方面，利用算法自动的检测街景图像中的人脸和车牌信息，并自动进行模糊处理；另一方面，用户也可以向微软街景提出隐私数据隐藏要求，即要求移除或模糊化其中出现的人脸、行人、车辆、房屋等隐私信息。

2.2.2　国内街景平台

腾讯街景。街景数据作为一种比二维数字地图更加详尽的地理信息，其信息获取、处理和使用的自主安全可控至关重要，因此在很长一段时间里，我国的街景服务一直处于空白状态。腾讯公司在国内率先开展全国范围的大规模街景采集，并于 2012 年正式上线，免费向社会公开提供服务，填补了国内在大规模街景与位置服务系统方面的空白，打破了国外公司商业核心技术封锁，形成了与谷歌技术水平相当、面向全国的街景及位置服务系统。

经过几年的发展，目前腾讯街景里程已超过 100 万 km，覆盖了全国 296 座城市，构建了 1.1 亿全景场景，数据量达 1.5PB，包括超过 650 个高校校区、2500 多家酒店和 3000 个以上的景区。用户可以通过腾讯地图网站直接访问和浏览街景数据与腾讯地图深入融合的效果，如图 4 所示。

腾讯自主研发了车载街景采集系统，包括全景图像采集子系统、位置传感器、三维点云激光扫描装置等，具有设备集成度高、稳定易用的特点，在国内处于领先水平，与国外产品技术指标相当的同时大幅降低了成本。全景图像采集子系统采用 4 台单反相机，拼接合成的全景图像分辨率达到 8192 像素 ×4096 像素，覆盖 360° 的水平视角和 270° 的垂直视角。位置传感器包括高精度惯性导航、GPS 等，提供了准确的位置坐标信息，姿态精度误差在 1°/h 以内。三维激光点云扫描装置每秒可采集 70 万个点，测距精度小于 2cm（25m 距离处），测距最大可达 80m。除了采用汽车采集外，也支持三轮车、轮船、单人背负等多种采集方式（图 3）。每辆街景扫描车每 5~10m 采集一组全景图像，每天可以拍摄约 1 万个场景，这些街景图像会暂时保存在车上的计算机设备中，待一个区域拍摄完成后，统一带回数据后台进行处理。

图 3　腾讯街景采集设备（从左至右：街景车、单人背负设备、专业单点装置）

百度全景。百度公司通过收购杰图（城市吧街景平台），于 2013 年 8 月也推出了街景数据平台——百度全景。百度全景和腾讯街景是目前国内两个主流的街景平台，其街景总里程已达到 73 万 km，覆盖了全国 372 座城市。同样，百度全景也与百度地图实现了深度结合，为用户提供传统二维地图信息查询和街景展示服务。

作为受政府监管的互联网地图信息提供者，百度全景和腾讯街景在对涉及公众隐私的车牌和人脸进行模糊处理同时，也要对街景画面中所涉及国家安全和重要行业领域敏感内容进行消除和隐藏，其处理难度要远高于谷歌街景。

3. 发展趋势与展望

3.1　数字城市

数字城市是指利用空间信息构筑虚拟平台，将包括城市自然资源、社会资源、基础设施、人文、经济等有关的城市信息，以数字形式获取并加载上去，从而为政府和社会各方面提供广泛的服务。而“数字城市”最重要的基础之一是城市的三维数字化。街景数据是真实场景的逼真二维全景展现，从本质上来讲，是在当前有限网络带宽下数字城市的一种中间形态。街景数据采集过程中，同步采集的还有街道的三维点云信息。在街景全景图构建过程中，点云用来辅助建筑三维结构的提取、场景目标的检测与分割等工作。事实上，这些致密点云可以直接应用于构建街道的三维场景，结合高分辨率遥感数据，实现城市建筑的数字化三维场景构建。

3.2　数据挖掘

覆盖全国的数百万公里、上亿张高清全景街景数据是重要的国家战略资源，其中蕴含了极其丰富细致的道路、交通、地理、商业设施、公共服务设施、城市规划、行人车辆等各种类别的图像数据，是富含我国自然地理和社会信息的大数据资源。已经开始有不少学者利用海量街景资源开展了相关研究。国际著名学者李飞飞团队提出了可视人口普查（Visual Census）的概念，利用谷歌街景进行美国人口结构的研究，以及利用街景图像进行城市街道安全评估的研究，利用谷歌街景进行实际场景文字检测和识别的工作。国内项目团队也利用腾讯街景图像持续开展街景场景理解、高清地图构建等方面的工作，相关成果已成功应用到实际业务中。国内外已有研究成果展示出利用海量街景数据进行各类自然和社会信息挖掘的巨大潜力与可行性，后续研究将可能产生突破性的科技创新，为国家大数据战略实施作出贡献。

3.3　自动驾驶

城市街景平台对自动驾驶技术的发展也起着重要的促进作用。近年来，随着人工智能，机器学习和深度神经网络等技术的发展，辅助驾驶技术、自动驾驶技术得到了广泛关注。特斯拉公司生产的电动汽车已经集成了部分辅助驾驶和自动驾驶功能，通过周身的视觉传感器和超声波传感器，可以探测周边车辆和其他物体的距离，并检测和识别车道线、交通标志、信号灯、停车位等交通辅助信息，指导辅助驾驶或自动驾驶。自动驾驶技术的关键就在于使用机器学习或神经网络等技术对周围街景环境、道路交通信息、车辆行人信息的准确感知。我们知道，机器学习技术成功的关键在于大规模的数据量，即需要提供足够多的数据给机器学习算法来“学习”，算法才能有较高的预测准确率。城市街景平台提供了一个天然的数据源，其采集的全景街景数据包含道路、行人、车辆、交通标志、建筑物、树木等多种信息，对于自动驾驶技术都是非常重要的数据信息。

参考文献

[1] Zhu Z, Huang H Z, Tan Z P, et al. Faithful Completion of Images of Scenic Landmarks using Internet Images [J]. IEEE Transactions on Visualization and Computer Graphics, 2016, 22 (8): 1945–1958.

[2] Xian-Ying Li, Yan Gu, Shi-Min Hu, et al. Mixed-Domain Edge-Aware Image Manipulation [J]. IEEE Transactions on Image Processing, 2013, 22 (5): 1915–1925.

[3] Criminisi A, Perez P, Toyama K. Region filling and object removal by exemplar-based image inpainting [J]. IEEE Transactions on Image Processing, 2004, 13 (9): 1200–1212.

[4] Sun J, Yuan L, Jia J, et al. Image completion with structure propagation [J]. ACM Transactions on Graphics (TOG), 2005, 24 (3): 861–868.

[5] Hays J, Efros A A. Scene completion using millions of photographs [J]. ACM Transactions on Graphics (TOG), 2007, 26 (3): 4.

[6] Torralba A, Murphy K P, FreemanWT, et al. Context-based vision system for place and object recognition [J]. Proceedings of Proceedings Ninth IEEE International Conference on Computer Vision, 2003 (1): 273–280.

[7] Antonio Brunetti, Domenico Buongiorno, Gianpaolo Francesco Trotta, et al. Computer vision and deep learning techniques for pedestrian detection and tracking: A survey [J]. Neurocomputing, 2018, 300: 17–33.

[8] S Sivaraman, M M Trivedi, Looking at Vehicles on the Road: A Survey of Vision-Based Vehicle Detection, Tracking, and Behavior Analysis [J]. IEEE Transactions on Intelligent Transportation Systems, 2013, 14 (4): 1773–1795.

[9] Zhe Zhu, Dun Liang, Song-Hai Zhang, et al. Traffic-Sign Detection and Classification in the Wild [J]. IEEE CVPR, 2016: 2110–2118.

[10] Dun Liang, Yuanchen Guo, Shaokui Zhang, et al. LineNet: a Zoomable CNN for Crowdsourced High Definition Maps Modeling in Urban Environments [J/OL]. arXiv: 1807.05696.

[11] K He, G Gkioxari, P Dollar et al. Mask R-CNN [J/OL]. IEEE Transactions on Pattern Analysis and Machine Intelligence, doi: 10.1109/TPAMI.2018.2844175.

[12] Tai-Ling Yuan, Zhe Zhu, Kun Xu, et al. Chinese Text in the Wild [J/OL]. arXiv: 1803.00085, 2018.

[13] Minhao Tang, Yu Zhang, Jiangtao Wen, et al. Optimized video coding for omni-directional video [J/OL]. 2017 IEEE ICME, 2017.

[14] Zhe Zhu, Jiaming Lu, Minxuan Wang, et al. A Comparative Study of Algorithms for Real-time Panoramic Video Blending [J]. IEEE Transactions on Image Processing, 2018, 27 (6): 2952–2965.

[15] Hao-Zhi Huang, Song-Hai Zhang, Ralph R. Martin, et al. Learning Natural Colors for Image Recoloring [J]. Computer Graphics Forum, 2014, 33 (7): 299–308.

[16] Guoliang Li, Dong Deng, Jiannan Wang, et al. Pass-Join: A Partition-based Method for Similarity Joins [J]. PVLDB, 2012: 253–264.

[17] Guoliang Li, Jun Hu, Kian-lee Tan, et al. Effective Location Identification from Microblogs [J]. ICDE 2014:

880–891.

[18] Timnit Gebru, Jonathan Krause, Yilun Wang, et al. Fine-Grained Car Detection for Visual Census Estimation [J]. AAAI, 2017: 4502–4508.

撰稿人：王巨宏　张松海

ABSTRACTS

Comprehensive Report

Advances in Graphics

In 2013, the China Graphics Society first issued a report on the Advances in Graphics, which proposed the concept of "Big graphics" and clarified "What is big graphics" after revealing the common origins and attributes of graphs and images. This new report further discusses the connotation of graphics, and its basic attributes and computing essence in representation, construction, producing and processing, and revises the description of " Big graphics" to ubiquitous Graphics. Through tracing the history, revealing the essence, refining the theory, clarifying the foundation, examining education, displaying the application and combing the tools, this report further more expounds "What is graphics" and finally establishes a framework and paints a blueprint for future development of the discipline of graphics.

This subject report carries out the research of graphics and its connotation from the aspects of history, humanities, science and technology, clarifies the relationship between graph (including graphs and images), shape and graphics, the relationship between graphics and geometry, and the relationship between graphics and computing; establishes the scientific and disciplinary status of graphics, and refines the positioning of each major branch of graphics; comprehensively expounds the basic theories, computing foundation of graphics, graph applications and basic supporting tools; clarification of the commonness and key points of graph and image processing, putting forward some scientific problems of graphics; discussion of the basic points of graphics education; sorting out the knowledge architecture, discipline structure and training objectives of graphics talents, and building the blueprint of graphics discipline. This subject report also gives an all-round exhibition of the contribution of graphics science to social development and talent training; exhibition of the latest research progress of graphics discipline, by means of a comparison of the research progress of graphics at home and abroad.

This subject report describes some basic cognition of graphics, shape and graph, including macro cognition and micro cognition. This paper reveals the essence of graphics, shape and graph and their relationship; demonstrates the subject status of graphics in an all-round way; combs the scientific basis of graphics; traces back to the history of graph and graphics; puts forward and discusses some scientific problems of graphics; introduces a "shape computing" mechanism; draws a blueprint of graphics discipline.

This subject report adopts "grasp the core of graphics, plan the framework in whole, design chapters individually, report content independently". To ensure the stability, comprehensiveness and independence of the framework of this subject report. These reports integrate history, cognition, theories, foundation, education, achievements and applications, striving for both depth and breadth.

Written by He Yuanjun, Cai Hongming, Peng Zhenghong,
Yu Haiyan, Liu Wei, Xiao Shuangjiu, Yang Xubo

Reports on Special Topics

Advances in Fundamentals of Graphic Theory

This topic constructs the knowledge system of the theoretical basis of graphics, which includes areas of graph, images, and the transformation between images and graph. Furthermore, the topic introduces the latest research developments which consist of projection and graphics, image processing and understanding, graph-image transform, especially focusing on the discussion of basic theories of projection, surface modeling, surface transformation and deformation, image feature extraction, image segmentation and object recognition, the 3D graphic reconstruction of static-scene images, the dynamic reconstruction of time-varying-scene images, and the texture rendering of 3D graphics and images. The trend of the related research is also pointed out.

Written by Zhang Shuyou, Fei Shaomei, Huang Changlin, Li Jituo, He Zaixing, Duan Gui fang, Zhao Xinyue

Advances in Fundamentals of Graphics Computing

Abstract On the basis of "*2012—2013 Report on Advances in Graphics* ", this report further clarified the relationship between graphics and computing and within the system of graphics discipline, analyzed the connotation and supporting role of graphics computing fundamentals. Graphics computing fundamentals, mainly researches on the common basic computing theory and methods in the process of constructing the shapes and displaying the graphs/images. It emphasizes the transformation of shapes, graphs and algebraic numbers and the reconstruction of geometric relations. Its essence is geometric computing. Based on graphics theory, it provides basic computing support for various graphics applications. Based on the above recognition, this report then analyzes the essential problems. By sorting the problems regarding robustness, complexity as well as readable and controllable algorithms in graphics, this report analyzes the essence of the problems from the basic level of graphics computing. It is pointed out that the dimensional gap is implies in the process of construction, displaying shapes/graphs and algebraic implementation, which makes prone to the loss of geometric information. This is the root of all the above problems. On the basis of the above understanding and analysis, aimed to sort out solution to the essential problem, this report further expounds research results in mathematics and theory of graphics, analyzes recent developments in robustness, introduces a new geometric computing mechanism named Shape Computing and explains its theoretical and technical solutions to dimensional gaps. The interdisciplinary progress in both research and application is also addressed. Finally, the development trends of graphics computing fundamentals are refined, and the research directions are given, including intelligent computing based on graphical cognition, the integration mode of shape and number for efficient and robust computing, and the model separation mechanism for cloud computing.

Written by Yu Haiyan, Cai Hongming, He Yuanjun

Shape Computing

Graph/images have become important computational sources, objects and results, and increasingly become a representation of solution. Aimed at this situation, "Shape computing" mechanism is developed to assist "number computing" mechanism that is now commonly used.

Two obvious characteristics of the number computing are analyzed, ① it is difficult for human to understand; ② linear processing. Using orderly linear number computation to deal with planar problems, space problems and even higher dimensional problems results in inconsistency between problem space (3D) and representation space (2D), and between thinking space (3D) and computing space (Linear), etc. This disunity reflected in the implementation of the computation lies on: the three-dimensional shape is directly damped to the one-dimensional numerical computing, the geometric attributes are separated completely, and the relationship and changes of the geometric shapes are difficult to be obtained, understood and expressed completely. This is the essential reason leading to the problem of geometric degeneration / singularity. In the aspect of algorithm control, people's thinking is forced to adapt to this dimensional transformation, and the advantage of spatial thinking is hard to play, which to some extent leads to the decline of algorithm control.

Shape computing places thinking, geometry, algebra and calculation at four different levels: "thinking is in the level of design, geometry is in the level of expression, algebra is in the level of processing, and calculation is in the level of realization". Taking shape computing as a beneficial supplement to number computing, it expands the depth and breadth of computing, and gives full play to their respective advantages. At the same time, they coordinate and complement each other.

By introducing "geometric basis" and "geometric number" into Shape Computing and integrating the theories of mathematics, engineering and computer, Shape Computing helps number computing solve the problems in handling shapes as non-readability, un-robustness originated from geometric singularity and complexity in computation. At the same time, Shape

Computing, as an aid in geometry and graphics computation, is a good supplement to number computing mechanism, and a beneficial exploration of a new computing mechanism integrating human, geometry, algebra and computer.

This report proposes a complete solution to solve the geometric singularity in theory, which is the basis of the research and development of 3D CAD geometric engine, and constructs a "theoretical system and implementation framework to geometric computation based on geometrization of geometric problems". This is a very good assistant to number computing mechanism.

This report introduces the implementation method of Shape computing and presents the its achievements in Boolean and clipping for both planar graphs and space modeling and intersection for space geometries.

Written by He Yuanjun

Advances in Fundamentals of Graphics Application

The fundamentals of graphics application cover the range between graphics theory and its applications. Under the support of graphics basic theory, key problems with common characteristics are extracted from complex and diverse graphics applications, and then unified analysis and encapsulation are made to form the middleware of the whole graphics framework. This chapter describes the basic theory, domain and definition of the fundamentals of graphics applications, generalizes and summarizes the current statuses, development trends and main innovations, and especially analyzes the highlights in MBD, 3D modeling, 3D modeling database and 3D resource database. On the above discussion, this paper reviews current domestic and foreign research progresses in eleven sub fields and corresponding mainstream methods, and emphasizes the opportunities and challenges of network and mobile graphics under new situation. At the end of this chapter, some opinions are proposed on the difficulties and problems of the fundamental research of graphics applications.

Written by Liu Wei

Advances in Graphic Software

Focusing on the development of graphics software and considering the practical application needs of industry and frontier research of academia, based on the classification of data and application features of graphics software, this report analyzes and illustrates the state of art of the graphics software, and reveal the development trend of graphic software.

Written by Yang Xubo, Ma Yancong

Advances in Digital Image Processing

Image is the most widely used information carrier in human society. The research on image processing is an important part of graphics with "picture" as the core. It is of great significance to define the research content of digital image processing and sorting out its development history to clarify the scope of graphics research. This paper describes the research content, subject positioning and research progress of digital image processing. On this basis, a comparative research of digital image processing at domestic and international is discussed.

Written by Hu Zhiping

Progress of International Exchange of China Graphics

This topic briefly introduces the establishment of the International Society for Geometry and Graphics (ISGG) and the development of the International Conference on geometry and graphics (ICGG) . Besides, this topic focuses on the progress of international communication of cartography and the role of Chinese cartography research in promoting the research and development of international cartography. It focuses on the establishment, development of ISGG, and ICGG conference. It also introduces in detail the 17th International Conference on Geometry and Graphics held in Beijing, China in 2016. Every session of the graphics conference focuses on the theme of "graphics", and gradually breeds the development process of graphics. In addition, the contribution of all the 12 Asian Forum on Graphic Science held by Chinese and Japanese cartographers to the academic exchange of geometry and cartography is also introduced. Based on this, for decades, scholars and experts in the field of geometry and graphics all over the world have made unremitting efforts to promote international academic exchanges, enhance academic friendship and carry out academic cooperation around the development of "Geometry and Graphics".

Written by Han Baoling, Luo Xiao

Advances in Teaching System of Graphics

New era and new economy give birth to new engineering. Under the background of new situation, interdisciplinary integration is becoming more and more obvious. At the same time, it is more and more important for independent research and development relying on basic disciplines. As a basic discipline, graphics plays an important role in the enrichment and promotion of people's thinking development, the basic support of engineering discipline, and the development of emerging disciplines. With the arrival of the era of artificial intelligence, a large number of outstanding talents in the field of graphics discipline are needed to contribute to the promotion of social development and the solution of major problems in the development of graphics in China.

The construction of graphics teaching system is oriented to the needs of graphics talents of new engineering in the future. The teaching system includes in the graphics thinking training layer for basic students, engineering graphics learning layer for engineering undergraduates, professional drawing learning layers of mastering engineering expression standards for majors, the learning layer of the general problem-solving ability of graphics computing foundation for emerging interdisciplinary specialties such as artificial intelligence and robot engineering, and the training layer of high-end talents specialized in graphics research. This training system has formed the pyramid of graphics talents, which is a talent training channel for undergraduate - master - doctoral personnel students through the curriculum of graphics. It can make outstanding talents stand out and become scientists studying major issues of graphics and thought leaders and strategic leaders of major national strategic issues related to graphics.

The development history of graphics teaching system is studied, the great contribution of graphics subject development and talent training to social change are analyzed, and the current development of graphics teaching system in engineering education concept renewal and digital technology promotion are introduced in this topic. According to the social demand and the training goal of graphics discipline talents, this paper analyzes the problems and shortcomings of the current teaching system, constructs the pyramid teaching system of graphic talents, combs the composition and relationship of the curriculum group of graphics discipline. The knowledge system based on the multiple training objectives of knowledge, ability and quality of new engineering talents is put forward to make beneficial thinking and exploration for cultivating graphics talents needed by the society in the future.

Written by Jiang Dan, Liu Yancong

Advances in Teaching Mode of Graphics

First of all, basic concepts of education and teaching are discussed. The purpose of education is not to learn knowledge, but to learn a way of thinking. Education should educate students with the most objective and just conscious-thinking, thus, people's thinking will not be too biased, and gradually mature and rational due to the enrichment of thinking, and thus move towards the most rational self and have the most correct thinking cognition. Only when we have a clear understanding of the essence of education and know that education is a process of teaching and educating people, and that teaching is a unique human talent training activity composed of teachers' teaching and students' learning, can we know that a means or a way of any education is to serve it.

This report expounds the concept of teaching students in accordance with their aptitude and expands to make it clear that the choice of teaching model is a choice under multi-dimensional factors of individualized teaching. The original intention of individualized teaching is to teach students. People's thinking model is different, so individualized teaching varies from student to student. In fact, the choice of teaching and teaching methods models not only differ from student to student. It is the choice of a teaching model under multi-dimensional factors such as teaching object, teaching objective, teaching content, school type, major type, student type and course nature. Each teaching model should point to a certain teaching objective, which is not only the core element of the teaching model, which affects the implementation of the teaching model and the combination of teachers and students, but also is the standard and scale of teaching evaluation.

This report explores journal papers from CNKI and WANFANG DATA etc. as the information source, consulting a large number of documents, and summarizing various typical teaching models used in the graphics course form 2013 to 2018, including the traditional teaching model represented by classroom teaching and the new teaching model represented by online courses, describes the characteristics of each model, and forecasts the development trend of teaching model.

This report analyzes the different development stages and research characteristics of the teaching model of graphics, analyzing the advantages and limitations of each teaching model. In any case, to change the teaching model of graphics in colleges and universities, it is necessary to conform to the basic of graphics teaching. In the application of the new model, especially in the aspect of teachers' and students' role reversal in teaching, there are still many problems being worthy of studying. The development of teaching model should be classified according to the different teaching contents, which will be an important development of teaching model in the future.

Written by Wang Ziru

Advances in Graphics Standardization

Graphics standardization is aimed at unifying and standardizing geometrical product specifications (GPS), graphic symbols and graphics interchange which are applied to technical drawings, technical files and electrical equipment. These technical documents are specially related to mechanical drawings, architectural drawings, civil engineering drawings, electrotechnical drawings, ship drawings, etc. The study of graphics standardization mainly refers to drawings representation, graphic symbols representation, dimension and geometric tolerance notion and superficial structure representation, etc. Graphics standardization runs through the whole process of product life cycle which is involved in the new product development and includes market research, product design, production process, quality inspection, sale, maintenance service, product recovery and recycle, etc. The whole process reflects a comprehensive issue of standardization.

Graphics standardization is a summary and an improvement for graphics theory and practice, which possesses fundamental, supporting, leading and irreplaceable functions. Graphics standardization derives from discipline innovation, and it also has promoted discipline innovation continually. In the field of technology, it has become a widely-used technology language among engineers. The teaching of graphics is deeply implemented on the common basis of graphics standardization. The study of standardization theories and technologies of 2D and 3D promotes this basic discipline to develop continually, flourishingly and innovatively. The fact that China's graphics standard has become an international standard reflects that the level of our study and application has joined the team of developed countries. Thanks to the help of graphics standardization, a certain number of graphics exploitation technologies (platforms) have had the development, standard and application of graphics accelerated. The study and practice of "Graphics Standardization" will developed deeply and continually in the process of providing services for national economy.

Written by Qiang Yi, Li Xuejing, Xiao Chengxiang, Liu Yang, Zou Yutang, Wang Huaide, Pan Kanghua, Guo Wei, Ma Shanshan, Gao Yongmei, Xia Xiaoli, Yang Dongbai, Li Yong, Liu Jing, Wang Hong, Zhang Xiaolu

The Application of Graphic Science in the Construction Industry

This topic mainly summarizes and evaluates the key role of graphics in the construction industry from four aspects: BIM standard, BIM education and training, BIM technology, BIM application, and attaches engineering examples to illustrate.

At present, China has promulgated six national standards for BIM, which stipulates the general application of BIM models, the storage of BIM models, the classification and coding of BIM components, the design and delivery of BIM models, the constructional application of BIM models, and the BIM of factory facilities.

For popularizing BIM, relevant organizations have trained BIM by organizing BIM exam certification and BIM contests. Schools have set up BIM teaching research organizations, and have carried out curriculum reforms to introduce BIM into the classroom.

Thanks to the comprehensive application of standardized modeling, lightweight modeling, reverse modeling, model integration, cloud rendering and other graphic modeling techniques, the construction industry based on BIM model can not only perform simulation analysis and collaboration, but also form a large and well-organized BIM-based database.

BIM-based multi-information integration technology such as big data, VR/AR, AI, IoT have greatly improved the level of lean management in the construction industry. The BIM technology based on graphics provide power for the digital transformation of the construction industry.

There are still many challenges in the development of BIM in China. It is necessary to gradually complete the technology standard, establish BIM-based construction project supervision mechanism, and train BIM talents in various ways to promote BIM.

Written by Xu Jiefeng, Wang Jing, Dong Jianfeng, Gao Chengyong

The Application of Graphics in Medical Imaging

The application of graphics in medical imaged area includes engineering reconstruction of images and analysis of two major aspects of reconstructed images. In image reconstruction, reconstruction of medical images includes optical tomography reconstruction, CT image reconstruction, and MRI image reconstruction. The reconstruction of CT images and MRI images is relatively mature. Major companies, including General Electric (GE) and Siemens, have mature CT and MRI products in major hospitals. Optical tomography reconstruction has not entered clinical use due to problems such as accuracy and speed. Four aspects are introduced as: optical fluorescence tomography reconstruction research, medical tomography based on computed tomography, medical aided diagnosis based on magnetic resonance imaging and medical-assisted diagnosis based on ultrasound.

Written by Tian Jie, Ma Xibo

The Application of Graphics in Intelligent Manufacturing

The theory and technology of graphics is essential to realize intelligent manufacturing. It can play an important role in the development and carrying out of intelligent manufacturing by supporting the entire process of design, manufacturing, quality inspection, packaging, after-sales, etc. Based on the theory and technology of graphics, products, equipment, processes, environments and production systems can be modelled, stored and even mined, so as to achieve the innovative optimization of product design, multi-dimensional human-computer interaction, intelligent production planning and accurate pattern recognition/faulty detection. With the help of graphics, an intelligent production system with the capability of self-learning, self-updating and self-adapting can be built. Also, the self-optimization of production process and the overall control of quality can be achieved. With the rapid development of modern information technology, the theory and technology of graphics provide new ideas and tools to the innovation and development of the current manufacturing industry. It constantly inspires the innovative thinking and pursues the optimization and progress, which gets more and more attention from industry and academia. On the other hand, the fresh knowledge and technology being brought by the intelligent manufacturing makes the conception of graphics enlarged and enriching. The continuous improvement of intelligent manufacturing puts forward much higher standard for the theory and technology of graphics than before. Entire information, rapid recognition, high accuracy, strong immersion and convenient interaction are all the requirements of the intelligent manufacturing. Through mutual promotion between graphics technology and intelligent manufacturing, the key technologies such as real-time collection of industrial data, high-throughput storage, compression, optimization, parallel processing and knowledge inference can be realized. Further, the industrial big-data platform mapping virtual world and real world image, or named "digital twin" can be established, and the product life cycle and the manufacturing business process can be entirely controlled. It will provide efficient technical supports and services for the innovation-driven development, transformation and upgrading and quality improvement of the country's manufacturing industry, and help China transforms from a "world factory" into a "manufacturing power".

Written by Zhao Gang, Ma Songhua, Tian Ling

The Application of Graphics in Digital Media

Virtual reality and graphics industry are now booming across the world after nearly 60 years of rapid development. As a result, virtual reality and graphics technology paly an increasingly evident role in supporting and serving national innovation and development. Driven by the Strategy of Invigorating China through Science, Technology and Education and the Strategy of Reinvigorating China through Human Resource Development, China's education sector has made great achievements since the reform and opening up, nurturing a large number of scientific and technological talents. There have also emerged many outstanding graphics science and technology researchers and graphics educators, who keep contributing to the development of reality and graphics in China.

However, we must also recognized the gap between Chinese graphics and those in advanced countries, especially the capability to transform virtual reality and graphics technology into industrial productivity compared with the United States and Japan. Besides, China has evident shortcomings in making graphics research results serve the social industry compared with Western economic powers such as the United States. Fortunately, however, we have significantly narrowed this gap with the gradual awakening of national innovation consciousness, the deepening of reform and opening up, and the increasing awareness of scientific and technological innovation and management. In some research fields, such as image recognition processing, liquid crystal image display, graphics education, and even roaming, China has caught up and even taken the lead across the world. Therefore, virtual reality and graphics industry have become another industry besides the Internet that can greatly push forward social and economic production.

In the future, China's virtual reality and graphics technology will continue to play an essential role in many national economic sectors such as industrial manufacturing, defense military industry, health care and people's well-being, urban big data management, digital entertainment and education, security and fire protection, tourism consumption, communication and publishing, and residents' living. In addition, the connotation and extension of virtual reality technology will also be deepened and expanded in scientific research and industry applications. More and more outstanding graphics achievements will be made, and basic graphics will play an increasingly crucial part in supporting virtual reality. As key technological breakthroughs keep being made in graphics and virtual reality, the era of "virtual reality +" has arrived.

Written by Shen Xukun, Wang Ning, Hu Yong

Advances in Digital Street View

Street view is 360-degree panoramic images captured a specific panoramic image acquisition device, along with its constructed 3D street scenes. It contains rich information of real world, and provides a precise and immersive virtual city environment. This chapter introduces the development status of street view technology and discusses the key technologies and the development trend of street view.

Written by Wang Juhong, Zhang Songhai

索 引

ACIS 82，83
BIM 29，30，32，35，36，78，84，164，166-179，246，247
CAD 12，15-18，21，22，31-34，51，56-58，60，61，65，68，74，75，78，80，82，83，87，93-96，130，142，146，147，154，156，159，160，174，175，182，202，203，213，240
MBD 32，79，80，162，240
MOOC 21，143-145，149
Open CASCADE 83
Parasolid 82
POI 信息 226
Shape computing 64，239，240
SPOC 143，145，149

A

安保消防 220

B

变换几何化 68-71
表示空间 58，66

C

材质库 77
产品建模 202
城市大数据管理 220
传播出版 220

D

大数据 9-11，14，18，28，29，31，33，36，50，51，53，57，64，78，95，99，136，170，177，179，183，184，186，202，203，206，209，210，219，220，230
导向型教学模式 150
地理信息 28，34，35，218，227，228
电气制图 154，156，158
多元样条函数理论 50

F

翻转课堂 143-145，149，150

G

高维形数结合 51
工程实践 129，132，147

工程思维 134
工程图学 10，12，13，17，20–22，27，32，33，36，56，59，85，102，111，121，122，129，130，132，133，142，144–146，148，162
工业制造 33，210，216，220
构件库 77，168，171，179
谷歌街景 227–230
国防军工 220
国际标准 153，156，158–160，172，173

H

画法几何 8，13，20，24，25，27，35，45，50，51，59，61，71，74，85，111，112，117，124，127，132，147，148
混合现实 36，78，81，84，87，103，161，181，183，186–189，191，193

J

机器视觉 204–206
机械制图 20，127，130，142，144，147，154，156，159
几何变换 23，25，33，59，65，71
几何表示 67，71
几何基 14，25，69–71，74
几何计算 3，8，9，11，12，14，15，22，24，25，34，57–61，64–68，71–74，125
几何奇异 15，24，45，58，60，64，66–68，70–74
几何求交 24，57，65
几何数 16，24，25，53，69，71–73，87，88
几何数据 16，53，87，88
几何引擎 9，12，18，56，58，61，65，68，77，170
几何与图学 14，15，78，111–114，116–118，120，124，125
计算机辅助几何设计 15，33，50
计算空间 58，66
计算模式 11，57，66
计算稳定性 12，15，24，59，60，66，68，72–74
计算坐标系 69，70，73
技术制图 154，156，159
建模 15，16，23，24，28，31，32，34，35，48，49，51，57，67，79–84，87，88，92，94–96，117，130–132，135，142，146–148，154，156，160，164，168–170，173，175，176，178，182，202，203，205，206，211，213–215，218，219
建筑制图 20，27，154，158–160，175
降维 8，25，45，59，68–70，73
教学模式 21，131，138，141–150
街景图像 225–230
金课 128，149，150
居民生活 220

K

科学思维 134，147
可视化 5，6，14，17，26，29–32，34–37，43，45，51，77，78，81，83–85，91，95，96，104，105，125，136，146，164，177，203，213，215，219
课程群 20，133
空间维度 24，31，66，90

L

理论基础 4，8，12–14，33，43，45，59，

61，71，78，109，125，145，147
零域 68–70
旅游消费 220

M

美国工程教育协会 112
模式识别 26，27，100–103，117，182
模型库 77
模型驱动 52

N

逆向建模 170

Q

求解机制 69
曲面图形的造型 43，45，50
曲面图形的转化与变形 43，45
去噪 67，104
全景图像 16，223，226–229

R

人机交互 8，26，36，94，202–204，206，209，211，219
融合式 130，144

S

三维重建 26，32，48，49，51，105，204，214，219
三维几何视觉算法 105
三维造型 22，80，82，130，147
深度学习 25，26，28，31，46–50，52，79，88–91，103–105，108，182，184，186，205，215
生产规划 202，206
实时追踪 90，91
矢量图 36，213
数计算 11，16，24，25，34，46，57–61，64，66–68，70，71
数据可视化 6，14，29，31，78，84，95，203，215
数据驱动 47，52，94，206，215
数据挖掘 183，186，226，230
数字城市 28，230
数字街景 223–227
数字媒体 28，31，34，209
数字图像 12，13，17，50，99–104，108，109，117，136，161
数字娱乐与教育 220
思维空间 58，66
思维模式 13，21，140，141
算法库 77

T

腾讯街景 224，228–230
投影理论 24，43，45，49，50，78
投影与图示 43
图像标准化 158，161
图像处理 4，12，13，17，24–26，28，34，35，43，46，47，50，78，89，96，99–105，107–109，117，136，158，161，162，196，205，206，209，210，214，225，226
图像分割 13，25，46，47，52，89
图像目标识别 46
图像识别处理 209
图像视频 26，27，29，32，78，84，87，89，90
图像特征提取 46，50，52，53

图像增强 46，100，103，104，226
图形标准化 153，154，159–161
图形软件 14，22，30，31，82，213
图形图像 3–6，9–13，15–17，28，32，35，36，43，45，48，49，53，65–67，78，81，87，101–103，125，158，161
图形图像融合 35，36，45，81
图形与图像转化 48
图学标准化 152，153，156，159，161，162
图学工具 4，16，34，96
图学计算 4，8，11，12，15，20，24，25，33，34，56–61，65–67，70，74，133，136
图学教学 19–22，127，128，131–133，135，138，141–143，146，147，149，162
图学教育 4，19，21，117，118，121，122，125，127，128，131，134，136，137，142，162
图学科学 9，12，23，34
图学模型 31
图学数据 31，32，34，87，95，96
图学思维 20，128，130–134
图学学科 3，4，12–18，20，33，35，56，77，111，113，115–117，120，122，124，125，127，128，134，136，138，152，164，206

W

外挂式 130
纹理生成 48，49，88
问题空间 58，66
无监督学习 52，53，104

X

项目式教学 130，135
协作性思维 134
新工科 20，128，129，131，133，136
形计算 11，16，22，24，25，27，34，57，60，61，64，65，67–74，78，79，136
虚拟现实 16，17，26，28，30，32，34，36，45，77，78，81，84，87，90–92，94，96，103，117，136，146，149，158，164，175，182，202，203，209–214，216–220，247
渲染 16，25，30，31，36，43，80–82，84，88，90，91，95，169，175，205，213

Y

遥感图像 103，104
医疗民生 220
因材施教 21，138，140，141，149，150
隐式代数曲线曲面 50
应用模式 22，30–32，170
应用维度 32
云计算 34，36，57，61，78，179，209，210，219，225
云渲染 169

Z

增强现实 16，17，28，30，32，50，78，81，84，87，90–92，94，96，103，104，149，158，161，175，182，202，203，209，214，216–219，223，224，247
知识体系 4，8，9，12，16，20，27，43，136，149
智能制造 78，156，202–206，210
自动驾驶 9，34，96，230，231
做中学 142，143